Springer-Lehrbuch

Volker Schünemann

Biophysik

Eine Einführung

Mit 148 Abbildungen und 13 Tabellen

 Springer

Professor Dr. VOLKER SCHÜNEMANN
Fachbereich Physik
Technische Universität Kaiserslautern
Erwin-Schrödinger-Straße, Gebäude 56
67663 Kaiserslautern

E-mail: schuene@physik.uni-kl.de

ISBN 3-540-21163-2 Springer-Verlag Berlin Heidelberg New York

Bibliografische Information der Deutschen Bibliothek
Die Deutsche Bibliothek verzeichnet diese Publikation in der Deutschen Nationalbibliografie; detaillierte
bibliografische Daten sind im Internet über <http://dnb.ddb.de> abrufbar.

Springer ist ein Unternehmen von Springer Science+Business Media
springer.de

© Springer-Verlag Berlin Heidelberg 2005
Printed in Germany

Einbandgestaltung: deblik Berlin
Titelbilder: deblik Berlin
Satz: Druckfertige Vorlagen des Autors
29/3150WI - 5 4 3 2 1 0 - Gedruckt auf säurefreiem Papier

Für Conny

Vorwort

Das vorliegende Buch will eine Einleitung und eine Übersicht über grundlegende Phänomene und Techniken der Biophysik auf molekularer und zellulärer Ebene geben. Es ist als einführendes Werk für Studenten der Biologie, der Chemie und verwandter Fächer wie Molekularer Biotechnologie und Life Sciences gedacht. Dem biologisch interessierten Physiker könnte es ebenfalls zur Orientierung in der biologischen Welt dienen. Aus dem breiten Spektrum der biophysikalischen Phänomene wurden von mir diejenigen ausgewählt, die zur Zeit auch auf biophysikalischen Kongressen und Tagungen diskutiert werden. Natürlich ist dies eine subjektive und keine vollständige Beschreibung der Biophysik, die durch ihre interdisziplinäre Stellung zwischen Chemie, Biologie und Physik eine ungeheure Themenvielfalt besitzt. Dieses Buch soll vielmehr dem Leser dazu dienen, sich besser in der Fülle der biophysikalischen Probleme zurechtzufinden.

Zu diesem Buch haben viele Kollegen und Kolleginnen sowie Studenten der Molekularen Biotechnologie beigetragen. Das vorliegende Werk basiert auf dem Lehrmodul Biophysik, das vom Autor seit dem Wintersemester 2002/03 in Form von 2 zweistündigen Vorlesungen Biophysik I und II sowie einem ergänzenden Praktikum an der Universität zu Lübeck konzipiert wurde.

In der Anfangsphase dieses Buches und während der Vorlesung war Herr Dr. Meyer-Klaucke (EMBL-Hamburg) wesentlich an der Konzeption beteiligt, auch das Kapitel über Röntgenabsorptionsspektroskopie wurde in wesentlichen Teilen von ihm verfasst, und ich möchte ihm dafür herzlich danken. Herr Prof. Dr. Trautwein, Lehrstuhlinhaber am Institut für Physik und zur Zeit Rektor der Universität zu Lübeck, hat mir volle Unterstützung und wertvolle Hinweise bei der Fertigstellung des Manuskriptes gegeben. Frau Prof. Walker (Department of Chemistry, University of Arizona), Frau Priv.-Doz. Dr. Jung (MDC Berlin) und den Herren Priv.-Doz. Dr. Paulsen (Institut für Physik) und Priv.-Doz. Dr. Schmidt (Institut für Biochemie der Universität zu Lübeck) danke ich für ihre wertvollen Hinweise und ihre Mühe beim Lesen meiner Entwürfe. Frau Lasch-Petersmann, Frau Werner und Frau Wolf vom Springer-Verlag gilt mein Dank für ihre vielen Hilfestellungen bei der Fertigstellung dieses Buches. Weiterhin danke ich meinen Liebsten für ihre Sorge und ihr Verständnis. Ohne ihre Unterstützung wäre dieses Buch nicht fertig geworden.

Inhaltsverzeichnis

1 Einführung: Physikalische Konzepte in der Biologie

Ein Ziel der modernen Physik ist es, die vorhandenen Strukturen im Universum zu verstehen. Wie ist die Welt aufgebaut? Gibt es allgemeingültige Regeln, wie Materie und Strahlung sich verhalten? Lassen sich Vorgänge vorhersagen, wenn man die Ausgangssituation genau kennt?

Diese Fragen lassen sich ohne weiteres auf die moderne Biologie übertragen. Wie sind die Moleküle des Lebens aufgebaut? Was verursacht die komplexe Struktur von biologischen Makromolekülen und supramolekularen Komplexen? Warum müssen Zellen ihren Stoffwechsel aufrechterhalten? Warum können komplizierte Reaktionen bei physiologischen Temperaturen ablaufen? Wie funktionieren Transportprozesse in der Natur? Welche Rolle spielen Spurenelemente in den Zellen?

All diese Fragen sind von grundsätzlicher Natur. Wir können mit Hilfe von biophysikalischen Modellen und Experimenten versuchen sie zu beantworten. Diese Strategie wirft allerdings wieder neue Fragen auf: Wie können wir strukturelle Eigenschaften von Zellen und Biomolekülen experimentell und theoretisch bestimmen? Mit welchen theoretischen Modellen können wir das Verhalten von Biomolekülen verstehen oder sogar vorhersagen?

Der Reiz der biophysikalischen Forschung liegt darin, dass diese Fragen auch heute hochaktuell sind. In diesem Buch wollen wir eine Einführung in biophysikalische Konzepte bieten, die einen großen Beitrag zum Verständnis von biologischen Vorgängen leisten. Nelson und Cox (2001) führen im Biochemie-Lehrbuch „Lehninger" die „Physikalischen Wurzeln der Biochemischen Welt" auf, und dieses Buch will ein tieferes Verständnis für die physikalischen Hintergründe dieser Wurzeln legen.

Eine Zelle ist ein hochkompliziertes Molekülsystem, das sich selbst organisiert, anpasst und aufrechterhält. Der Aufbau von Zellmembranen wird in Kap. 2 angesprochen, in dem sich auch ein Kapitel über die zur Ausbildung von makromolekularen Strukturen nötigen Wechselwirkungen befindet. Es sind neben den starken kovalenten Bindungen zahlreiche schwache (nicht-kovalente) Wechselwirkungen, die zusammenwirken, die dreidimensionale Strukturen molekularer und supramolekularer Komplexe stabilisieren und so gleichzeitig genügend Flexibilität für biologische Aktivität ermöglichen. Eine Zelle repliziert sich über viele Generationen hinweg, indem sie ein System nutzt, das linear angeordnete Informationen enthält und sich selbst reparieren kann. Die genetische Information, die in den Nucleotidseqenzen der DNA und RNA codiert ist, bestimmt die Aminosäuresequenz und damit die dreidimensionale Struktur und Funktion jedes einzelnen Proteins. In diesem Buch soll auf die Beschreibung von DNA und RNA-Mechanismen allerdings verzichtet werden, da sich dieses Gebiet stark mit biochemischen und gentechnischen Konzepten überschneidet.

Das Kap. 3 enthält die thermodynamischen Grundlagen der Bioenergetik, denn in der Zelle werden Energie und zwar genauer Freie Enthalpie und einfache Moleküle benötigt, die aus der Umgebung, dem Lebensraum, aufgenommen werden. Die Energie wird dazu benutzt, in der Zelle ein dynamisches Fließgleichgewicht zu erhalten, das vom Gleichgewicht mit der Umgebung weit entfernt ist. Gleichgewicht mit der Umgebung stellt sich erst mit dem Zelltod ein. Die vielen chemischen Reaktionen in der Zelle werden durch Katalysatoren, die Enzyme, die in der Zelle gebildet werden, erleichtert. Damit ist eine optimale Ausnutzung von Energie und Material gewährleistet. Die Grundlage von enzymatischen Prozessen und, wie man sie verfolgen kann, wird ebenfalls in Kap. 3 aufgezeigt.

Das folgende Kap. 4 führt in die klassischen mechanischen und quantenphysikalischen Konzepte ein, die Eingang in die biophysikalische Forschung gefunden haben. Die theoretische Simulation der Dynamik von Proteinen erfolgt nach den klassischen Gesetzen der Mechanik. Quantenmechanische Konzepte spielen zum Verständnis des Elektronentransfers über große Entfernungen von bis zu 1,5 nm eine Rolle. Nicht zuletzt ist quantenmechanisches Grundwissen eine Voraussetzung für das Verständnis von spektroskopischen Methoden zur Charakterisierung von Biomolekülen und wird deshalb auch in Kap. 4 behandelt.

Woher stammt unser Wissen über die molekulare Struktur von Biomolekülen? Welche Methoden werden zur Strukturermittlung benutzt? Dieses und, wie Informationen über die Rolle von Metallen in der Biologie gewonnen werden, soll in Kap. 5 erwähnt werden.

Kapitel 6 gibt einen Einblick über die Anwendung von kernphysikalischen Methoden in der Biologie. Hierzu zählt die Isotopenmarkierung von Biomolekülen zur Aufklärung von biochemischen Reaktionen, aber auch die Anwendung von kernphysikalischen Spektroskopiemethoden. Als Beispiel werden hierzu einige biologische Anwendungen der Mößbauer-Spektroskopie erläutert.

In Kap. 7 wird am Beispiel der Photosyntheseforschung gezeigt, wie biophysikalische Forschung funktioniert. Hier zeigt sich besonders schön das Zusammenspiel zwischen spektroskopischen Methoden von der zeitaufgelösten optischen Spektroskopie zur Bestimmung der Elektronentransferraten bei der Ladungstrennung nach dem Lichteinfang, über die Strukturaufklärung des Metallzentrums, das die Wasserspaltung bewirkt, bis hin zur Strukturaufklärung des gesamten Photosystem II mit Hilfe von Elektronenmikroskopie und Proteinkristallographie.

Gerade die Kombination von biophysikalischen Grundlagen und biophysikalischen Techniken soll dem Leser einen Einblick in dieses faszinierende Forschungsgebiet geben. Dieses Buch gibt einen Überblick über physikalische Prinzipien in der Biologie und wo möglich auch Einblick in aktuelle biophysikalische Forschung. Zur weiteren Orientierung ist diesem Kapitel eine Literaturliste mit Werken biophysikalischen Inhalts sowie eine Auswahl von Web-Adressen angefügt. Der Autor hofft, dass der Leser nach der Lektüre dieses Buches motiviert ist, sich in die ihn näher interessierenden Gebiete anhand der am Ende der Kapitel angegebenen Literaturhinweise einzuarbeiten.

Literatur

Adam G, Läuger P, Stark G (2003) Physikalische Chemie und Biophysik. Springer, Berlin Heidelberg New York

Breckow J, Greinert R (1994) Biophysik. Walter de Gruyter, Berlin New York

Cantor CR, Schimmel PR (1980) Biophysical Chemistry: Parts I, II and III. W H Freeman, San Francisco

Daune M (1997) Molekulare Biophysik. Friedr. Vieweg & Sohn, Braunschweig Wiesbaden

Frauenfelder H, Wolynes PG, Austin RH (1999) Biological Physics. Rev Mod Phys 71(2) Centenary: S419-S430

Glaser R (2000) Biophysics. Springer, Berlin Heidelberg New York

Hoppe W, Lohmann W, Markl H, Ziegler H (Hrsg) (1978) Biophysik. Springer, Berlin Heidelberg New York

Nelson D, Cox M (2001) Lehninger Biochemie. Springer, Berlin Heidelberg New York

Nölting B (2004) Methods in modern biophysics. Springer, Berlin Heidelberg New York

Pfützner H (2003) Angewandte Biophysik. Springer, Wien

Winter R, Noll F (1998) Methoden der Biophysikalischen Chemie. B.G. Teubner, Stuttgart

WWW

Biophysics textbooks online (http://www.biophysics.org/btol)

The RCSB protein data bank (http://www.rcsb.org/pdb)

Institut für Molekulare Biotechnologie Jena (http://www.imb-jena.de)

Max-Planck Institut für Biophysik (http://www.mpibp-frankfurt.mpg.de)

Max-Planck Institut für biophysikalische Chemie (http://www.mpibpc.gwdg.de)

2 Aufbau von zellulären Strukturen: Biomoleküle, Wechselwirkungen und molekulare Prozesse

2.1 Lipidmoleküle sind die Hauptbestandteile von Zellmembranen

Zellmembranen haben nicht nur die Aufgabe, Proteinlösungen in der Zelle zu separieren und einzuschließen, sondern dienen auch selbst als Sitz von Membranproteinen. Das wohl bekannteste Beispiel sind die Membrankomplexe der Photosyntheseprozesse und der Atmungskette.

Ein Strukturmodell von Zellmembranen wurde erstmalig von Gortner und Grendel 1925 vorgeschlagen. Das in Abb. 2.1 gezeigte Modell umfasst eine **Lipiddoppelschicht** (oder engl. *bilayer*), wobei die **polaren Kopfgruppen** der Lipide (Fettsäuren) auf der Oberfläche der Membranen zu finden sind. Dieses Modell wurde dann 1937 von Danielli und Davson erweitert. Inzwischen hatte man Membranproteine gefunden und Danielli und Davson nahmen an, dass diese Proteine auf der Membranoberfläche verankert sind.

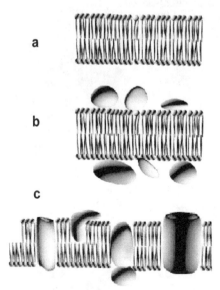

a

b

c

Abb. 2.1 a-c. Das 1925 vorgeschlagene Strukturmodell von Zellmembranen nach Gortner und Grendel (**a**). Danielli und Davson postulieren an der Membranoberfläche fixierte Membranproteine (**b**). Das „flüssige Mosaik"-Modell von Singer und Nicholson enthält auch Membranproteine, die die Membran durchsetzen (**c**)

Die Fortschritte in den Präparationstechniken für die Elektronenmikroskopie führten in den 70er Jahren zur Aufklärung der Struktur von Membranen: Singer und Nicholson schlugen 1972 das „flüssige Mosaik"-Modell vor. Hoch bewegliche Lipidmoleküle sind in Doppelschichten angeordnet, die Proteine enthalten, wobei diese teilweise in der Doppelschicht eingelagert sind oder sie sogar durchsetzen. Viele Membranproteine sind außerdem in der Lage, Translationen oder Rotationen in dem quasi-flüssigen Lipid-See auszuführen (Fisher u. Stockenius 1978). Die in Kap. 4.8 näher erläuterten **Elektronenspinresonanz-(ESR-)**Experimente an Spin-markierten Lipidmolekülen ergeben mittlere Translationsgeschwindigkeiten im Bereich von ca. 3000 nms^{-1} (Sackmann 1978). Membranproteine bewegen sich ebenfalls, allerdings mit einer um eine Zehnerpotenz niedrigeren Geschwindigkeit, was durch **optische Spektroskopie** mit Hilfe von fluoreszierenden Membranproteinen ermittelt wurde. Membrane sind also hoch dynamische komplexe Einheiten.

2.1.1 Klassifizierung von Lipiden

Die Abb. 2.2 zeigt eine schematische Darstellung zweier **Phospholipidmoleküle** und deren charakteristische Größen: l_c ist die Länge des hydrophoben Lipidschwanzes, V ist das Volumen des Zylinders, der von den Fettsäureketten des Lipidschwanzes im Mittel eingenommen wird, und a_0 ist die größte Querschnittsfläche der hydrophilen Lipidkopfgruppe.

Um die strukturellen Eigenschaften von Lipiden zu klassifizieren, führt man den **Packungsparameter**

$$P_l = \frac{V}{a_0 l_c} \tag{2.1}$$

ein. Ein Lipid mit nur einer Fettsäurekette und großer Kopfgruppenfläche, ein Lysolipid, besitzt $P_l < 1/3$, und die Fettsäureketten nehmen ein kegelförmiges Volumen ein. Für ein doppelkettiges Lipid wie Phosphatidylethanolamin nehmen die Fettsäureketten ein kegelförmiges Volumen ein und es gilt $P_l = 1$. Je nach Zahl und Länge der Fettsäureketten sind Lipide in der Lage, viele verschiedene Membranstrukturen durch **Selbstorganisation** zu bilden. Besitzt z.B. ein Lipid nur eine Fettsäurekette wie das Lysolipid, so können sich in wässriger Lösung Mizellen mit einem inneren Radius $r = l_c$ ausbilden. Solche Moleküle können wasserunlösliche Substanzen mit ihren hydrophoben Kohlenstoffketten umschließen. Diese Eigenschaft macht man sich in Detergenzien zu Nutze. Abb. 2.3 zeigt eine Übersicht einiger Lipidarten, deren Packungsparameter und der durch Selbstorganisation resultierenden möglichen Lipidaggregate (Breckow u. Greinert 1994).
Biologische Membranen sind hauptsächlich aus Lipiddoppelschichten mit doppelkettigen Lipiden aufgebaut, da doppelkettige Lipide mit kleiner Kopfgruppenfläche und $P_l \approx 1$ planare Bilayer bilden. Eine Mischung von Lipidmolekülen mit verschiedenen Packungsparametern hingegen erlaubt den Aufbau flexibler Bilayer.

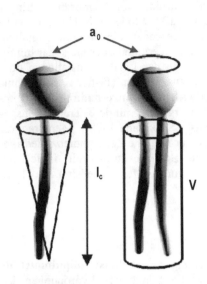

Abb. 2.2. Schematische Darstellung eines Phospholipidmoleküls: l_c ist die Länge des Lipidschwanzes, V ist das Volumen des Zylinders, der von den Lipidschwänzen eingenommen wird, und a_0 ist die größte Querschnittsfläche der Lipidkopfgruppe

Invertierte Mizellen lassen sich dagegen durch doppelkettige Lipide mit einer kleinen Kopfgruppenfläche assemblieren.

Biologische Membranen sind weit komplexer, als die nur von Lipiden ausgebildeten Strukturen. Biologische Membranen sind **Multikomponenten-Membranen** (Dudel 1987). Sie sind mit Membranproteinen durchsetzt, die eine Fülle von Funktionen besitzen können, wie z.B. den Transport von Ionen, die Durchführung enzymatischer Reaktionen sowie Rezeptorfunktionen für Signalmoleküle. Diese Proteinkomplexe sind durch ihre hydrophoben äußeren Seitenketten im hydrophoben Inneren von Lipiddoppelschichten verankert. Die hydrophilen äußeren Seitenketten ragen aus der Membran heraus. Um Proteinkomplexe in der Membran zu stabilisieren, sind diese wiederum mit speziell für den jeweiligen Membrankomplex charakteristischen Lipiden umgeben, die selbst wiederum Inseln in der Membran bilden (Abb. 2.4).

2.1.2 Experimentelle Methoden zur Charakterisierung von Membranen

Besonders die **Transmissionselektronenmikroskopie** hat zum heutigen Verständnis des Aufbaus von Membranen beigetragen. Aus diesem Grund werden im Kap. 5.3 die physikalischen Grundlagen der Elektronenmikroskopie sowie einige präparative Techniken erläutert. Die Lipide von Membranen können unter bestimmten Bedingungen (tiefe Temperaturen) in sehr regelmäßiger Art und Weise angeordnet sein. Man spricht dann von einem zweidimensionalen Lipidgitter. Die Bildung von regelmäßigen, zweidimensionalen Lipidstrukturen wurde durch

Röntgenbeugung (Kap. 5.5) nachgewiesen, eine physikalische Technik, die durch ihre Mächtigkeit bei der Aufklärung von Proteinstrukturen zu einer der wichtigsten Methoden in der strukturellen Biologie geworden ist.

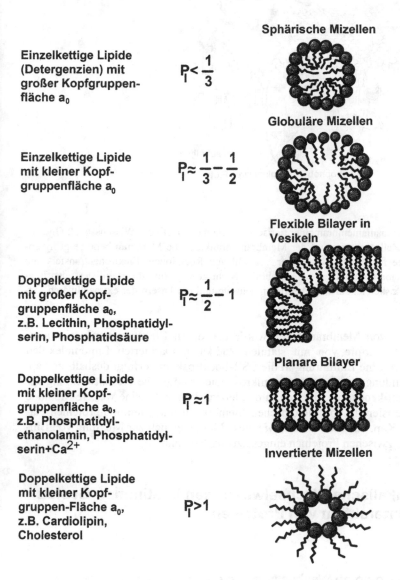

Sphärische Mizellen

Einzelkettige Lipide (Detergenzien) mit großer Kopfgruppenfläche a_0

$$P_I < \frac{1}{3}$$

Globuläre Mizellen

Einzelkettige Lipide mit kleiner Kopfgruppenfläche a_0

$$P_I \approx \frac{1}{3} - \frac{1}{2}$$

Flexible Bilayer in Vesikeln

Doppelkettige Lipide mit großer Kopfgruppenfläche a_0, z.B. Lecithin, Phosphatidylserin, Phosphatidsäure

$$P_I \approx \frac{1}{2} - 1$$

Planare Bilayer

Doppelkettige Lipide mit kleiner Kopfgruppenfläche a_0, z.B. Phosphatidylethanolamin, Phosphatidylserin+Ca^{2+}

$$P_I \approx 1$$

Invertierte Mizellen

Doppelkettige Lipide mit kleiner Kopfgruppen-Fläche a_0, z.B. Cardiolipin, Cholesterol

$$P_I > 1$$

Abb. 2.3. Übersicht einiger Lipidarten, ihrer Packungsparameter P_I und der daraus resultierenden möglichen Lipidaggregate nach (Breckow u. Greinert 1994)

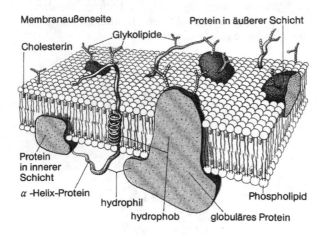

Abb. 2.4. Die Plasmamembran einer tierischen Zelle nach heutigem Wissensstand: Glycolipide sind als Zellrezeptoren auf der Membran verankert. Die Membran beherbergt hydrophobe Enzyme für die Katalyse einer Vielzahl von Reaktionen. Elektronentransfer- und Transportproteine durchsetzen die Membran. Nicht gezeigt sind die stabilisierenden Filamente des Cytoskeletts auf der Membraninnenseite und die Fasern der extrazellulären Matrix (Dudel 1987)

Die Dynamik von Membranlipiden wurde u.a. durch **Elektronenspinresonanz-(ESR-)Spektroskopie** von mit stabilen Radikalen markierten Lipidmolekülen nachgewiesen. Eine Einführung in die ESR-Spektroskopie erfolgt deshalb in Kap. 4.8. Die Erfindung der Rastertunnelmikroskopie ermöglichte die Entwicklung der **Rasterkraftmikroskopie**, die sich in den letzten Jahren als eine weitere Methode zur Charakterisierung von biologischen Membranen und Membranproteinen etabliert hat. In Kap. 4.3 wird erklärt, wie diese Methode auch zur Messung von Bindungskräften zwischen Proteinen eingesetzt werden kann.

2.2 Physikalische Wechselwirkungen bestimmen Gestalt und Interaktion von Proteinen

2.2.1 Die Coulomb-Wechselwirkung ermöglicht chemische Bindungen

Eine der Grundfragen der modernen Physik ist die Frage nach dem „Woraus besteht die Welt und was hält sie zusammen?". Diese Frage lässt sich auch auf die molekulare Biologie übertragen: Wie ist die belebte Natur aufgebaut und was hält sie zusammen? Zellen bestehen zum größten Teil aus Wasser, Lipidmolekülen und Proteinen. Das Proteingerüst ist aus Aminosäuren aufgebaut, die selbst wiederum aus durch chemische Bindungen verknüpften Kohlenstoff-, Stickstoff-, Sauerstoff- und Schwefelatomen aufgebaut sind.

Um chemische Bindungen eingehen zu können, müssen Atome aufeinander anziehende Kräfte ausüben. In der Physik spricht man von Wechselwirkungen zwischen den Atomen. Welche Art von elementarer physikalischer Wechselwirkung ist nun für die chemische Bindung und damit letztendlich auch für die Struktur von Proteinen verantwortlich? Es ist die **Coulomb-Wechselwirkung zwischen elektrischen Ladungen**, zum Beispiel zwischen negativ geladenen Elektronen und positiv geladenen Atomkernen.

2.2.2 Die Ionische Bindung wird durch das Coulomb-Gesetz beschrieben

Der Begriff der Elektronegativität beschreibt die Fähigkeit von Atomen, Elektronen von Bindungspartnern abzuziehen. Ist die Elektronegativität eines Atoms nun so groß, dass ein ganzes Elektron vom Bindungspartner abgezogen wird, so wird dieses Atom zu einem negativ geladenen Ion mit der Ladung q_1=-e. Chlor ist zum Beispiel wesentlich elektronegativer als Natrium. Bei der Bildung von Kochsalz wird das neutrale Cl- Atom also zum Cl⁻. Das neutrale Na-Atom wird dementsprechend zu einem positiv geladenen Na^+-Ion mit der Ladung q_2=+e. Chemische Bindungen, die durch Coulomb-Anziehung von Ionen entstehen, nennt man **ionische Bindungen**.

Im 18. Jahrhundert fand Coulomb, dass die Kraft $\vec{F}(r)$, die auf eine Ladung q_1 im Abstand r von einer zweiten Ladung q_2 wirkt, zum Produkt der Ladungen proportional und zum Quadrat des Abstands r umgekehrt proportional ist (Abb. 2.5a):

$$\vec{F}(r) = \frac{1}{4\pi\varepsilon\varepsilon_0} \cdot \frac{q_1 q_2}{|\vec{r}|^2} \frac{\vec{r}}{|\vec{r}|} . \tag{2.2}$$

Die Richtung der Kraft ist durch den Einheitsvektor $\vec{u}_r = \vec{r}/|\vec{r}|$ gegeben. Bei zwei ungleichnamigen Ladungen zeigt der Kraftvektor $\vec{F}(r)$ also jeweils von einer Ladung zur anderen. Die Konstante ε_0=8,854·10^{-12} $C^2N^{-1}m^{-2}$ bezeichnet man als Dielektrizitätskonstante des Vakuums. Die Dielektrizitätskonstante des Mediums ε besitzt z.B. für Luft den Wert ε_{Luft}=1, für Wasser den Wert ε_{Wasser}=82, und für Proteine gilt $\varepsilon_{Protein}$=4. Gleichung 2.2 gilt universell, egal ob z.B. Elektronen im Elektronenmikroskop mit Hilfe von positiv geladenen Elektroden beschleunigt werden oder ob geladene Seitenketten an Rezeptoren in der Zellmembran binden. Ladungen mit gleichem Vorzeichen stoßen sich ab; ein K^+-Ion und ein Na^+-Ion im Zytosol werden sich also nicht nahe kommen. Ungleichnamige Ladungen mit ungleichem Vorzeichen ziehen sich an; eine positiv geladene, protonierte Amidgruppe und eine negativ geladene Carboxylgruppe können sich sehr wohl nahe kommen, eine ionische Bindung eingehen und so Proteinstrukturen stabilisieren. Eine wichtige Größe in der Chemie der Bindungen ist die **Bindungsenergie**. Diese Energie ist ein Maß für die Stärke der Bindung und lässt sich für die ionische Bindung aus Gleichung 2.2 berechnen. Um zwei Ladungen $+q_1$ und $-q_2$ vom Abstand r ins „Unendliche" zu bringen, d.h. die beiden Ladungen zu trennen, muss man Energie in Form von Arbeit aufbringen. Diese Energie wird als **potentielle Energie** E_p bezeichnet. Diese Definition der potentiellen Energie ist allgemein, in dem speziellen Fall von chemischen Bindungen nennt man die potentielle Energie der Bindungspartner die Bindungsenergie.

Die mechanische Arbeit W ist definiert als das Skalarprodukt aus Kraft $\vec{F}$ und Weg $\vec{s}$:

$$W = \vec{F} \cdot \vec{s}. \tag{2.3}$$

In unserem Fall handelt es sich um ein radialsymmetrisches Problem, weiterhin sind $\vec{F}$ und $\vec{s}$ parallel. Wir dürfen also in Gl. 2.2 die Kraft $\vec{F}$ durch ihren Betrag F und den Weg $\vec{s}$ durch die jeweilige Entfernung zwischen den Ladungen r' ersetzen. Nun ist die Coulomb-Kraft vom Abstand der Ladungen r' abhängig, so dass wir nun unseren Weg in infitisimal kleine Portionen dr' und damit auch die geleistete Arbeit gemäß $dW=Fdr'$ aufteilen. Am Ende des Weges müssen alle Energien dW aufsummiert werden, um die gesamte Bindungsenergie zu erhalten. Mathematisch wird dies durch die Bildung des Produktes Energie gleich Kraft mal Weg unter dem Integral in den Grenzen von $r'=r$ bis $r'=\infty$ ausgedrückt:

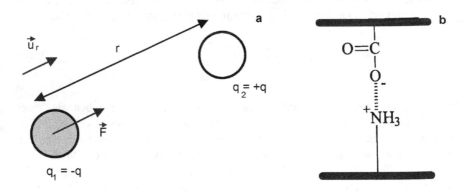

Abb. 2.5 a,b. Ungleichnamige Ladungen im Abstand r ziehen sich gemäß dem Coulomb-Gesetz an (Gl. 2.2) **(a)**. Eine negativ geladene Carboxylgruppe und eine positiv geladene Ammoniumgruppe ziehen sich an **(b)** und können so Proteinstrukturen stabilisieren (nach Tschesche 1978)

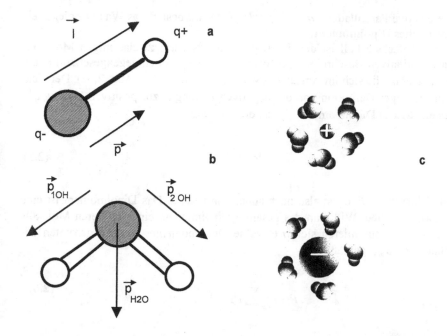

Abb. 2.6 a-c. Ladungsverschiebung innerhalb eines Moleküls erzeugt ein elektrisches Dipolmoment $\vec{p}_{el}$ **(a)**. Das elektrische Dipolmoment des Wassermoleküls p_{H2O} beträgt $6,17 \cdot 10^{-30}$ Cm **(b)**. Der O-H-Bindungsabstand beträgt 0,0957 nm. Na^+ und Cl^- - Ionen in Lösung sind von Wassermolekülen umgeben **(c)**

$$E_p(r) = \int\limits_{r'=r}^{r'=\infty} F(r')dr' = \int\limits_{r'=r}^{r'=\infty} \frac{1}{4\pi\varepsilon\varepsilon_0} \cdot \frac{q_1 q_2}{r'^2} dr' = \frac{q_1 q_2}{4\pi\varepsilon\varepsilon_0} \int\limits_{r'=r}^{r'=\infty} \frac{1}{r'^2} dr' = \frac{1}{4\pi\varepsilon\varepsilon_0} \cdot \frac{q_1 q_2}{r} . \tag{2.4}$$

Zwei sich anziehende Ladungen mit entgegengesetztem Vorzeichen besitzen laut Gl. 2.4 eine negative Bindungsenergie. Negative Bindungsenergie bedeutet also eine anziehende Wechselwirkung, positive eine abstoßende Wechselwirkung.

2.2.3 Der polare Charakter des Wassers: Ein Molekül mit einem elektrischen Dipolmoment

Wasser ist die Grundvoraussetzung für die Existenz von Leben. Was macht das Wassermolekül so besonders? Wasser ist ein polares Molekül und kann somit andere polare Moleküle lösen. Es ist zwar nach außen hin neutral, aber die Elektronegativität des Sauerstoffs ist größer als die der zwei Wasserstoffe. Das bedeutet, dass sich die Elektronen im Wassermolekül nicht gleich verteilen. Der Sauerstoff besitzt somit eine negative Partialladung q^- und die beiden Wasserstoffe jeweils eine positive Partialladung q^+ mit $q^+ = 1/2 q^-$. Damit besitzt das Wassermolekül ein **elektrisches Dipolmoment**.

Der einfachste Fall ist der des Dipolmoments eines zweiatomigen Moleküls. Zur quantitativen Beschreibung betrachten wir die zwei entgegengesetzte Ladungen q^+ und q^-, die sich im Abstand $\vec{l}$ von einander befinden (Abb. 2.6a). Der Vektor $\vec{l}$ zeigt per Definition von der negativen Ladung q^- zur positiven Ladung q^+. Das elektrische Dipolmoment $\vec{p}_{el}$ ist definiert als

$$\vec{p}_{el} = |q| \cdot \vec{l}. \tag{2.5}$$

Ein elektrischer Dipol ist also nach außen hin neutral. Das Dipolmoment ist eine vektorielle Größe. Will man das gesamte Dipolmoment eines größeren Moleküls berechnen, so summieren sich n einzelne Dipolmomente $\vec{p}_i$ zum gesamten Dipolmoment $\vec{p}_{ges}$ gemäß:

$$\vec{p}_{ges} = \sum_{i=1}^{n} \vec{p}_i. \tag{2.6}$$

Die Abb. 2.6 zeigt die Anwendung von Gl. 2.6 anhand eines Wassermoleküls. Das Dipolmoment von Wasser erklärt sich durch die Vektoraddition der zwei einzelnen Dipolmomente entlang der OH-Bindungen.

Für die Beschreibung der Wechselwirkungen zwischen zwei elektrischen Dipolen benötigen wir einen Ausdruck für die potentielle Energie eines Dipols im elektrischen Feld des zweiten Dipols. Das durch einen elektrischen Dipol verursachte **elektrische Feld** ist:

$$\vec{E}(\vec{r}) = \frac{1}{4\pi\varepsilon\varepsilon_0} \frac{3\vec{u}_r (\vec{p}_{el} \cdot \vec{u}_r) - \vec{p}_{el}}{|\vec{r}|^3}. \tag{2.7}$$

Der Einheitsvektor $\vec{u}_r$ besitzt den Betrag eins und zeigt vom Ursprung $r=0$ in Richtung des Abstandsvektors $\vec{r}$. Die potentielle Energie eines Dipols im elektrischen Feld $\vec{E}$ ist gegeben als

$$E_p = -\vec{p}_{el} \cdot \vec{E}. \tag{2.8}$$

Durch Einsetzen von Gl. 2.7 in Gl. 2.8 erhält man die Wechselwirkungsenergie $E_p(\vec{r})$ zweier elektrischer Dipole mit den Dipolmomenten $\vec{p}_1$ und $\vec{p}_2$ als

$$E_p(\vec{r}) = \frac{1}{4\pi\varepsilon\varepsilon_0} \frac{\vec{p}_1 \cdot \vec{p}_2 - 3(\vec{u}_r \cdot \vec{p}_1)(\vec{u}_r \cdot \vec{p}_2)}{|\vec{r}|^3}. \tag{2.9}$$

Gl. 2.9 lässt sich durch Ausmultiplizieren der Skalarprodukte umwandeln in (s. Daune 1997)

$$E_p(r) = \frac{p_1 p_2 C(\theta,\phi)}{4\pi\varepsilon_0\varepsilon} \cdot \frac{1}{r^3} \tag{2.10}$$

mit $C(\theta,\phi) = \sin\theta_1\sin\theta_2\cos(\phi_1-\phi_2) - 2\cos\theta_1\cos\theta_2$. Abb. 2.7c zeigt die in Gl. 2.10 eingehenden Winkel. Der Winkel θ_1 ist der Winkel zwischen $\vec{p}_1$ und der Verbindungsachse (z-Achse). Der Winkel ϕ_1 ist der Winkel zwischen der x-Achse und der Projektion von $\vec{p}_1$ auf die XY-Ebene. Entsprechendes gilt für $\vec{p}_2$.

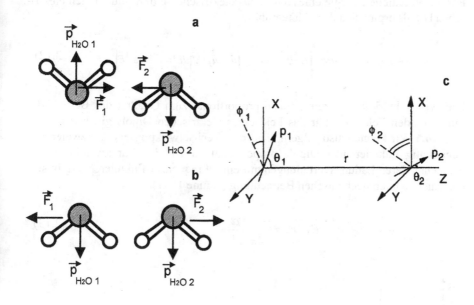

Abb. 2.7 a-c. Zwei polare Moleküle mit den Dipolmomenten $\vec{p}_1$ und $\vec{p}_2$ ziehen sich an, wenn die Dipolmomente antiparallel ausgerichtet sind **(a)**. Sie stoßen sich ab, wenn $\vec{p}_1$ und $\vec{p}_2$ parallel sind **(b)**. In **(c)** sind die in Gl. 2.10 eingehenden Winkel θ_1, θ_2 und ϕ_1, ϕ_2 gezeigt (siehe Text) (nach Daune 1997)

2.2.4 Induzierte elektrische Dipole sind die Ursache für die Van-der-Waals-Wechselwirkung

Betrachten wir zwei neutrale, unpolare Moleküle, die keine ionische oder kovalente Bindung durch den Austausch von Elektronen eingehen. Können diese Moleküle miteinander wechselwirken? Die Moleküle induzieren, verursacht durch thermische Bewegungen, jeweils im anderen Molekül ein elektrisches Dipolmoment. Diese Dipolmomente verursachen eine anziehende Wechselwirkung zwischen den Molekülen, die oft als Van-der-Waals-Wechselwirkung bezeichnet wird. Aus diesem Grund wollen wir das durch ein elektrisches Feld $\vec{E}$ erzeugte Dipolmoment im Folgenden beschreiben.

Das Maß für die Fähigkeit, induzierte Dipole zu bilden, ist die **Polarisierbarkeit** α. Es gilt:

$$\vec{p}_{el} = \alpha\varepsilon_0\vec{E}. \tag{2.11}$$

Für die potentielle Energie eines durch das elektrische Feld $\vec{E}$ induzierten elektrischen Dipols ergibt sich durch Integration:

$$E_p = -\int_0^E \vec{p}_{el}\cdot d\vec{E}' = -\alpha\varepsilon_0\int_0^E \vec{E}'\,d\vec{E}' = -\alpha\varepsilon_0\int_0^E \vec{u}_E\cdot\vec{u}_E\left|\vec{E}'\right|dE' = -\tfrac{1}{2}\alpha\varepsilon_0\left|\vec{E}\right|^2. \tag{2.12}$$

Die Wechselwirkungsenergie ist also proportional zum Quadrat des Betrags des induzierenden Felds $\vec{E}$. Für das Feld eines elektrischen Dipols gilt laut Gl. 2.7 $|\vec{E}|\sim 1/r^3$. Wir können also folgern, dass die Wechselwirkungsenergie zweier sich gegenseitig induzierender Dipole proportional zu $1/r^6$ ist. Für zwei identische Moleküle, deren Ladungsverteilungen mit einer Frequenz ν fluktuieren, ergibt sich aus einer quantenmechanischen Betrachtung (Daune 1997):

$$E_P(r) = \frac{-3h\nu\alpha^2}{4\pi^2 r^6}. \tag{2.13}$$

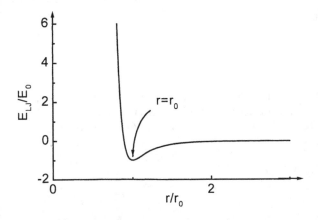

Abb. 2.8. Graphische Darstellung des Lennard-Jones-Potentials (Gl. 2.14). Das Potential hat bei $r=r_0$ ein Minimum mit der Potentialtiefe $-E_0$

Die Konstante h ist das Planksche Wirkungsquantum (h=6,626·10^{-34} Js). Diese Wechselwirkung wird van-der-Waals-Wechselwirkung genannt und ist immer anziehend ($E_p(r)$<0).

Natürlich können sich neutrale Moleküle nicht unendlich nahe kommen, denn bei zunehmender Annäherung dominiert die abstoßende Coulomb-Kraft zwischen den Elektronenhüllen der Bindungspartner. Das Minimum der Bindungsenergie und damit der energetisch günstigste Fall ist dann erreicht, wenn sich Abstoßung und Anziehung gerade aufheben. Dieser Abstand wird **Van-der-Waals-Radius** r_0 genannt. Ein empirisches Potential für die Bindungsenergie zweier neutraler, nur durch Van-der-Waals-Wechselwirkungen gebundener Atome ist das **Lennard-Jones-Potential** :

$$E_{LJ}(r) = E_0\left(\left(\frac{r_0}{r}\right)^{12} - 2\left(\frac{r_0}{r}\right)^6\right). \qquad (2.14)$$

Die Abb. 2.8 zeigt, dass das Lennard-Jones-Potential für $r=r_0$ seinen minimalen Wert, die Potentialtiefe E_0, besitzt.

2.2.5 Elektrische Dipole sind die Ursache von Wasserstoffbrückenbindungen

Die Dipol-Dipol-Wechselwirkung ist eine relativ schwache Wechselwirkung. Sie allein kann die besonderen Eigenschaften von Wasser nicht erklären. Wasser besitzt aufgrund der Polarität der Wassermoleküle weitere gerichtete intermolekulare Bindungen, die **Wasserstoffbrückenbindungen**. Diese Bindung kommt durch den stark polaren Charakter des Wassermoleküls zustande, das durch die zwei positiv geladenen H-Atome jeweils ein negativ geladenes Sauerstoffatom von zwei weiteren Wassermolekülen zu sich heranziehen kann. Die Stärke der Wasserstoffbrückenbindung erklärt sich dadurch, dass durch die kleinen H-Atome eine besonders gute Annäherung der Bindungspartner erfolgt.

Wasserstoffbrückenbindungen findet man nicht nur im festen und flüssigen Wasser selbst, sondern auch in komplexen Molekülen und damit auch in Proteinen. Wasserstoffbrückenbindungen in Proteinen kommen durch den stark polaren Charakter von X-H-Gruppen zustande, die durch das positive H-Atom elektronegative Atome Y (z.B. N oder O) zu sich heranziehen. Sie sind wesentlich für Bildung von Strukturen wie **α-Helizes** und **β-Faltblättern** (siehe Abb. 2.9-2.10).

Zur Beschreibung der Abstandsabhängigkeit der Energie der Wasserstoffbrückkenbindung $E_{WB}(r)$ wird oft ein kugelsymmetrisches Potential der Form

$$E_{WB}(r) = \frac{A_{WB}}{r^{12}} - \frac{B_{WB}}{r^{10}} \qquad (2.15)$$

benutzt. A_{WB} und B_{WB} sind hierbei Konstanten, die für die jeweilige Art der Wasserstoffbrücke verschieden sein können. Wie beim Lennard-Jones-Potential (Gl. 2.14) beschreibt der erste Term die Abstoßung der Atome für den Fall, dass sie sich zu nahe kommen. Der zweite Term ist streng genommen nicht korrekt, da er radialsymmetrisch ist: Die Wasserstoffbrückenbindung ist jedoch gerichtet. Um diese Tatsache zu berücksichtigen, werden zu Gl. 2.15 noch weitere Terme hinzugefügt (Daune 1997).

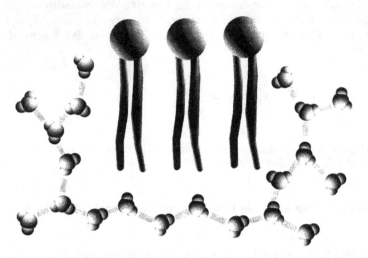

Abb. 2.9. Nichtpolare Teile eines Moleküls wie hier die Schwänze von Lipidmolekülen gehen keine Wasserstoffbrückenbindungen ein und werden von einer Wasserhülle eingeschlossen. Die polare Kopfgruppe ist dagegen hydrophil und nimmt an der Wasserstoffbrückenstruktur des Wassers teil. Polare Proteine und Ionen nehmen ebenfalls an der Wasserstoffbrückenstruktur des Wassers teil und sind damit gut wasserlöslich

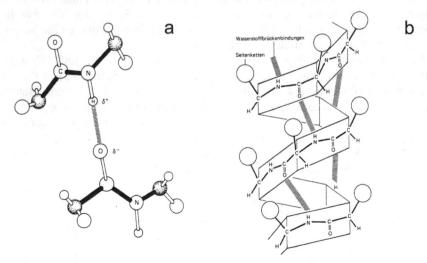

Abb. 2.10 a,b. Durch ein Wasserstoffatom vermittelte Brückenbindung zwischen einer stark polaren X-H-Gruppe und einer elektronegativen Gruppe Y (**a**). Wasserstoffbrückenbindungen stabilisieren helicale Anordnungen von Polypeptidketten (**b**) (Löffler u. Petrides 1990)

2.2.6 Thermische Bewegung schwächt die Dipol-Dipol-Wechselwirkung

Bisher haben wir keine Bewegung der einzelnen Bindungspartner betrachtet. Unter physiologischen Bedingungen müssen wir natürlich die **Brownsche Molekularbewegung** berücksichtigen. Bei der Wechselwirkung eines Dipols in einem elektrischen Feld sind alle möglichen Orientierungen von $\vec{p}_{el}$ zu berücksichtigen (Daune 1997).

Die Wahrscheinlichkeit w, einen Dipol im elektrischen Feld $\vec{E}$ mit der potentiellen Energie E_p zu finden, ist durch den Boltzmann-Faktor gegeben:

$$w = e^{-\frac{E_p}{k_BT}} = e^{-\frac{|\vec{p}_{el}||\vec{E}|\cos\theta}{k_BT}}. \tag{2.16}$$

Der Winkel θ ist hier der Winkel zwischen Dipolmoment $\vec{p}_{el}$ und $\vec{E}$. Die Wahrscheinlichkeit, den Polarisationsvektor zwischen zwei Kegeln in einem Winkelelement $(\theta; \theta + d\theta)$ zu finden, ist $sin\theta d\theta/2$. Für den Mittelwert ergibt sich

$$\langle p_{el}\rangle = \frac{\int\limits_0^\pi e^{-\frac{|\vec{p}_{el}||\vec{E}|\cos\theta}{k_BT}} p_{el}\cos\theta\,\sin\theta d\theta/2}{\int\limits_0^\pi e^{-\frac{|\vec{p}_{el}||\vec{E}|\cos\theta}{k_BT}} \sin\theta d\theta/2}. \tag{2.17}$$

Ist die potentielle Energie klein gegen k_BT, so ergibt sich die Lösung von Gl. 2.17 zu:

$$\langle p_{el}\rangle \approx \frac{|\vec{p}_{el}|^2|\vec{E}|}{3k_BT}. \tag{2.18}$$

Betrachten wir den Mittelwert der potentiellen Energie $\langle E_P\rangle$ eines Dipols in einem Feld, das durch eine Ladung q im Abstand r erzeugt wird, so kann $\langle E_P\rangle$ nun folgendermaßen berechnet werden:

$$\langle E_P\rangle = -\langle\vec{p}_{el}\cdot\vec{E}\rangle \approx \frac{|\vec{p}_{el}|^2|\vec{E}|^2}{3k_BT} = \frac{-p_{el}{}^2q^2}{(4\pi\varepsilon_0\varepsilon)^2 3k_BT}\cdot\frac{1}{r^4}. \tag{2.19}$$

Die Dipol-Wechselwirkung wird durch die Brownsche Molekularbewegung also effektiv gemindert. Die potentielle Energie hängt im Fall der Einbeziehung der

Brownschen Molekularbewegung von r^{-4} und nicht mehr von r^{-2} ab. Die Wechselwirkung wird also geschwächt. In Tabelle 2.1 sind zur Übersicht noch einmal die bisher besprochenen Abstandsabhängigkeiten aufgeführt. Es sollte noch bemerkt werden, dass in der Literatur manchmal alle Wechselwirkungen, die eine r^{-6} Abhängigkeit aufweisen, als **Van-der-Waals-Wechselwirkungen** bezeichnet werden.

2.2.7 Die Polypeptidkette wird durch kovalente Bindungen zusammengehalten

Die Bindungen zwischen den Kohlenstoffatomen in der Polypeptidkette (engl.: *protein backbone*) sind starke kovalente Bindungen. Eine **kovalente Bindung** wird von zwei Elektronen gebildet, die jeweils von den beiden Bindungspartnern geliefert werden. Diese Elektronen halten sich bevorzugt zwischen den Atomen auf. Dies erscheint also im Widerspruch zu der Tatsache, dass sich gleichnamige Ladungen abstoßen. Gilt hier das Prinzip des Coulomb-Gesetzes nicht mehr? Doch natürlich, die kovalente Bindung ist allerdings eine **Konsequenz der quantenmechanischen Beschreibung der Atomhülle**, die in Kap. 4.5 eingeführt wird. In diesem Kapitel wollen wir die Stärke der kovalenten Wechselwirkung mit Hilfe von phänomenologischen Ausdrücken beschreiben. Diese verhältnismäßig einfache Beschreibung von Bindungsverhältnissen ist durchaus gerechtfertigt, denn sie bildet die Grundlage der Simulationen der Dynamik von Biomolekülen und der Strukturermittlung von Proteinen durch Energieminimierung (s. Kap. 4.2).

Die Bindungspartner werden bei Abstandsänderungen von kovalenten Bindungen z.B. zwischen zwei C-Atomen einer Peptidkette, so behandelt, als ob die kovalente Bindung wie eine mechanische Feder zwischen den beiden Atomen wirkt. Betrachten wir nun die Energieänderung, die durch die Änderung des Bindungsabstandes r vom Gleichgewichtsabstand r_0 auftritt. Um diese Energieänderung abzuschätzen, führen wir ein empirisches **Federpotential** ein, das quadratisch von der Abstandänderung $r-r_0$ abhängt: Je stärker die kovalente Bindung ist, desto größer ist auch die **Kraftkonstante** K_l dieses Federpotentials:

Tabelle 2.1. Übersicht über die Abstandsabhängigkeit der potentiellen Energie zwischen statischen Ladungsverteilungen und dynamischen Ladungsverteilung bei der Annahme von Brownscher Molekularbewegung (in Klammern) (nach Daune 1997)

	Ion		Dipol		induzierter Dipol	
Ion	$\sim \dfrac{1}{r}$	$\left(\sim \dfrac{1}{r}\right)$	$\sim \dfrac{1}{r^2}$	$\left(\sim \dfrac{1}{r^4}\right)$	$\sim \dfrac{1}{r^4}$	$\left(\sim \dfrac{1}{r^4}\right)$
Dipol			$\sim \dfrac{1}{r^3}$	$\left(\sim \dfrac{1}{r^6}\right)$	$\sim \dfrac{1}{r^6}$	$\left(\sim \dfrac{1}{r^6}\right)$
induzierter Dipol					$\sim \dfrac{1}{r^6}$	$\left(\sim \dfrac{1}{r^6}\right)$

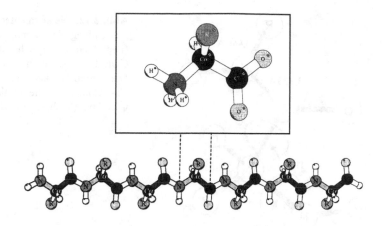

Abb. 2.11. Schematisches Bild einer Polypeptidkette (nach Bryngelson u. Billings 1997)

$$E_{p,1} = K_1 (r - r_0)^2. \qquad (2.20)$$

Neben Abstandsänderungen können sich zwischen zwei kovalent gebundenen Atomen ebenfalls Bindungs- und Torsionswinkel ändern. Potentiale für die Veränderungen von Bindungswinkeln werden durch folgende Gleichung berücksichtigt:

$$E_{p,2} = K_2 (\theta - \theta_0)^2. \qquad (2.21)$$

Hierbei bezeichnet K_2 ebenfalls eine empirische experimentell zu bestimmende Kraftkonstante. θ ist der aktuelle **Bindungswinkel** und θ_0 der Gleichgewichtswinkel zwischen den zwei Bindungspartnern.

Tabelle 2.2. Gleichgewichtsabstände r_0 und Winkel θ_0 für einige kovalente Bindungen und entsprechende Kraftkonstanten K_1 und K_2 (nach Daune 1997)

	r_0	K_1 (Kcal mol^{-1}Å^{-2})
C-C	1,507 Å	317
C=C	1,336 Å	570
C-N	1,449 Å	337
C=N	1,273 Å	570
Winkel	θ_0	K_2 (Kcal mol^{-1}rad^{-2})
C-C-C	112,4°	63
C-N-C	121,9°	50

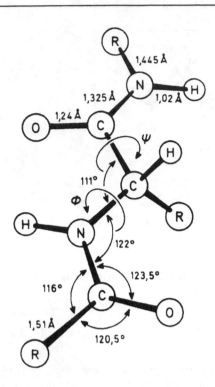

Abb. 2.12. Die kovalenten Bindungen entlang einer Aminosäurekette (Peptidkette). Die sechs Atome C_α-CONH-C_α liegen in einer Ebene. Die Aminosäurekette ist nur an den C_α- Atomen um die Winkel ϕ und ψ drehbar (Tschesche 1978)

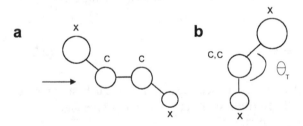

Abb. 2.13 a,b. Graphische Darstellung des Torsionswinkels θ_T für eine Torsion um die C-C- Bindung in der Kette X – C – C – X. Der Pfeil in Abb. **a** deutet die Blickrichtung an. Der Winkel θ_T ist in der Aufsicht in Abb. **b** gezeigt

In Tabelle 2.2 sind einige typische Werte für r_0, θ_0, K_1 und K_2 angegeben, wie sie z.B. in Kraftfeldern wie AMBER benutzt werden, die wiederum zur Simulation der Dynamik von Proteinen dienen (Weiner et al. 1984).

Die Polypeptidkette kann aber auch durch Torsionen verformt werden. Das **Torsionspotential** zwischen zwei Bindungspartnern wird durch folgende Gleichung beschrieben:

$$E_{p,3} = (\frac{E_T}{2})(1 + cos(n\theta_T - \gamma)). \hspace{2cm} (2.22)$$

Nun bezeichnet θ_T den Torsionswinkel (s. Abb. 2.13), E_T eine empirisch bestimmte Energie, die Höhe der Rotationsbarriere. In einem Molekül kann es mehrere Rotationsisomere (Strukturen mit gleicher Energie) geben, ihre Zahl wird mit n bezeichnet. Die Rotationsisomere sind energetisch voneinander durch die Rotationsbarrieren E_T getrennt. Die Phase γ wird eingeführt, falls mehrere voneinander unabhängige Torsionsschwingungen im Molekül vorhanden sind. Die zwei C-Atome in der Kette X – C – C – X besitzen z.B. $n=4$; $\gamma=0$ und $E_T=4$ kcal mol^{-1}.

Es gibt aber auch kovalente Bindungen zwischen Polypeptidketten eines Proteins. Dies sind die Disulfidbindungen. Bei der Reaktion von zwei protonierten Cysteinen mit O_2 entsteht solch eine Disulfidbindung unter Abgabe von Wasser. Disulfidbindungen zwischen den Polypeptidketten eines Proteins sind ebenfalls entscheidend für die Struktur (oder auch Konformation) des Proteins.

2.2.8 Schwache Wechselwirkungen bestimmen die Struktur eines Proteins

Die kovalenten Bindungen entlang der Polypeptidkette sowie die Disulfid-Bindungen zwischen Ketten besitzen die Bindungsenergien, die um einen Faktor von ca. 20 größer sind als die der ionischen und der Wasserstoffbrückenbindungen (siehe Tabelle 2.3). In einem Protein gibt es aber nun sehr viele Wasserstoffbrückenbindungen, deshalb wird die Sekundär- und auch die Tertiärstruktur stark durch Wasserstoffbrückenbindungen beeinflusst. Selbst die schwachen Van-der-Waals-Wechselwirkungen spielen eine Rolle. Um die Struktur eines Proteins zu berechnen, müssen deshalb **alle Wechselwirkungen** berücksichtigt werden.

Tabelle 2.3. Größenordnungen von Bindungsenergien

Art der Bindung	Bindungsenergie / kJmol^{-1}
Kovalente Bindung	200-500
Ionische Bindung	100-300
Van-der-Waals-Bindung	1-4
Wasserstoffbrückenbindung	10-30

Literatur

Breckow J, Greinert R (1994) Biophysik. Walter de Gruyter, Berlin New York
Bryngelson JD, Billings EM (1997) From interatomic interactions to protein structure. In: Flyvbjerg H, Hertz J, Jensen MH, Mouritsen OG, Sneppen K (Hrsg) Physics of Biological Systems: From molecules to species. Springer, Berlin Heidelberg New York, pp 80–116

Danielli JF, Davson H (1935) A contribution to the theory of permeability of thin films. J Cell Physiol 5: 495–508

Daune M (1997) Molekulare Biophysik. Vieweg & Sohn, Braunschweig Wiesbaden

Dudel J (1987) Grundlagen der Zellphysiologie. In: Schmidt RF, Thews G (Hrsg) Physiologie des Menschen. Springer, Berlin Heidelberg New York, S 2–19

Fisher KA, Stockenius W (1978) Membranmodelle. In: Hoppe W, Lohmann W, Markl H, Ziegler H (Hrsg) Biophysik Springer, Berlin Heidelberg New York, S 303–316

Gorter E, Grendel F (1925) On bimolecular layers of lipoid on the chromocytes of the blood. J Exp Med 41: 439–443

Löffler G, Petrides PE (1990) Physiologische Chemie. Springer, Berlin Heidelberg New York

Sackmann E, (1978) Dynamische Struktur von Lipid-Doppelschichten und biologischen Membranen: Untersuchung mit Radikalsonden. In: Hoppe W, Lohmann W, Markl H, Ziegler H (Hrsg) Biophysik. Springer, Berlin Heidelberg New York, S 316–328

Singer SJ, Nicholson, GL (1972) The fluid mosaic model of the structure of cell membranes. Science 173: 720–731

Tschesche H (1978) Der chemische Bau biologisch wichtiger Makromoleküle. In: Hoppe W, Lohmann W, Markl H, Ziegler H (Hrsg) Biophysik. Springer, Berlin Heidelberg New York, S 23–42

3 Energie, Reaktionen und Transportprozesse in Zellen

3.1 Bioenergetische Prozesse sind die Grundlagen des Lebens und werden durch die Thermodynamik beschrieben

Eine Zelle ist eine chemische Fabrik auf engstem Raum. Die Stoffwechselprozesse in der Zelle sind exakt aufeinander abgestimmt. Zur Aufrechterhaltung der Stoffwechselprozesse werden verschiedene Energieformen ineinander umgewandelt. Licht z. B. treibt den Photosyntheseprozess, der elektromagnetische Energie in chemische Energie umwandelt. Chemische Energie hält den **Stoffwechselprozess** in Zellen aufrecht und kann auch durch Motorproteine in kinetische Energie für die Fortbewegung von Lebewesen umgewandelt werden. Dabei entsteht im Organismus Wärme, die abtransportiert werden muss, um die Körpertemperatur konstant zu halten. Die Energieumwandlung der Lebensprozesse gehorcht zwei Gesetzen der Thermodynamik (s.a. Adam et al. 2003 u. Meschede 2002). Der 1. Hauptsatz der Thermodynamik besagt, dass **Energie** nur ineinander umgewandelt, aber nicht aus dem Nichts erzeugt oder vernichtet werden kann. Der 2. Hauptsatz der Thermodynamik besagt, dass eine andere Größe, die **Entropie**, insgesamt nicht abnehmen kann, wenn man den Entropiegehalt des Universums zu Grunde legt. Die Entropie beschreibt den Ordnungsgrad eines Systems, je größer die Unordnung, desto größer ist die Entropie. Der 2. Hauptsatz steht dabei nicht im Widerspruch zur Existenz von Leben, das ja sehr wohl geordnete Strukturen aufweist, denn Organismen können ihren hohen Ordnungsgrad nur deshalb aufrechterhalten, weil sie ihrer Umgebung nutzbare **freie Energie** entziehen. Die freie Energie ist eine wichtige Größe und eine Funktion der Energie und der Entropie.

In der Thermodynamik wird die zu beschreibende Materie **System** genannt. Alles andere, und damit ist das gesamte Universum gemeint, wird Umgebung genannt. Ein **geschlossenes System** kann mit der Umgebung nur Energie, aber keine Materie austauschen. Eine Proteinlösung in einem abgeschlossenen Behälter kann mit der Umgebung nur Energie in Form von Wärme austauschen und ist damit ein geschlossenes System. Ein **offenes System** kann sowohl Energie als auch Materie mit der Umgebung austauschen, eine lebende Zelle wäre also ein offenes System.

3.1.1 Die Erhaltung von Energie und Entropie: Auch die belebte Natur muss sich daran halten

Jeder Organismus braucht zum Leben Energie. Tierzellen beziehen Energie aus der Umwandlung von Glucose zu CO_2 und H_2O. Pflanzenzellen atmen CO_2 und H_2O und erzeugen so O_2 und Glukose. Energie kann weder vernichtet noch aus dem Nichts erzeugt werden. Aus diesem Grund müssen Organismen Energieformen umwandeln.

> Das Prinzip der Energieerhaltung bezeichnet man als **1. Hauptsatz der Thermodynamik**: In einem geschlossenen System ist die gesamte **innere Energie** U konstant, wenn keine Energie in Form von **Wärmeenergie** Q oder in Form von **mechanischer Arbeit** W an dem System geleistet wird.

Wird einem System von außen die Wärmemenge ΔQ zugeführt, so kann diese teilweise zur Verrichtung von mechanischer Arbeit verwendet werden. Die Arbeit ist negativ, $-\Delta W$, wenn vom System Arbeit geleistet wird. Der Rest der zugeführten Wärmemenge ΔQ wird zur Erhöhung der inneren Energie U des Systems verwandt: In Formeln ausgedrückt können wir schreiben

$$\Delta Q = \Delta U - \Delta W. \tag{3.1}$$

Die Erhöhung der inneren Energie kann als chemische Energie für den Ablauf von Reaktionen dienen. Umgekehrt kann wie z.B. in phosphoreszierenden Bakterien eine Änderung der inneren Energie auch zur Erzeugung von elektromagnetischer Strahlung dienen.

Das Prinzip der Energieerhaltung gilt natürlich auch für offene Systeme in der Natur. Sowohl tierische wie auch pflanzliche Zellen sowie Bakterien müssen permanent mit Nährstoffen versorgt werden. Aber warum gibt es in der belebten Natur nur offene Systeme, die permanent Stoffe aufnehmen und umwandeln? Nach dem 1. Hauptsatz der Thermodynamik könnte eine Zelle im Prinzip umgewandelte Energie recyceln und sich wie ein geschlossenes System verhalten.

Warum dies in der Natur nicht der Fall ist, wird anhand des 2. Hauptsatzes der Thermodynamik klar. Dieser Satz kann auf verschiedene Arten formuliert werden. Wir verwenden hier:

> Nach dem **2. Hauptsatz der Thermodynamik** gibt es eine physikalische Größe, **Entropie** S, die den Grad der Unordnung in einem System beschreibt. Je größer die Unordnung in einem System, desto größer ist dessen Entropie. In einem geschlossenen System kann der Grad der Ordnung nur entweder beibehalten werden oder aber erniedrigt werden. Es gilt: $\Delta S \geq 0$.

Ein offenes System, wie eine lebende Zelle, kann lokal innerhalb der Zelle geordnete Strukturen schaffen und damit seine Entropie erniedrigen; dies geht aber nur bei einem Entropiezuwachs der Umgebung. Betrachten wir das ganze Universum, so stellt das Leben Inseln erniedrigter Entropie in einer Umgebung mit hoher Entropie, dem restlichen Universum, dar.

Um den Begriff der Entropie näher zu erläutern, bedienen wir uns der statistischen Mechanik, die mikroskopische Eigenschaften von Atomen und Molekülen mit makroskopischen thermodynamischen Größen verknüpft.

Als einfaches Beispiel betrachten wir 5 Proteine, die sich in einem geschlossenen System, z.B. einer Kammer, befinden. Diese Kammer soll eine Zwischenwand besitzen. Alle 5 Proteine sollen die gleiche Energie E_i mit $i=1...5$ besitzen und nicht miteinander wechselwirken. Wir tun ebenfalls so, als ob das Lösungsmittel keinen Einfluss auf die Proteine besitzt.

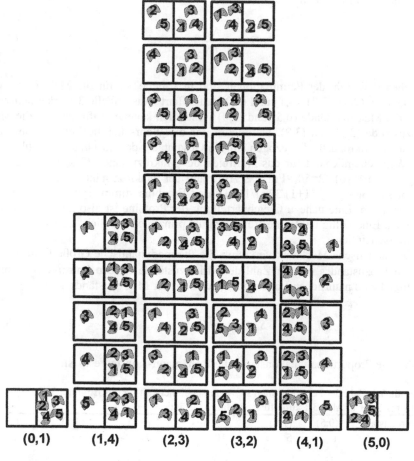

Abb. 3.1. Es gibt 32 Möglichkeiten, fünf Proteine in zwei Kammern anzuordnen. Die wahrscheinlichsten Makrozustände sind (2,3) und (3,2), in denen die fünf Proteine nahezu gleichverteilt sind

Wir können nun die fünf Proteine auf verschiedene Arten in die beiden Kammern einfüllen. Die Abb. 3.1 zeigt die Gesamtzahl der so möglichen **Mikrozustände**. Es gibt insgesamt $2^5=32$ solcher Zustände. Jeder Mikrozustand hat in unserem Beispiel die gleiche Wahrscheinlichkeit $w=1/2^5=1/32$ eingenommen zu werden. Es gibt 10 **Makrozustände**, in denen sich 2 Proteine in der rechten Box und 3 Proteine in der linken Box befinden. Es existieren ebenfalls 10 Makrozustände, in denen sich 3 Proteine in der rechten Box und 2 Proteine sich in der linken Box befinden. Die Wahrscheinlichkeit w, dass sich das System in einem dieser Makrozustände befindet, ist wesentlich höher, als dass man einen Makrozustand mit nur einem Protein in der linken und vier Proteinen in der rechten Box findet.

Aus der Kombinatorik kann man herleiten, wie groß die Zahl der Möglichkeiten (Permutationen) Ω für eine bestimmte Anzahl N_1 der Proteine in der rechten und N_2 in der linken Box ist. Die Gesamtzahl der Proteine sei $N=N_1+N_2=5$ und Ω ist in unserem Fall durch

$$\Omega = \frac{N!}{N_1!\,N_2!} \tag{3.2}$$

gegeben. Die Zahl der Permutationen sind in Tabelle 3.1 für die Makrozustände (0,5), (1,4), (2,3), (3,2), (4,1) und (5,0) aufgeführt. Aus Tabelle 3.1 erkennen wir, dass die Makrozustände (0,5) und (5,0) wesentlich seltener auftreten, als die Makrozustände (2,3) und (3,2). Definieren wir die Wahrscheinlichkeit als Zahl der erlaubten Mikrozustände bezogen auf die Gesamtzahl der Zustände, so ergibt sich die Wahrscheinlichkeit für das Auftreten der Makrozustände (2,3) und (3,2) als $w_{(3,2);(2,3)}=(10+10)/32=5/8$. Für das Auftreten der Makrozustände (0,5) und (5,0) ergibt sich $w_{(0,5);(5,0)}=(1+1)/32=1/16$. Dieses Ergebnis stimmt mit unserer Erfahrung überein. Eine nahezu Gleichverteilung der Proteine ist also am wahrscheinlichsten. Eine völlig ungleiche Verteilung ist prinzipiell möglich, sie ist allerdings unwahrscheinlich.

Die statistische Mechanik verknüpft die thermodynamische Größe Entropie eines Makrozustandes mit der Zahl der Mikrozustände Ω. Die Entropie S ist proportional zum natürlichen Logarithmus der Zahl der Mikrozustände

$$S = k_B \cdot ln\,\Omega \tag{3.3}$$

wobei die Proportionalitätskonstante die Boltzmann-Konstante k_B ist.

Tabelle 3.1. Zahl der Permutationen Ω, Wahrscheinlichkeit für das Eintreten w und Entropie S der in Abb. 3.1 aufgeführten Makrozustände

Makrozustand	(0,5)	(1,4)	(2,3)	(3,2)	(4,1)	(5,0)
Ω	1	5	10	10	5	1
w	$\frac{1}{32}$	$\frac{5}{32}$	$\frac{10}{32}$	$\frac{10}{32}$	$\frac{5}{32}$	$\frac{1}{32}$
S / JK^{-1}	0	$2,22\cdot10^{-23}$	$3,18\cdot10^{-23}$	$3,18\cdot10^{-23}$	$2,22\cdot10^{-23}$	0

Sowohl die statistische Mechanik wie auch die Thermodynamik beschreiben eine sehr große Anzahl von Teilchen. Dies ist selbst in einer einzelnen Zelle immer gewährleistet. Obwohl unser Beispiel mit fünf Proteinen natürlich eher klein ist, kann man die Entropien für die einzelnen Makrozustände in unserem Beispiel berechnen. Aus Tabelle 3.1 ist ersichtlich, dass die Makrozustände mit der größten Wahrscheinlichkeit auch maximale Entropie besitzen.

Die Entropie beschreibt also den Grad der Ordnung eines Systems und hängt von der Zahl der Zustände Ω ab, die ein System einnehmen kann. Ist die Zahl der Zustände und damit die Unordnung des Systems hoch, so ist auch die Entropie hoch. Der 2. Hauptsatz der Thermodynamik besagt, dass in einem geschlossenen System die Entropie entweder konstant bleibt oder aber anwächst. Überlässt man das geschlossene System sich selbst, so bleibt entweder alles wie es ist, oder das Chaos übernimmt die Herrschaft.

Nach dem 1. Hauptsatz der Thermodynamik müssen chemische Reaktionen in der Zelle energetisch möglich sein. Diese Tatsache genügt allerdings noch nicht, um zu entscheiden, ob Reaktionen in der Natur ablaufen können oder nicht. Wenn ein Glühwürmchen ein Lichtquant aussendet, verläuft dieser Prozess nur in einer Richtung. Das Glühwürmchen kann Licht nicht absorbieren, um es wieder in chemische Energie zu verwandeln. Pflanzen wiederum absorbieren Licht, senden es aber im Allgemeinen nicht aus. Zwei Flüssigkeiten vermischen sich, werden sich aber ohne äußeres Zutun nicht wieder von selbst entmischen. Solche Prozesse nennt man **irreversibel**. Prozesse, die rückgängig gemacht werden können, werden **reversibel** genannt. Ein ideales Gas mit dem Druck p und dem Volumen V lässt sich z.B. gemäß der idealen Gasgleichung

$$pV = v_M RT \qquad (3.4)$$

bei konstanter Temperatur T durch Erhöhung des Drucks p auf ein kleineres Volumen V komprimieren, wenn die Anzahl der Mole v_M konstant bleibt. R ist die Gaskonstante und besitzt den Wert 8,3144 $JK^{-1}Mol^{-1}$.

Neben der statistischen Interpretation der Entropie wird die Entropie in der Thermodynamik der reversiblen Zustandsänderungen als infitisimal kleine Entropiedifferenz dS zweier sehr nahe benachbarter Zustände. Wenn diese Zustände bei konstanter Temperatur T reversibel nach Aufnahme der Wärmeenergie dQ_{rev} ineinander übergeführt werden, so ergibt sich dS als[1]

$$dS = \frac{dQ_{rev}}{T}. \qquad (3.5)$$

---

[1] In der thermodynamischen Literatur wird für dQ_{rev} der Ausdruck des unvollständigen Differentials δQ_{rev} benutzt, da die Wärmemenge keine Zustandsfunktion ist.

Diese Beschreibung der Entropie benötigt keine Kenntnis der mikroskopischen Struktur des zu untersuchenden Systems, ist aber weniger anschaulich, da der statistische Aspekt der Entropie in Gl. 3.5 nicht ersichtlich ist. Hier beschreibt die Entropie die Qualität einer Wärmemenge Q und die Entropiedifferenz ergibt sich als für die reversible Zustandsänderung zu nutzende Wärmeenergie pro Temperatur.

3.1.2 Thermodynamische Potentiale beschreiben, ob Reaktionen ablaufen können

Wie können wir feststellen, ob chemische oder dynamische Prozesse in der Natur nicht nur energetisch möglich sind, sondern auch wirklich ablaufen? Neben dem Energiebegriff haben wir den Entropiebegriff kennen gelernt. Besitzt ein System einen Makrozustand niedriger Entropie (hoher Ordnung) und besitzt es ebenfalls energetisch äquivalente Makrozustande höherer Entropie (niedrigerer Ordnung), so ist wahrscheinlich das System in den Makrozuständen mit höherer Entropie vorzufinden. Die physikalische Größe, die Abläufe von Prozessen in der Natur charakterisiert, muss also eine Funktion der inneren Energie U und der Entropie S des Systems sein. Weiterhin muss die geleistete Volumenarbeit pV berücksichtigt werden. Dies geschieht mit der Einführung der **Enthalpie** $H=U+pV$. Die Größe, die beschreibt, ob Reaktionen bei konstantem Druck und konstanter Temperatur ablaufen können, ist die **freie Enthalpie** G (engl. *Gibbs free energy*[2]). Die Freie Enthalpie ist ein Kriterium dafür, dass Veränderungen eines Systems spontan ablaufen. Sie ist der Energieanteil eines Systems, der für die Umwandlung in Arbeit bei konstantem Druck und konstanter Temperatur zur Verfügung steht (Adam et al. 2003):

$$G = H - T \cdot S. \tag{3.6}$$

Die freie Enthalpie gehört zu den thermodynamischen Potentialen und spielt in der Biologie die wichtigste Rolle, da nahezu alle Prozesse in der Biologie bei konstantem Druck und konstanter Temperatur stattfinden. Sie wird freie Enthalpie genannt, weil sie ohne weiteren Arbeitsaufwand frei zur Verfügung steht.

Ob ein Prozess spontan ablaufen kann, entscheidet der Unterschied der freien Enthalpien ΔG von Ausgangs- und Endzustand:

$$\Delta G = G_{Endzustand} - G_{Ausgangszustand} = \Delta H - T\Delta S. \tag{3.7}$$

Ein Prozess mit negativem ΔG läuft spontan ab. Ein System, das in einen Zustand niedrigerer freier Enthalpie übergeht, gibt also Energie ab oder Ordnung auf, oder sogar beides. In der biochemischen Literatur werden Enthalpie H und freie Ent-

---

[2] In einigen Werken wird G auch als freie Energie bezeichnet (z.B. Campbell 2003)

halpie G auf wässrige Lösungen bei T=25 °C und neutralem pH-Wert pH=7 bezogen und mit $\overline{H}^{0'}$ und $\overline{G}^{0'}$ bezeichnet. Für die Oxidation von D-Glucose

$$C_6H_{12}O_6 \text{ gelöst}+6O_2 \text{ gas} \rightarrow 6CO_2 \text{ gas} +6H_2O \text{ flüssig}$$

findet man $\overline{H}^{0'}$ =-20,10 $\cdot 10^3$ Jmol^{-1} und $\overline{G}^{0'}$ =-23,0$\cdot 10^3$ Jmol^{-1}. Prozesse mit negativem ΔG geben freie Enthalpie ab und werden **exergonische Prozesse** genannt. Die Rückreaktion der obigen Reaktion mit positivem ΔG, wie sie in der Photosynthese vorkommt, kann nur erfolgen, wenn freie Enthalpie aufgenommen wird. Solche **endergonische Prozesse** laufen nicht von allein ab, da die benötigte freie Enthalpie in einem parallelen Prozess erzeugt werden muss.

Reversible chemische Reaktionen schreiten so lange fort, bis das chemische Gleichgewicht, bei dem sich die Konzentrationen der Reaktanden nicht mehr ändern, erreicht ist. Hin- und Rückreaktionen laufen also im chemischen Gleichgewicht mit derselben Rate ab. Ein System im **chemischen Gleichgewicht** ist durch ein Minimum seiner freien Enthalpie gekennzeichnet. Eine Änderung des Systems aus dem Gleichgewicht heraus ist mit einer Aufnahme von freier Enthalpie verbunden, erfolgt also nicht spontan. Die aufgenommene freie Enthalpie wird wieder abgegeben, wenn sich das System wieder ins chemische Gleichgewicht zurückbewegt. Ein Gleichgewichtszustand ist also durch

$$\Delta G = 0 \tag{3.8}$$

gekennzeichnet.

Die Zelle ist ein offenes System, sie behält aber ständig ihren hohen geordneten Grad an Komplexität. Um die Ordnung zu erhalten, wird ständig Enthalpie zu- und wieder abgeführt. Wäre die Zelle ein geschlossenes System, so würden die reversiblen Reaktionen des Stoffwechsels über eine gewisse Zeit dem Gleichgewichtszustand zustreben. Im Gleichgewicht gilt dann für die Zelle ΔG=0. Ist dieser Zustand erreicht, steht keine Energie zur Leistung von Arbeit mehr zur Verfügung, die Zelle ist tot. Stirbt die Zelle, gibt es keine Energiezufuhr mehr und die Zellstrukturen zerfallen, der Ordnungsgrad nimmt ab und die Entropie nimmt unweigerlich zu ($\Delta S > 0$).

Der ständige Stoffaustausch der Zelle mit der Umgebung verhindert die Gleichgewichtseinstellung mit der Umgebung. In einer Zelle werden Stoffwechselprodukte so produziert und abgebaut, dass sich zwar konstante Konzentrationen dieser Stoffwechselprodukte einstellen, diese aber weit vom thermodynamischen Gleichgewicht entfernt sind. Ein Stoffwechselgleichgewicht fern vom thermodynamischen Grundzustand (ΔG=0) wird **Fließgleichgewicht** oder engl. *steady state* genannt. Um das Fließgleichgewicht aufrechtzuerhalten, wird die dazu nötige freie Enthalpie G der äußeren Umgebung durch Stofftransport und/oder Energietransport (z.B. durch das Einfangen von Sonnenlicht bei der Photosynthese) entzogen. Dieses Fließgleichgewicht ist eines der wichtigsten Kennzeichen des Lebens.

3.1.3 Die Thermodynamik beschreibt das physikalische Verhalten einer großen Zahl von Molekülen, den thermodynamischen Gesamtheiten

Im Kap. 2.2 haben wir die Wechselwirkungen innerhalb eines Proteins bzw. Biomoleküls beschrieben. Im Kap. 4.2 werden wir kennen lernen, dass die Kenntnis aller Wechselwirkungen in einem Protein im Prinzip ausreicht, um die zeitliche Entwicklung eines Proteins zu beschreiben. Lässt man quantenmechanische Probleme außer Acht, könnte so auch die zeitliche Entwicklung einer beliebig großen Anzahl von Biomolekülen beschrieben werden. Allerdings stößt man dann sehr bald auf mathematische Probleme, denn es gilt, die Newtonschen Bewegungs-Gleichungen für eine sehr große Anzahl von Proteinen zu lösen. Ein Ausweg aus diesem Dilemma bietet die statistische Thermodynamik, die makroskopische Größen wie Druck und Temperatur auf mikroskopischen Größen wie kinetische Energie von Teilchen zurückführt.

Wir betrachten zuerst ein System im thermodynamischen Gleichgewicht. Dies könnte z.B. eine Proteinlösung bei 37 °C sein. Ein System im thermodynamischen Gleichgewicht ist dadurch gekennzeichnet, dass die Temperatur T, der Druck p, das Volumen V und die Teilchenzahl N konstant sind. Nehmen wir nun an, dass dieses Protein verschiedene Energiezustände (Konformationen) annehmen kann. Die Energie der Proteinkonformation im Grundzustand sei E_0. Es gäbe nun 4 weitere Konformationen 1-4 mit höherer Energie, $E_1 < E_2 < E_3 < E_4$ (Abb. 3.2). Wir wollen die Frage stellen, wie viele Moleküle sich in den 5 Energiezuständen befinden. Zur Berechnung führen wir eine Größe ein, die eine wichtige Rolle in der Thermodynamik spielt. Es ist die Zustandssumme Z, die exponentiell von den Energiezuständen E_i abhängt:

$$Z = \sum_{i=1}^{5} e^{-\frac{E_i}{k_B T}}.$$

(3.9)

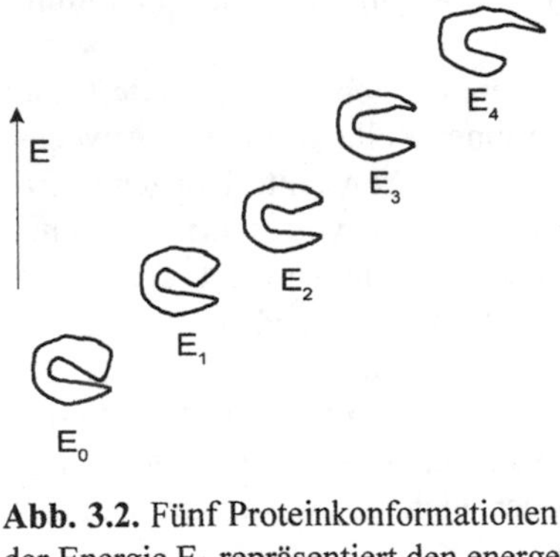

Abb. 3.2. Fünf Proteinkonformationen unterschiedlicher Energie E_i. Die Konformation mit der Energie E_0 repräsentiert den energetischen Grundzustand des Proteins

Für die Anzahl N_i der Proteine, die gerade die Energie E_i besitzen, ergibt sich dann gemäß der statistischen Thermodynamik:

$$N_i = N \frac{e^{-\frac{E_i}{k_B T}}}{Z}. \tag{3.10}$$

Diese Energieverteilung beschreibt klassische Systeme nichtwechselwirkender unterscheidbarer Teilchen oder auch Zustände. Es handelt sich hier um die **Boltzmann-Verteilung**, die alle klassischen Systeme beschreibt, die sich im thermodynamischen Gleichgewicht befinden. Nach Gl. 3.10 ergibt sich bei hinreichend hoher Teilchenanzahl N die wahrscheinlichste Verteilung der Moleküle auf die erlaubten Energiezustände des Systems.

3.2 Nahezu alle biochemischen Prozesse in der Zelle sind durch Enzyme katalysiert: Enzymatische Katalyse erleichtert Reaktionen

Der Unterschied der freien Enthalpie ΔG bestimmt, ob Reaktionen zwischen den jeweiligen Reaktionspartnern ablaufen können. Im Folgenden wird erklärt, wie Geschwindigkeiten von Reaktionen ermittelt werden können (s. a. Adam et al. 2003).

Wir betrachten den einfachsten Fall einer chemischen Reaktion, die Umsetzungsreaktion einer Substanz A hin zur Substanz B mit jeweils identischer atomarer Zusammensetzung.

$$A \underset{k_{-1}}{\overset{k_1}{\rightleftharpoons}} B$$

Bezeichnen wir die Konzentrationen von A und B mit $[A]$ und $[B]$, so ist die zeitliche Änderung von $[B]$ proportional zur Konzentration von $[A]$. Je mehr Moleküle der Sorte A pro Volumen vorhanden sind, desto mehr Produkt $[B]$ wird gebildet. Durch die Rückreaktion von B nach A vermindert sich die Anzahl von A, die zeitliche Änderung aufgrund dieser Abnahme ist negativ und proportional zu $[A]$. Je mehr Moleküle $[A]$ vorhanden sind, desto mehr können wieder zu B zurückreagieren. Dieser Sachverhalt wird durch folgende Differentialgleichung beschrieben:

$$\frac{d[B]}{dt} = k_1[A] - k_{-1}[B]. \tag{3.11}$$

Die Proportionalitätskonstanten k_1 und k_{-1} sind die **Reaktionsgeschwindigkeits-konstanten** der Hin- und Rückreaktion. Weiterhin ist die zeitliche Änderung von $[B]$ gleich der zeitlichen Änderung von $[A]$, da wir eine monomolekulare Reaktion betrachten. In Formeln ausgedrückt bedeutet dies

$$\frac{d[B]}{dt} = -\frac{d[A]}{dt}. \tag{3.12}$$

Die Geschwindigkeit von chemischen Reaktionen ist temperaturabhängig. Das bedeutet, dass die Reaktionsgeschwindigkeitskonstanten temperaturabhängig sein müssen. Dieser Sachverhalt wurde von Van't Hoff und Arrhenius am Ende des 19. Jahrhunderts erkannt. Die Reaktionsgeschwindigkeitskonstante k ist exponentiell von der Temperatur abhängig, und der exponentielle Faktor enthält eine **Aktivierungsenergie** E_a, die aufgebracht werden muss, um eine Reaktion in Gang zu bringen:

$$k = k_0 e^{-\frac{E_a}{RT}}. \tag{3.13}$$

Dabei bezeichnet T die Temperatur, R die Gaskonstante und k_0 einen präexponentiellen Faktor, der weitgehend temperaturunabhängig ist. Gl. 3.13 zeigt, dass vor allem die Größe der Aktivierungsenergie E_a die Geschwindigkeit einer Reaktion bestimmt.

Hat sich das chemische Gleichgewicht eingestellt, so ändern sich die Konzentrationen der Reaktionspartner nicht mehr, die zeitlichen Änderungen $[A]_{eq}$ und $[B]_{eq}$ sind gleich null:

$$\frac{d[B]_{eq}}{dt} = 0 = -\frac{d[A]_{eq}}{dt}. \tag{3.14}$$

Durch Einsetzen von Gl. 3.14 in Gl. 3.11 ergibt sich im Gleichgewicht

$$0 = k_1 [A]_{eq} - k_{-1} [B]_{eq}. \tag{3.15}$$

Durch Umformen ergibt sich, dass das Verhältnis der Konzentrationen im Gleichgewicht gleich dem Verhältnis der Reaktionsgeschwindigkeitskonstanten ist. Dieser Quotient ist dimensionslos und wird als **Gleichgewichtskonstante** K der Reaktion bezeichnet:

$$\frac{[B]_{eq}}{[A]_{eq}} = \frac{k_1}{k_{-1}} = K. \tag{3.16}$$

Die freie Enthalpie ΔG^0 dieser Reaktion ist unmittelbar mit der Gleichgewichtskonstante K verknüpft. Es gilt:

$$\Delta G^0 = -RT \ln K. \tag{3.17}$$

Die freien Enthalpie ΔG^0 lässt sich also aus der Gleichgewichtskonstanten einer Reaktion und damit gemäß Gl. 3.16 aus den Gleichgewichtskonzentrationen von Ausgangsstoff A und Produkt B bestimmen.

Die Theorie des **Übergangszustands** erklärt die Existenz der Aktivierungsenergie E_a einer Reaktion. Um reagieren zu können, müssen die Reaktionspartner zusammentreffen und einen oder mehrere hochenergetische aktivierte Komplexe bilden. Zur Bildung dieses Übergangszustands (engl. *transition state*) ist die **Aktivierungsenergie E_a** nötig. Im chemischen Labor geschieht dies z.B. durch die Zuführung von Wärme. Dies ist in biologischen Systemen nicht möglich, im Gegenteil, damit komplexe Organismen funktionieren können, muss die Temperatur innerhalb enger Grenzen konstant gehalten werden.

Die Natur löst dieses Problem dadurch, dass nahezu alle Reaktionen in Zellen in Gegenwart von Katalysatoren, den **Enzymen**, ablaufen. Betrachten wir ein Substrat S in Gegenwart eines Enzyms, das das Substrat in ein Produkt umwandelt (Abb. 3.3). Damit diese Reaktion ablaufen kann, muss ΔG^0 negativ sein. Ohne Anwesenheit eines Enzyms muss zur Bildung des aktivierten Komplexes T die Aktivierungsenergie E_a aufgewandt werden.

Ein Katalysator verringert die Aktivierungsenergie der Reaktion. Um den aktivierten Komplex zu bilden, muss nur noch die freie Aktivierungsenergie ΔG^* aufgebracht werden. Die Konzentration von T lässt sich über die Arrhenius-Gleichung berechnen:

$$[T] = [A]e^{-\frac{\Delta G^*}{RT}} \tag{3.18}$$

Wie kann nun eine Verringerung der Aktivierungsenergie erfolgen: Das Enzym kann die Reaktanden räumlich nahe bringen und dadurch das Aufbrechen und Bilden von Bindungen erleichtern und in vielen Fällen erst möglich machen. Eine andere Möglichkeit ist die Änderung des Reaktionswegs.

Lassen sich die oben postulierten Zwischenzustände auch beobachten? Um dies zu erreichen, müssen Reaktionen schnell abgestoppt werden, was z.B. durch schnelles Einfrieren von Reaktionslösungen geschehen kann. Die enzymatische Reaktion wird so gestoppt und die tiefgefrorenen Gemische lassen sich dann mit spektroskopischen Methoden wie z.B. Elektronenspinresonanz- oder Mößbauer-Spektroskopie untersuchen. Mit solchen Methoden können Reaktionen bis in den Millisekundenbereich verfolgt werden.

Auch kristallographische Untersuchungen lassen sich so durchführen: Ein Enzymkristall wird mit Substrat betropft. Das Substrat diffundiert in den Kristall und die Probe wird schnell auf Temperaturen < 100 K abgekühlt. Der mit Substrat belegte Kristall kann dann für röntgenkristallographische Untersuchungen benutzt werden. Mit dieser Methode lassen sich Reaktionen bis in den Sekundenbereich verfolgen. Wenn solch ein Experiment an einer starken Röntgenstrahlungsquelle wie einem Synchrotron durchgeführt wird, können sogar zeitabhängig Strukturen aufgenommen und damit die Reaktion praktisch fotografiert werden (Schlichting et al. 2000; Schotte et al. 2003). Natürlich steckt der Teufel bei diesen Untersuchungen im Detail. Bei Anwesenheit von mehreren aktivierten Komplexen müssen solche Bilder denn auch durchaus kritisch beurteilt werden, auch wenn sie noch so faszinierend sein mögen.

Mit Hilfe von schnellen optischen Methoden ist es sogar möglich, Elektronentranferreaktionen im Picosekundenbereich z.B. in den ersten Schritten der Photosynthese spektroskopisch zu verfolgen (s. Kap.7 und Holzapfel et al. 1989). Bei diesen Untersuchungen ist es wichtig, den Zeitpunkt des Starts der Elektronentransferreaktion zu steuern. Dies geschieht mit Hilfe von Lichtpulsen: Werden die Lichtpulse ausgesendet, so wird nach der Zeit t ein Spektrum aufgenommen. Die Zeit t wird variiert und man erhält zeitabhängige Spektren.

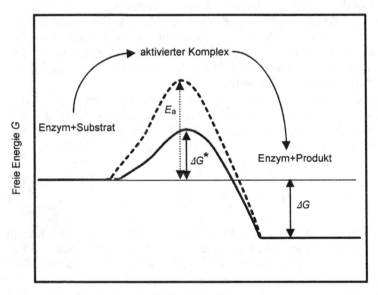

Abb. 3.3. Die Aktivierungsenergie E_a wird benötigt, um den aktivierten Komplex einer Reaktion zu bilden. Bei Produktbildung wird E_a und die freie Enthalpie der Reaktion ΔG^0 frei. Ein Enzym erniedrigt E_a, es ist nur noch ΔG^* aufzubringen, um die Reaktion zu aktivieren

3.3 Elektronen, Ionen und Biomoleküle werden auf verschiedene Art transportiert: Transportprozesse

Transport von Molekülen ist eine Eigenschaft von Leben. Eine Zelle muss von außen mit den für ihren Metabolismus nötigen Stoffen versorgt werden. Innerhalb der Zelle müssen diese Stoffe dann an die jeweiligen Orte gelangen, an denen sie mit Hilfe von Enzymkomplexen umgesetzt werden.

Die Natur nutzt für den Transport die **Diffusion** von Molekülen aus, d.h. das Bestreben von Molekülen sich gleichmäßig im Raum auszubreiten. Natürlich muss der Transport von Molekülen gerichtet erfolgen; wie das geschieht, soll in diesem Kapitel geschildert werden. Im Kap. 3.3.1 werden wir anhand des molekularen Sauerstofftransports die Beschreibung von Diffusionsprozessen kennen lernen.

Im Kap. 3.3.2 folgt der Transport von Ionen durch Zellmembranen. Dieser Mechanismus stellt die Grundlage der Bildung von **Membranpotentialen** dar und ist damit für die Zellfunktion unverzichtbar. Biochemische Reaktionen in der Zelle benötigen aber auch Elektronen, die über genau definierte Wege und Orte zur Verfügung gestellt werden. Die Grundzüge der Theorie des **Elektronentransfers** werden in Kap. 3.3.3 behandelt.

3.3.1 Molekularer Transport durch Diffusion: Sauerstoff diffundiert durch Zellgewebe

Wie atmen wir eigentlich? Natürlich nehmen wir Sauerstoff durch unsere Atemwege auf, aber wie geht der Weg eines einzelnen O_2-Moleküls weiter, bis es zu dem Ort der Zellatmung, den Mitochondrien unserer Zellen, angelangt ist? Den ersten Teil dieses Weges legt das O_2-Moleküls durch **konvektiven Transport** in den Atemwegen zurück (Abb. 3.4). Muskelarbeit sorgt dafür, dass frische Luft eingeatmet wird. Es folgt der Diffusionsaustausch zwischen Alveolen und Lungenkapillarblut. Das O_2-Molekül diffundiert durch mehrere Membransysteme und wird letztendlich in den roten Blutkörperchen am Eisenzentrum des Hämoglobins gebunden. Nur ein sehr geringer Anteil des Sauerstoffs liegt in gelöster Form im Blutplasma oder in den Erythrozyten vor. Dann erfolgt erneut ein konvektiver Transport des O_2-Hämoglobin-Komplexes auf dem Blutweg. Der Transport zwischen Gewebekapillaren und Gewebezellen erfolgt erneut über Diffusion. In den Mitochondrien erfolgt die Zellatmung und Sauerstoff verlässt, gebunden im CO_2-Molekül, die Zelle. Auch CO_2 diffundiert in die Blutbahn, wird aber zum großen Teil physikalisch im Blutplasma gelöst und ebenfalls chemisch gebunden. Der Rückweg des CO_2-Moleküls in die Lunge erfolgt dann durch konvektiven Transport in der Blutbahn. Dort diffundiert das CO_2-Molekül wieder in die Lungenbläschen zurück und wird nun erneut durch konvektiven Transport ausgeatmet.

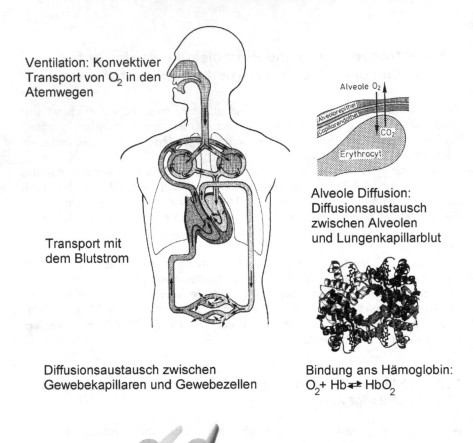

Ventilation: Konvektiver
Transport von O_2 in den
Atemwegen

Alveole O_2

Alveole Diffusion:
Diffusionsaustausch
zwischen Alveolen
und Lungenkapillarblut

Transport mit
dem Blutstrom

Diffusionsaustausch zwischen
Gewebekapillaren und Gewebezellen

Bindung ans Hämoglobin:
$O_2 + Hb \rightleftarrows HbO_2$

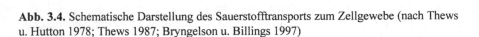

Abb. 3.4. Schematische Darstellung des Sauerstofftransports zum Zellgewebe (nach Thews
u. Hutton 1978; Thews 1987; Bryngelson u. Billings 1997)

In diesem Kapitel wollen wir den Vorgang der Diffusion physikalisch beschreiben
und diesen Formalismus auf den Sauerstofftransport im Gewebe anwenden

Diffusion von Teilchen, das 1. und 2. Ficksche Gesetz

Um Diffusionsvorgänge quantitativ zu beschreiben, definieren wir zuerst den
Teilchenstrom j_x in einer Dimension x. Unter Teilchenstrom versteht man die Anzahl der Teilchen Δn, die pro Zeiteinheit Δt eine Querschnittsfläche a_0 passieren.

$$j_x = \frac{\Delta n}{\Delta t a_0}. \tag{3.19}$$

Man beobachtet nun, dass der Teilchenstrom j_x proportional zur Ableitung der Teilchenkonzentration ist. Es gilt also:

$$j_x \propto \frac{dc}{dx}. \tag{3.20}$$

Die Proportionalitätskonstante wird als **Diffusionskonstante** D bezeichnet. Damit ergibt sich das **1. Ficksche Gesetz** in einer Dimension als

$$j_x = -D\frac{dc}{dx}. \tag{3.21}$$

Betrachten wir drei Dimensionen, so ist der Teilchenstrom im Raum natürlich eine gerichtete Größe. Man beobachtet, dass der Teilchenstrom dem Gradienten der Teilchenkonzentration an jedem Ort proportional ist. Kennen wir die Teilchenkonzentration c und die Diffusionskonstante D, so ergibt sich der Teilchenstrom durch das 1. Ficksche Gesetz in drei Dimensionen:

$$\vec{j} = \begin{pmatrix} j_x \\ j_y \\ j_z \end{pmatrix} = -D \begin{pmatrix} \frac{\partial c}{\partial x} \\ \frac{\partial c}{\partial y} \\ \frac{\partial c}{\partial z} \end{pmatrix} = -D\mathrm{grad}(c) = -D\vec{\nabla}c. \tag{3.22}$$

Weiterhin beobachtet man, daß die Teilchenkonzentration c dem **Partialdruck** p_c dieser Teilchen proportional ist. Diese Tatsache wird **Henry-Daltonsches Gesetz** genannt:

$$c = \alpha_B p_c. \tag{3.23}$$

α_B ist der **Bunsensche Löslichkeitskoeffizient**. In der Literatur wird auch oft der **Kroghsche Diffusionskoeffizient** (auch als Diffusionsleitfähigkeit bezeichnet, s. Tab. 3.1) benutzt (Thews u. Hutten 1978):

$$K_D = 60\alpha_B D. \tag{3.24}$$

Bisher haben wir zeitliche Änderungen der Konzentration der Teilchen vernachlässigt. Sind solche Änderungen vorhanden, so gilt das **2. Ficksche Gesetz**:

$$\frac{\partial c}{\partial t} = D\left(\frac{\partial^2 c}{\partial x^2} + \frac{\partial^2 c}{\partial y^2} + \frac{\partial^2 c}{\partial z^2}\right) \Leftrightarrow \frac{\partial c}{\partial t} = D \cdot \nabla^2 c. \tag{3.25}$$

Verbrauch und das stationäre Gleichgewicht

Gl. 3.25 gilt, wenn die Teilchen nicht durch Prozesse wie z.B. chemische Reaktionen verbraucht werden. Wenn wir einen Verbrauch A_V einschalten, muss Gl. 3.25 modifiziert werden und es ergibt sich für die zeitliche Änderung der Konzentration c, die sowohl durch Diffusion wie auch durch Verbrauch verursacht wird:

$$\frac{\partial c}{\partial t} = D \cdot \nabla^2 c - A_V. \tag{3.26}$$

Ein in der Biologie extrem wichtiger Fall ist das **stationäre Gleichgewicht**. In einer idealen Kapillare z.B. fließt das Blut mit einer zeitlich konstanten Geschwindigkeit, d. h. die Konzentration von roten Blutkörperchen und damit von Sauerstoff an einem Ort der Kapillare ist ebenfalls konstant. Natürlich gilt dies auch für alle anderen Stoffe im Blut. Diese Situation ist mit einem Fluss vergleichbar, dessen Wasserspiegel sich zwar nicht ändert, in dem aber auch ständig Wassermoleküle flussabwärts fließen. Wie wir in Kap. 3.3.2 sehen werden, befinden sich auch innerhalb von Zellen z.B. Na^+, K^+ und Cl^--Ionen im stationären Gleichgewicht, was die Berechnung von Membranpotentialen ermöglichen wird. Im stationären Gleichgewicht sind also die zeitlichen Änderungen der Teilchenkonzentrationen gleich null. Für Gl. 3.26 bedeutet dies:

$$\frac{\partial c}{\partial t} = 0 = D \cdot \nabla^2 c - A_V \Rightarrow A_V = D \cdot \nabla^2 c. \tag{3.27}$$

Tabelle 3.2 Beispiele für O_2-Diffusionsleitfähigkeit K_D und O_2-Diffusionsleitfähigkeit D in verschiedenen biologischen Medien (Thews u. Hutton 1978)

	K (ml cm^{-1}min^{-1}Atm^{-1})	D (cm^{2}s^{-1})
Wasser	$4,7 \cdot 10^{-5}$	$3,3 \cdot 10^{-5}$
Blutplasma	$3,6 \cdot 10^{-5}$	$2,5 \cdot 10^{-5}$
Erythrozyt (Mensch)	$1,7 \cdot 10^{-5}$	$1,2 \cdot 10^{-5}$
Alveolo-kapilläre Membran	$2,5 \cdot 10^{-5}$	$2,3 \cdot 10^{-5}$
Hirnrinde (Ratte)	$2,7 \cdot 10^{-5}$	$2,0 \cdot 10^{-5}$
Herzmuskel (Ratte)	$2,4 \cdot 10^{-5}$	$1,9 \cdot 10^{-5}$

Atemgastransport im Blut

Wie erfolgt der Atemgastransport im Blut? Die Erythrozyten sind Träger des roten Blutfarbstoffs Hämoglobin (Hb). Hämoglobin enthält 4 Untereinheiten mit jeweils 140 Aminosäureresten. Jede Untereinheit besitzt eine Farbstoffkomponente (auch Häm oder Porphyrin genannt) mit einem Eisenion im zweiwertigen Oxidationszustand. Das Molgewicht beträgt 64500 amu. Die Transportkinetik wird durch Diffusion im Erythrozyten bestimmt. Um die Hämoglobin-Sauerstoff-Bindung quantitativ zu beschreiben, betrachten wir die Zeitabhängigkeit der Sauerstoffkonzentration: Für die Reaktion $Hb + O_2 \rightarrow HbO_2$ ergibt sich gemäß Gl. 3.26 folgende Gleichung:

$$\frac{\partial[O_2]}{\partial t} = D\nabla^2[O_2] - k_1'[O_2][Hb] + k_{-1}[HbO_2].$$

(3.28)

Dabei sind die Größen in rechteckigen Klammern Konzentrationen. Die Reaktionszeitkonstanten für Sauerstoffaufnahme und Sauerstoffabgabe sind mit k'_1 und k_{-1} bezeichnet.

Für die O_2-Aufnahme in den roten Blutkörperchen, die sich in den Lungenkapillaren befinden, vereinfacht man Gl. 3.28 durch Einführung des Koeffizienten der Scheinlöslichkeit α'. Weiterhin wird angenommen, dass die Hämoglobinkonzentration konstant und die Rückreaktion zu vernachlässigen ist. Damit fasst α' die physikalische Löslichkeit und die chemischer Bindungsfähigkeit zusammen. Unter Benutzung von $D = k/\alpha'_B$ vereinfacht sich Gl. (3.28) zu:

$$\frac{\partial[O_2]}{\partial t} = \frac{k}{\alpha'_B}\nabla^2[O_2].$$

(3.29)

Prinzipiell lässt sich mit Gl. (3.29) die Sauerstoffkonzentration im Erythrozyten berechnen; dies ist aber auch aufgrund der komplizierten Form und der Tatsache, dass Erythrozyten beim Durchgang durch die Lungenkapillaren verformt werden, ein kompliziertes Problem (s. Thews u. Hutton 1978).

Gasaustausch im Gewebe

Wie erhält man nun ein Konzentrationsprofil der Sauerstoffkonzentration c in einem mit Kapillaren durchsetzten Gewebe? Wir wenden dazu Gl. 3.8 auf den Austauschvorgang an. Es gilt das 2. Ficksche Gesetz unter Annahme eines Verbrauchs der Größe A_V. Unter Annahme des stationären Gleichgewichts folgt also $A_V = D\nabla^2 c$ (Gl. 3.27). Mit Hilfe des Henry-Daltonschen-Gesetzes $c = \alpha_B p$ lässt sich Gl. 3.27 umformen. α_B ist der Bunsensche Löslichkeitskoeffizient. Benutzen wir $K_D = \alpha_B D$ so ergibt sich:

$$A_V = K_D \nabla^2 p \quad \Leftrightarrow \quad \frac{A_V}{K_D} = \nabla^2 p. \tag{3.30}$$

Die analytische Lösung von Gl. 3.30 ist im Anhang dargestellt. Krogh führte diese Berechnung erstmals 1918/19 durch. Er erkannte, dass sich Gl. 3.30 durch Einführung von Zylinderkoordinaten vereinfachen lässt und führte die in Abb. 3.5b gezeigten Zylinder ein, auf deren Mittelachse sich die Kapillaren befinden und die heute **Kroghsche Zylinder** genannt werden (Thews u. Hutton 1978). Die Kroghschen Zylinder treffen genau in der Mitte zwischen zwei Kapillaren zusammen und besitzen den Radius r_z. Bezeichnen wir den Sauerstoffpartialdruck am Kapillarrand mit p_1 und den Radius der Kapillaren mit r_1 so erhalten wir unter Vernachlässigung von Längsdiffusion (s. Anhang)

$$p(r) = p_1 + \frac{1}{4} \frac{A_V}{K_D} \left(r^2 - r_1^2 \right) - \frac{1}{2} \frac{A_V}{K_D} r_z^2 \ln \frac{r}{r_1}. \tag{3.43}$$

Der Verlauf von $p(r)$ ist in Abb. 3.5a gezeigt. Obwohl wir sehr grobe Näherungen für die Wirklichkeit angenommen haben, reproduziert Gl. 3.43 die in Abb. 3.5b gezeigten experimentellen Daten sehr gut.

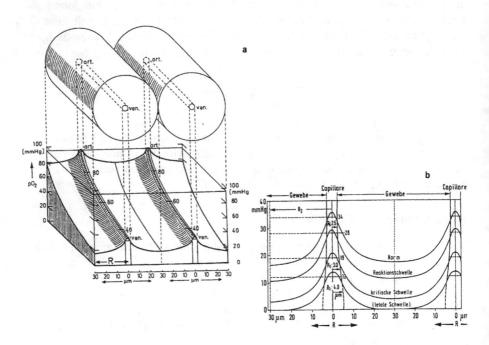

Abb. 3.5 a,b. Die Kroghschen Zylinder: Eine schematische Darstellung der O_2-Versorgung im Zellgewebe **(a)**. In der unteren Grafik ist Gl. 3.23 für verschiedene P_1-Werte grafisch dargestellt. **(b)** zeigt gemessene O_2-Partialdruckprofile zwischen zwei Gewebekapillaren (Thews 1960; Thews u. Hutton 1978)

In Abb. 3.5b ist auch gezeigt, dass die Sauerstoffkonzentration im Zellgewebe nicht beliebig ansteigen bzw. abfallen darf. Fällt die Sauerstoffkonzentration unter einen Grenzwert ab, so sterben die Gewebezellen aufgrund von Sauerstoffmangel, wird ein oberer Grenzwert überschritten, so werden die Zellen durch einen Überschuss an Sauerstoff und damit radikalischen Spezies geschädigt. Es gibt also einen Bereich optimaler Sauerstoffkonzentration.

3.3.2 Ionen und Proteine werden auf verschiedene Arten durch Membranen transportiert

Im Kap. 3.3.1 wurde das Zusammenspiel von konvektivem Transport, Diffusion und chemischer Bindung im Hämoglobin beim Transport von Sauerstoff im Organismus näher erläutert. Wie werden nun Ionen oder gar Proteine in der Zelle transportiert? Aus Tabelle 3.2 ist ersichtlich, dass die intra- und extrazellulären Ionenkonzentrationen in Säugerzellen stark voneinander abweichen. Wie ist das möglich? Die Zelle muss spezielle Transportmechanismen für diese Ionen bereithalten, damit diese durch die Zellmembranen ein- und ausgeschleust werden können. Im Folgenden wollen wir die grundlegenden physikalischen Konzepte für den molekularen Transport durch Membranen kennen lernen (s. a. Adam et al. 2003).

Für den passiven Transport durch Diffusion ist keine Energie nötig

Der Transport von Stoffen durch Diffusion benötigt keine zusätzliche Energie und wird deshalb **passiver Transport** genannt. Wasser kann z.B. semipermeable Lipiddoppelschichten durchqueren, ein Prozess, der als **Osmose** bekannt ist. Der Durchgang von Stoffen durch Lipiddoppelschichten der Zellmembranen ohne weitere Hilfsproteine wird als **freie Diffusion** bezeichnet.

Ionen (z.B. Na^+, K^+ und Cl^-) sowie Aminosäuren und Zucker sind extrem lipidunlöslich und können deshalb die Lipiddoppelschichten von Zellmembranen kaum passieren. Um diese Stoffe durch die Membran zu transportieren, hat die Natur im Laufe der Evolution spezielle Proteine und Proteinsysteme entwickelt. In die Membran eingebettete porenartige **Kanäle** (s. Abb. 3.6a) stellen Transportwege dar, die nach beiden Seiten der Membran hin offen sind und die Diffusion durch die Membran ermöglichen. Dieser Prozess wird **erleichterte Diffusion** genannt. Solche Kanäle transportieren selektiv nur bestimmte Moleküle. In Abb. 3.6b ist die Struktur eines Gramicidin-Kanals gezeigt. Dieser Kanal ist für monovalente Kationen permeabel. Ein für den Transport von Saccharose spezifisches Kanalproteinsystem ist in Abb. 3.7 dargestellt. Dieses Porin der Außenmembran des gramnegativen Bakteriums *Salmonella typhimurium* liegt in der Membran als Trimer vor. Es gibt aber auch Kanäle mit Kanaldurchmessern bis zu 3,5 nm, die selbst Proteine transportieren können. Zu dieser Art von Proteinen zählt der TolC-Kanal-Tunnel aus *E. Coli* (s. Abb. 3.8).

Tabelle 3.3 Ionenkonzentration in Muskelzellen von Warmblütern (in mM; nach Frömter 1978)

Ion	Intrazellulär	Extrazellulär
Na^+	~10	114
K^+	140	4
Mg^{2+}	18	0,75
Ca^{2+}	~$1 \cdot 10^{-3}$	1,3
Cl^-	4	114

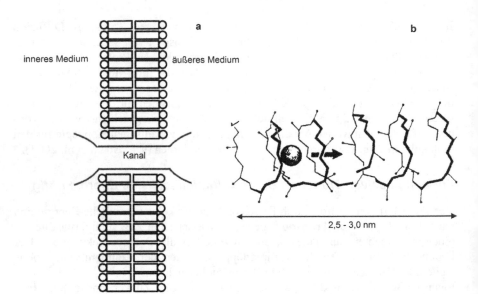

Abb. 3.6 a,b. Schematische Darstellung der Wirkungsweise eines Kanals (**a**) und Struktur eines Gramicidin-Kanals (**b**). Dieser Kanal ist für monovalente Kationen permeabel. Die für die hydrophoben Reste der Kanalenden sorgenden Aminosäurereste sind weggelassen (Adam et al. 2003)

Abb. 3.7. Struktur des Porins der Außenmembran des gramnegativen Bakteriums *Salmonella typhimurium*. In der Mitte der drei Kanäle sind die Saccharose-Moleküle gezeigt (Adam et al. 2003)

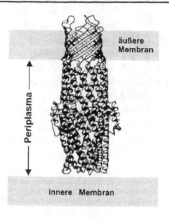

Abb. 3.8. Struktur des TolC-Kanal-Tunnels aus *E.Coli*. Der Kanal in der äußeren Membran ist 4nm lang. Das Periplasma wird durch einen 10 nm langen Tunnel überbrückt (Koronakis et al. 2000; Adam et al. 2003)

Carrier hingegen sind Transportsysteme, die abwechselnd von jeweils einer Seite, aber nicht von beiden Seiten gleichzeitig selektiv Stoffe durch die Membran transportieren. In Abb. 3.9 ist der Transport eines Stoffes S durch einen Carrier C schematisch dargestellt. Der Carrier C bindet S, der CS-Komplex bewegt sich durch die Membran und S wird dann auf der anderen Seite der Membran freigesetzt. Der Transport von S kann auch durch eine Konformationsänderung von C erfolgen. Im letzten Schritt wird dann die Bindungsstelle an die Ausgangsposition zurückgeführt.

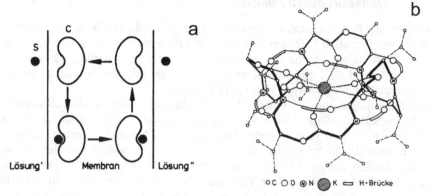

Abb. 3.9 a,b. Schematische Darstellung des Transports eines Stoffes S durch ein Carrierprotein C **(a)**. Als Beispiel ist eine Konformation des K^+-Komplexes des Antibiotikums Valinomycin gezeigt **(b)**. Das K^+-Ion ist durch elektrostatische Wechselwirkung mit den Dipolmomenten der Carbonylsauerstoffatome gebunden (Adam et al. 2003)

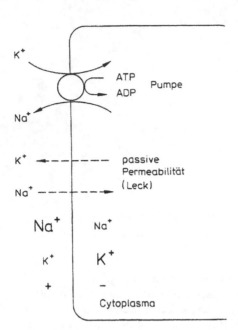

Abb. 3.10. Schematische Darstellung des aktiven Transports von Na^+ und K^+ durch die Na-K-Pumpe innerhalb der extrazellulären Membran. Im stationären Zustand heben sich aktive und passive Flüsse gegenseitig auf (Adam et al. 2003)

Aktiver Transport durch Pumpen

Pumpen sind Proteinkomplexe, die Stoffe entgegen dem Gradienten des elektrochemischen Potentials befördern können. Diese Proteine müssen für den Transport Energie aufwenden, was durch chemische Reaktionen, meist durch Hydrolyse von ATP, ermöglicht wird. Solch ein Transport, der entgegen von Konzentrationsgradienten verläuft, wird **aktiver Transport** genannt.

Die Konzentration von Na^+ innerhalb von Erythrozyten ist ca. sechsmal niedriger als die im Serum, während die K^+- Ionenkonzentration im Cytoplasma ca. 27-mal größer als im Serum ist (s. Tabelle 3.4)). Um diese hohen Konzentrationsunterschiede aufrecht zu halten, ist ein aktiver Transporter vorhanden, die Na-K-Pumpe, die den Transport von Na^+- mit dem von K^+-Ionen koppelt. Dieser Mechanismus wird als **gekoppelter Transport** bezeichnet. Die Na-K-Pumpe transportiert unter ATP-Hydrolyse K^+-Ionen ins Innere des Cytoplasmas und Na^+-Ionen in das extrazelluläre Medium.

Tabelle 3.4 Ionenkonzentrationen bei menschlichen Erythrozyten (Adam et al. 2003)

	$[Na^+]$	$[K^+]$
innen (Cytoplasma)	19 mM	136 mM
außen (Serum)	120 mM	5 mM

Membranpotentiale entstehen durch Transport von Ionen

Die unterschiedlichen Konzentrationen von Ionen gleicher Sorte innerhalb und außerhalb einer Zellmembran haben zur Folge, dass sich an der Membran ein **Membranpotential** ausbildet. Tabelle 3.3 zeigt als Beispiel die intra- und extra-zelluläre Ionenkonzentrationen in Muskelzellen von Warmblütern.

Betrachten wir ein Gemisch aus einfach positiv und negativ geladenen Ionen auf beiden Seiten einer Membran (Abb. 3.11). Diffundieren keine Teilchen durch die Membran, so ist das Membranpotential gleich null (Abb. 3.11a). Werden in einer Richtung gezielt positive Ionen z.B. von rechts nach links durch die Membran transportiert, so wird auf der rechten Seite ein Überschuss an negativen Ionen zurückgelassen (Abb. 3.11b).

Insgesamt herrscht zwar immer noch Ladungsneutralität, es befinden sich jetzt aber mehr positive als negative Ionen auf der linken Seite der Membran. Dieser Ladungsunterschied sorgt dafür, dass rechts negative Ionen und links positive Ionen zur Membran hin angezogen werden. Da diese Ionen die Membran nicht passieren können, baut sich ein Membranpotential φ_m auf. Dieses Membranpotential bewirkt nun die Abstoßung weiterer positiver Ionen, die von rechts nach links wandern wollen. Es stellt sich also ein dynamisches Gleichgewicht ein. Im Folgenden wollen wir den obigen Sachverhalt physikalisch beschreiben, mit dem Ziel, einen mathematischen Ausdruck zu erhalten, der die Berechnung von Membranpotentialen ermöglicht. Dazu benötigen wir zuerst einen analytischen Ausdruck für den Fluss einer Ionensorte durch eine Membran.

Fluss einer Ionensorte i durch eine Membran

Im Idealfall wirkt eine Membran der Dicke d wie das Zwischenmedium in einem Kondensator. Entlang des Querschnitts der Membran finden wir ein homogenes elektrisches Feld $\vec{E}$, das von der positiven zur negativ geladenen Seite der Membran entlang des Einheitsvektors $\vec{u}_e$ gerichtet ist und das senkrecht zur Membranebene verläuft.

$$\vec{E} = \frac{\varphi_m}{d}\vec{u}_e.$$
(3.44)

Wir betrachten zunächst den Transport von beliebigen Ionensorten durch die Membran. Die Flussdichte einer Ionensorte i durch pro Flächeneinheit a_0 der Membran wird dann beschrieben durch:

$$j_i = \frac{J_i}{a_0}.$$
(3.45)

J ist der Ionenfluss in der Einheit [mol s^{-1}]. Die gesamte Flussdichte ergibt sich dann als Summe aus der durch Coulomb-Wechselwirkung $j_{i,diff}$ und durch Diffusion $j_{i,el}$ verursachten Flüsse:

$$j_i = j_{i,diff} + j_{i,el}.$$
(3.46)

$j_{i,diff}$ ist durch das 1. Ficksche Gesetz gegeben (s. Kap. 3.3.1), wir betrachten nur eine Dimension x):

$$j_{i,diff} = -D_i \cdot \frac{dc_i}{dx}.$$
(3.47)

Die Diffusionskonstante D_i beschreibt den Transport der Ionensorte i durch die Membran. Der molekulare Mechanismus des Transports ist also für diese Behandlung nicht nötig. Es genügt, D_i aus Konzentrationsmessungen zu ermitteln.

Im Folgenden soll ein Ausdruck für $j_{i,el}$ hergeleitet werden: Die Coulomb-Kraft auf ein positiv geladenes Ion ist gegeben als:

$$\vec{F}_i^{\,el} = +e\vec{E}.$$
(3.48)

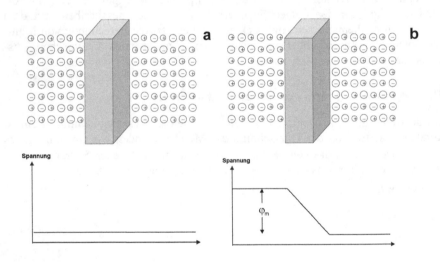

Abb. 3.11 a,b. Ist eine Membran nicht für Ionen durchlässig (nicht permeabel), so befinden sich links und rechts von der Membran gleich viele positive wie negative Ionen. Das Membranpotential φ_m ist gleich null (**a**). Werden positive Ionen z.B. von der rechten zur linken Seite der Membran transportiert, so entstehen an der Membran Grenzflächenladungen. Diese erzeugen ein elektrisches Feld, das dem Transport der positiven Ionen zur linken Seite der Membran entgegenwirkt. Die positiven Ionen spüren ein abstoßendes positives Membranpotential φ_m und es stellt sich ein Gleichgewichtszustand ein (**b**)

Betrachten wir nur eine Dimension x, so lässt sich der Betrag des elektrischen Feldes $|\vec{E}|$ aus dem elektrischen Potential φ durch Ableiten bilden:

$$|\vec{E}| = -\frac{d\varphi}{dx}. \tag{3.49}$$

Daraus folgt für die Coulomb-Kraft auf ein einwertiges, positives Ion

$$|\vec{F}_i^{\,el}| = -e\frac{d\varphi}{dx}. \tag{3.50}$$

Für die Geschwindigkeit v_i des Ions i in x-Richtung gilt in Anwesenheit von Reibungseffekten:

$$v_i = \frac{|\vec{F}_i^{\,el}|}{f_i}. \tag{3.51}$$

wobei f_i als Reibungskoeffizient der Ionensorte i bezeichnet wird. Einsetzen von Gl. 3.50 in Gl. 3.51 ergibt

$$v_i = -\frac{e}{f_i} \cdot \frac{d\varphi}{dx}. \tag{3.52}$$

Mit Hilfe der Einsteinsche Beziehung für den Diffusionskoeffizienten $D_i = k_B T / f_i$ ergibt sich für den Reibungskoeffizienten

$$f_i = \frac{k_B T}{D_i}. \tag{3.53}$$

Nun setzen wir den Ausdruck für f_i in Gl. 3.52 ein:

$$v_i = -\frac{e \cdot D_i}{k_B T} \cdot \frac{d\varphi}{dx}. \tag{3.54}$$

Aus historischen Gründen werden die folgenden Gleichungen mit der Faradaykonstante F und der Gaskonstante $R=8314,3\ \text{JM}^{-1}\text{kg}^{-1}\text{K}^{-1}$ geschrieben. Mit Hilfe der Elementarladung e, der Loschmidtschen Zahl L und der Boltzmann-Konstante k_B ergeben sich folgende Zusammenhänge:

$$e = \frac{F}{L} \; ; \quad k_B = \frac{R}{L} \Leftrightarrow L = \frac{R}{k_B} \tag{3.55}$$

$$\Rightarrow \quad e = \frac{F \cdot k_B}{R}.$$

In Gl. 3.54 einsetzen ergibt:

$$v_i = -\frac{F \cdot K_B}{R} \cdot \frac{D_i}{k_B T} \cdot \frac{d\varphi}{dx}. \tag{3.56}$$

Die Flussdichte einer Ionensorte ist das Produkt aus der Geschwindigkeit und der Konzentration der Ionen, also gilt:

$$j_{i,el} = c_i \cdot v_i. \tag{3.57}$$

Setzen wir Gl. 3.56 für v_i ein, so erhalten wir für den elektrischen Beitrag zum Gesamtfluss:

$$j_{i,el} = -c_i \frac{F}{R} \cdot \frac{D_i}{T} \cdot \frac{d\varphi}{dx}. \tag{3.58}$$

Die Gesamtflußdichte $j_i = j_{i,diff} + j_{i,el}$ ergibt sich dann als

$$j_i = -D_i \left(\frac{dc_i}{dx} + c_i \cdot \frac{F}{RT} \cdot \frac{d\varphi}{dx} \right). \tag{3.59}$$

Diese Gleichung wird auch als **Nernst-Planck-Gleichung** bezeichnet.

Unterschiedliche Ionenkonzentrationen innerhalb und außerhalb von Zellen verursachen das Membranpotential: Die Goldman-Gleichung

Die Goldman-Gleichung beschreibt das Membranpotential in einer Zelle, das durch Konzentrationsunterschiede von im Wesentlichen Na^+-, K^+- und Cl^--Ionen innerhalb und außerhalb der Zelle verursacht wird. Zur Herleitung wird die Nernst-Planck-Gleichung unter folgenden Annahmen gelöst (Volkenstein 1977):
1. Die Membranumgebung ist im stationären Zustand.
2. Die Membran ist eine homogene Phase.

3. An der Grenzfläche Membran/Wasser gilt Verteilungsgleichgewicht[3].
4. Die Feldstärke in der Membran ist konstant.

Die ausführliche Herleitung ist im Anhang dargestellt. Man erhält für das Membranpotential φ_m bei Anwesenheit von Na^+-, K^+- und Cl^--Ionen innerhalb und außerhalb der Zellmembran:

$$\varphi_m = \frac{RT}{F} ln \frac{P_{Na}c_{Na}^a + P_K c_K^a + P_{Cl}c_{Cl}^i}{P_{Na}c_{Na}^i + P_K c_K^i + P_{Cl} \cdot c_{Cl}^a}. \tag{3.74}$$

Hierbei werden die Konzentrationen der Ionensorten i innerhalb der Zelle mit c_i^i und außerhalb der Zelle mit c_i^a bezeichnet. Die **Permeabilität** P_i ist ein Maß für die Durchlässigkeit der Membran der Dicke d für die Ionensorte i. Sie ist definiert als $P_i = D_i \backslash d$, wobei D_i der Diffusionskoeffizient der Ionensorte i darstellt.

Das Membranpotential des Tintenfischaxons

Das Riesenaxon von Tintenfischen ist mehrere Zentimeter lang und besitzt einen Durchmesser von ca. 0,5 mm (Abb. 3.12). Diese Dimensionen erleichterten viele Messungen zum Mechanismus der **Nervenerregung**. Tabelle 3.5 zeigt die für die meisten tierischen Zellen charakteristischen hohen K^+- und niedrigen Na^+-Konzentrationen innerhalb des Axonplasmas. Diese Konzentrationsunterschiede müssen durch Ionenpumpen aufrechterhalten werden.

Ein nicht erregtes Riesenaxon weist ein typisches Membranpotential (auch Ruhepotential genannt) von $\varphi_m \approx \varphi_{innen} - \varphi_{aussen} \approx$ -60 mV. Da das Ruhepotential im Axon im Wesentlichen durch Na^+- und K^+-Ionen bestimmt wird, vereinfacht sich Gl.3.74 zu

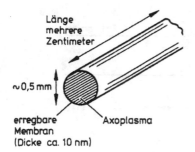

Länge
mehrere
Zentimeter

~0,5 mm

erregbare
Membran
(Dicke ca. 10 nm)

Axoplasma

Abb. 3.12. Das Riesenaxon von Tintenfischen (Adam et al. 2003).

---

[3] Das Verhältnis der Konzentrationen der Ionensorte i innerhalb und außerhalb der Membran ist konstant.

$$\varphi_m \approx \frac{RT}{F} \ln \frac{P_K c_K^a + P_{Na} c_{Na}^a}{P_K c_K^i + P_{Na} c_{Na}^i}. \tag{3.75}$$

Aus den in Tabelle 3.5 angegebenen Ionenkonzentrationen und φ_m=-60mV ergibt sich ein Verhältnis der Permeabilitäten der Axonmembran für Na^+ und K^+ von $P_K^+/P_{Na}^+ \approx 15$.

Tabelle 3.5 Ionenkonzentration beim Tintenfischaxon (Adam et al. 2003)

	Intrazellulär	Extrazellulär
Na^+	50 mM	460 mM
K^+	400 mM	10 mM

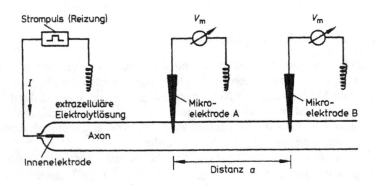

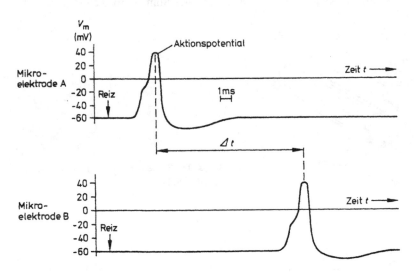

Abb. 3.13. Reizfortleitung im Tintenfischaxon und Registrierung mit Mikroelektroden (Adam et al. 2003)

Reizfortleitung

Wie wird nun ein elektrischer Reiz in der Nervenzelle weitergeleitet? Elektrische Reize lassen sich durch künstlich erzeugte Strompulse im Inneren der Axonmembran erzeugen (Abb. 3.13). Legt man einen Strompuls an, der das Ruhepotential von –60mV auf –30 mV verändert, so wird kurze Zeit später ein einige Millisekunden dauerndes Anwachsen des Membranpotentials an der Mikroelektrode A auf positive Werte registriert (**Depolarisation**). Dieses Potential wird **Aktionspotential** genannt (Abb. 3.14). Die Geschwindigkeit der Reizfortleitung kann durch das Anbringen einer zweiten Mikroelektrode B im Abstand a und der Messung der Zeit, nach der das Aktionspotentials von B registriert worden ist, bestimmt werden. Für ein Riesenaxon mit dem Durchmesser von 0,5 mm sind Fortleitungsgeschwindigkeiten von bis zu 50 ms^{-1} gemessen worden.

Erregt man das Axon so, dass das Membranpotential zu stärker negativen Werten hin verschoben wird (**Hyperpolarisation**), so wirkt es wie ein elektrisches Kabel. Das Aktionspotential nimmt entlang des Axons exponentiell ab und ist nach ca. 5 mm schon auf $1/e$ des Anfangswertes abgesunken. Dies wird auch für schwach depolarisierende Strompulse beobachtet. Erst nach Überschreitung eines Schwellenwertes stellt sich ein Aktionspotential ein, das nahezu unverändert über die gesamte Länge des Axons von einigen Zentimetern transportiert wird.

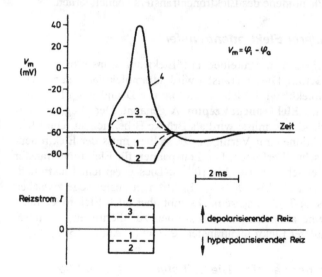

Abb. 3.14. Das positive Aktionspotential wird nur nach depolarisierenden Strompulsen beobachtet, die oberhalb eines Schwellenwertes liegen. Hyperpolarisierende (1 und 2) und schwach depolarisierende Strompulse (3) erzeugen kein positives Aktionspotential (Adam et al. 2003)

Dieses Verhalten lässt sich nur durch das potentialabhängige Öffnen von Ionenkanälen erklären. Im Fall des Tintenfischaxons sind zum größten Teil Na- und K-Kanäle beteiligt. Reizfortleitung in Nervenzellen basiert also auf passivem Transport von Ionen und funktioniert nur dann einwandfrei, wenn die Konzentrationsgradienten von Na^+ und K^+ innerhalb und außerhalb der Axonmembran aufrechterhalten werden. Eine spezifische Blockierung der Na-Kanäle lässt sich z.B. durch das Gift des Pufferfisches (TTX) erzielen. Tetraethylammonium (TEA) blockiert dagegen selektiv die K-Kanäle.

3.3.3. Elektronentransfer in biologischen Systemen

Biochemische Reaktionen benötigen Elektronen, die von der Zelle bereitgestellt werden müssen. Eine solche Bereitstellung von Elektronen muss spezifisch erfolgen, d. h. die Zahl der bereitgestellten Elektronen, der Weg und der Ort, an dem diese zur Verfügung stehen, müssen genau definiert sein.

Die physikalische Natur des Transfers von Elektronen in Proteinen ist bislang noch nicht eindeutig geklärt. Einige Forschergruppen diskutieren Transfer über Bindungen hinweg (Page et al. 1999), andere schreiben nur dem direkten Weg eine Bedeutung zu (Beratran et al. 1992). In diesem Kapitel wollen wir die Grundzüge der physikalischen Phänomene des Elektronentransfers kennen lernen.

Intra- und Intermolekularer Elektronentransfer

Elektronen können innerhalb von Proteinen auf Elektronentransferbahnen geschleust werden (s. Abb. 3.15a). Dieser Transfer wird intramolekular genannt. Das Elektronen abgebende Molekül wird **Elektronendonator** D und das Elektronen aufnehmende Molekül wird **Elektronenakzeptor** A genannt. Der Weg, den das Elektron von D zu A zurücklegen muss, wird als Brücke B bezeichnet. Um Elektronen rechtzeitig für Reaktionen zur Verfügung zu stellen, muss der Elektronentransfer über die Brücke schnell erfolgen. Die Zeitspannen für Elektronentransfer in Proteinen liegen im Bereich von 10^{-4} bis 10^{-12} s. Dies entspricht Elektronentransferraten im Bereich von 10^4 bis 10^{12} s^{-1}. Elektronentransferwege zwischen Redoxzentren können bis zu 20 Å lang sein. Es gibt aber auch Elektronentransferproteine, die an Proteine andocken, um Elektronen zu übertragen; solch ein Transfer wird intermolekularer Elektronentransfer genannt (s. Abb. 3.15b).

Der einfachste Elektronentransfer: Die Selbstaustauschreaktion

Unter Selbstaustausch versteht man die Übertragung eines Elektrons von einem Molekül A^- auf das Molekül A gemäß

$$A^- + A \leftrightarrow A + A^-. \tag{3.76}$$

Als Beispiel ist die Austauschreaktion in wässriger Lösung zwischen dem grünen Manganation ($A^- = MnO_4^{2-}$) und dem violetten Permanganation ($A = MnO_4^-$) in Abb.

3.16 gezeigt. Mit Hilfe von zeitaufgelöster optischer Spektroskopie wurde für diese Elektronentransferreaktion eine Austauschrate k von ca. $10^5 \, s^{-1}$ gemessen.

Erstaunlicherweise sind Austauschraten für ein Gemisch von zwei- und dreiwertigen Eisenionen in wässriger Lösung ($A^-=Fe^{2+}$; $A=Fe^{3+}$) trotz des geringeren Elektronentransferweges geringer als die Austauschraten der größeren Manganationen. Zusätzlich zur Entfernung zwischen Donator und Akzeptor müssen also noch andere Effekte den Elektronentransfer beeinflussen.

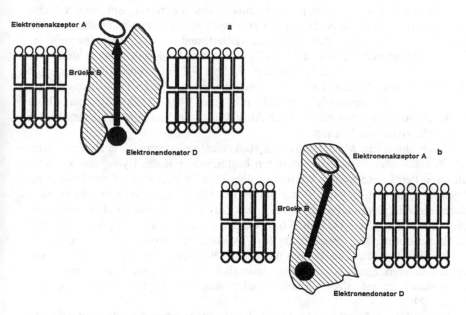

Abb. 3.15 a,b. Schematische Darstellung des intramolekularen Elektronentransfers. Das Elektronen abgebende Molekül wird Elektronendonator D und das Elektronen aufnehmende Molekül wird Elektronenakzeptor A genannt **(a)**. Ein Beispiel für einen intermolekularen Elektronentransfer ist in **(b)** gezeigt

Abb. 3.16. Eine Selbstaustauschreaktion: $MnO_4^{2-} + MnO_4^- \leftrightarrow MnO_4^- + MnO_4^{2-}$ (Quelle: http://www.nobel.se/chemistry/laureates/1992/illpres/)

Wie lassen sich Elektronentransferraten in biologischen Systemen messen?

Selbstaustauschreaktionen können auch für Proteine z.B. durch Analyse von NMR-Linienbreiten nachgewiesen werden. Für ein Gemisch des oxidierten und reduzierten blauen Kupferproteins Azurin von *Pseudomonas aeroginosa* wurden so Transferraten pro Molekül von $k=1{,}3 \cdot 10^6$ s^{-1} bestimmt (Lippard u. Berg 1995).

Auch mit Hilfe von zeitaufgelöster optischer Spektroskopie lassen sich Elektronentransferraten bestimmen. Durch einen Laserpuls erreicht man die Freisetzung eines Elektrons in einem photochemisch aktiven Zentrum. Ein zweiter Licht- oder Laserpuls dient dann dazu, ein optisches Spektrum aufzunehmen. Die Zeit zwischen erstem und zweitem Puls wird variiert, und so erhält man eine zeitliche Folge von Spektren. Mit dieser Methode lassen sich Reaktionen bis in den Pico-sekundenbereich verfolgen. Die in Kap. 7, Abb. 7.2 aufgeführten Transferzeiten für den intramolekularen Elektronentransfer im bakteriellen Photoreaktionszentrum wurden so bestimmt (s. dort Holzapfel et al. 1989). Auch die zeitaufgelöste EPR-Spektroskopie hat sich bei der Aufklärung von Elektronentransferschritten in der Photosynthese bewährt.

Durch chemische Manipulation der Redoxzentren lassen sich auch Transferraten in natürlichen Protein-Redoxpaaren bestimmen. Für das Cytochrom c/ Cytochrom c-Peroxidase-System wurden so über eine Distanz von 1,7 nm Transferraten von $1 \cdot 10^4$ s^{-1} gemessen. Dafür wurde das Häm der Cytochrom c-Peroxidase durch ein Zinkporphyrin (ZnP) ersetzt. Das ZnP wird über einen Puls in einen Triplett-Zustand angeregt (s. Kap. 4.6 u. 7), der stark reduzierend ist und damit das 1,7 nm entfernte, dreiwertige Eisen des Cytochrom c reduziert. Der biologisch relevante Elektronentransfer ist nun die erneute Reduktion des ZnP, das ja im katalytisch aktiven Zentrum der Peroxidase sitzt. Genau dieser Elektronentransfer kann durch zeitaufgelöste optische Spektroskopie verfolgt werden (Lippard u. Berg 1995).

Ein weiterer präparativer Ansatz ist die Verankerung von photochemisch aktiven Ionen (z.B. Ru(III) an Cytochrom c) an der Aminosäurekette des Elektronentransferproteins. Das Messprinzip mit zeitaufgelöster optischer Spektroskopie ist dann immer ähnlich. Ein Laserpuls, der Startpuls, erzeugt photochemisch eine reduzierte Spezies (in diesem Fall ein Ru(II)) und dann wird die Veränderung des redoxaktiven Zentrums (in diesem Fall die Reduktion des Fe(III) zum Fe(II)) in einer Abfolge von optischen Spektren verfolgt (Lippard u. Berg 1999).

Grundzüge der Theorie von Marcus für den Elektronentransfer

Der Abstand zwischen einem MnO_4^{2-}- und einem MnO_4^--Ion beim Elektronentransfer ist kürzer als der Abstand eines Eisenzentrums des Spezialpaares aus Bakteriochlorophyll zum nächsten Hilfsbakteriochlorophyll im bakteriellen Photoreaktionszentrum (s. Kap. 7, Abb. 7.2). Trotzdem unterscheiden sich die Elektronentransferraten drastisch: Der Elektronentransfer zwischen den Bakteriochlorophyllen ist trotz des größeren Abstandes um 5-6 Größenordnungen schneller als der Transfer zwischen den Manganionen. Wieso misst man so unterschiedliche

Elektronentransferraten? Dieser Widerspruch wurde von R. A. Marcus erstmals in den fünfziger Jahren aufgeklärt (Marcus u. Sutin 1985). Marcus entwickelte Modelle für den Elektronentransfer, mit denen sich Elektronentransferraten in chemischen und biochemischen Reaktionen berechnen ließen, und erhielt 1992 für diese Arbeiten den Nobelpreis für Chemie.

Ob eine Elektronentransferreaktion ablaufen kann, wird anhand der Standardreduktionspotentiale abgeschätzt. Aus der Thermodynamik wissen wir, dass die Elektronenaffinität eines Elektronenakzeptors A mit seinem Standardreduktionspotential $E^{0'}$ [4] ansteigt.

Die Differenz der Reduktionspotentiale $\Delta E^{0'}$ für eine Redoxreaktion aus zwei Halbreaktionen ergibt sich zu

$$\Delta E^{0'} = E_A^{0'} - E_D^{0'}. \tag{3.77}$$

Die freie Standardreaktionsenthalpie $\Delta G^{0'}$ für die Reaktion ergibt sich dann gemäß

$$\Delta G^{0'} = -nF\Delta E^{0'}. \tag{3.78}$$

Hierbei bezeichnet F=96494 As/mol die Faraday-Konstante und n die Anzahl der pro Mol Reaktanten übertragenen Elektronen.

Marcus erkannte als erster, dass für den Elektronentransfer nicht nur die treibende Kraft der Reaktion, die freie Reaktionsenthalpie, betrachtet werden muss, sondern auch die Energie, die nötig ist, um die molekulare Umgebung bei dem Elektronentransfer neu zu organisieren. Diese Energie wird als **Reorganisationsenergie** λ_R bezeichnet.

Abb. 3.17 zeigt den Verlauf der freien Energie entlang einer beliebigen Reaktionskoordinate für eine Elektronenselbstaustauschreaktion. Solch eine Reaktionskoordinate könnte z.B. der Abstand eines Mn-Ions zu den umgebenden Wassermolekülen sein. Für eine Selbstaustauschreaktion verschwindet die Differenz der Reduktionspotentiale und damit die freie Standardreaktionsenthalpie.

Damit Elektronentransfer zwischen zwei Zentren erfolgen kann, müssen beide Zentren die gleiche Energie besitzen. Dies geschieht durch das Schwingen der Moleküle um ihre Ruhelagen, die Minima in Abb. 3.17. Der Elektronenübergang erfolgt am Schnittpunkt der Potentialflächen. Marcus berechnete die freie Aktivierungsenthalpie ΔG^* dieser Austauschreaktion zu $\lambda_R/4$.

Für Elektronentransfer von Donator-Akzeptor-Paaren leitete Marcus für die Transferrate k in einer klassischen Näherung den Ausdruck

---

[4] Bei biochemischen Reaktionen wird in der Regel pH=7 gewählt. Die entsprechenden thermodynamischen Grössen (hier $E^{0'}$ und $G^{0'}$) werden mit Apostroph versehen.

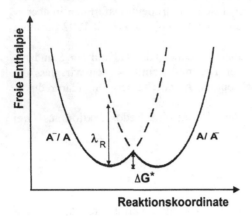

Abb. 3.17. Verlauf der freien Enthalpie G für eine Selbstaustauschreaktion $A^- + A \leftrightarrow A +$ A^- entlang einer Reaktionskoordinate. Die Reorganisationsenergie λ_R ist größer als die freie Aktivierungsenthalpie ΔG^* (nach : http://www.nobel.se/chemistry/laureates/1992/illpres/)

$$k = Ae^{-\frac{\Delta G^*}{k_B T}} \tag{3.79}$$

her. Dabei ist A ein Faktor, der von der Natur des Elektronentransfers abhängt, k_B ist die Boltzmann-Konstante und T die Temperatur. Die freie Aktivierungsenthalpie ΔG^* berechnet sich jetzt aus der Standardreaktionsenthalpie ΔG^0 und der Reorganisationsenergie λ_R gemäß

$$\Delta G^* = \frac{\left(\lambda_R + \Delta G^0\right)^2}{4\lambda_R}. \tag{3.80}$$

Die Reorganisationsenergie λ_R beinhaltet einen Beitrag der Umorganisation des Lösungsmittels λ_{R0}, und einen Beitrag der inneren Schwingungen des Komplexes λ_{Ri}. Es gilt also:

$$\lambda_R = \lambda_{R0} + \lambda_{Ri} \tag{3.81}$$

Von besonderer Bedeutung ist die Tatsache, dass λ_{R0} eine Funktion der Dielektrizitätskonstante ε des umgebenden Mediums ist, denn λ_{R0} wächst mit wachsendem ε. Mit steigender Reorganisationsenergie nimmt also die Elektronentransferrate ab.

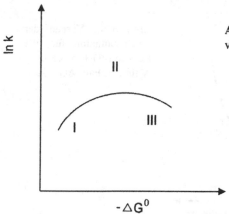

Abb. 3.18. Abhängigkeit der Transferrate k von der freien Standardreaktionsenthalpie

Damit erklären sich die hohen Elektronentransferraten innerhalb von Proteinen ($\varepsilon_{Protein} \approx 4$) im Vergleich zu den Transferraten zwischen kleinen Ionen in wässrigen Lösungen ($\varepsilon_{H2O} \approx 84$). Marcus unterscheidet 3 Bereiche, die in Abb. 3.18 mit I, II und III gekennzeichnet sind.

I. Normale Region: $\quad -\Delta G^0 < \lambda_R$

II. Maximum: $\quad -\Delta G^0 = \lambda_R$

III. Invertierte Region $\quad -\Delta G^0 > \lambda_R$

In der normalen Region steigt die Rate mit steigender freier Standardreaktionsenthalpie (also mit steigender Triebkraft der Reaktion, engl. *driving force*, s. auch Abb. 3.18). Die Reaktionsrate wird maximal für eine exotherme Reaktion mit $-\Delta G^0 = \lambda_R$, da der Exponent in Gl. 3.79 für diesen Fall null ist. Ist die freie Standardreaktionsenthalpie wesentlich größer als die Reorganisationsenergie, so sinkt die Transferrate wieder drastisch (s. auch Abb. 3.20). Die Natur nutzt also für die ersten Schritte des Elektronentransfers in der Photosynthese die Region I. Die nichtgewünschte Rekombination der Ladungsträger, eine stark exotherme Reaktion ($-\Delta G^0 > \lambda_R$), besitzt eine wesentlich geringere Rate; die Natur benutzt die invertierte Region III.

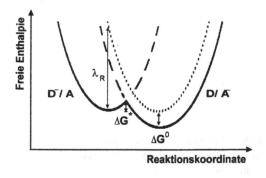

Abb. 3.19. Verlauf der freien Energie für die Reaktion $D + A \leftrightarrow D^+ + A^-$ für den Fall $-\Delta G^0 < \lambda_R$

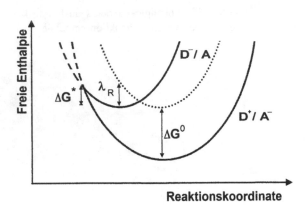

Abb. 3.20. Verlauf der freien Enthalpie für die Reaktion $D + A \leftrightarrow D^+ + A^-$ für den Fall $-\Delta G^0 > \lambda_R$

3.4 Membranpotentiale und Mikrochips: Biophysikalische Untersuchungen zur Verbindung von Nervenzellen und Halbleitern

Ist es möglich, das menschliche Gehirn direkt mit einem Computer zu koppeln? Noch ist so etwas nicht gelungen und wohl auch nicht erstrebenswert. Die Entwicklung einer solchen Technologie könnte aber bei der Entwicklung von Nervengesteuerten Prothesen und in der Neurophysiologie (z.B. der Hirnforschung) eine wesentliche Rolle spielen. In der Gruppe von P. Fromherz vom MPI für Biochemie in München wurde die erste elektrische Kopplung eines einzelnen Neurons mit einem Mikrochip basierend auf Siliziumtechnologie hergestellt (Fromherz 2001; 2003). Das Besondere an diesen Experimenten ist, daß die Kopplung zwischen Zelle und Mikrochip in beide Richtungen funktioniert: Aktionspotentiale der Nervenzelle können mit dem Mikrochip ausgelesen werden und umgekehrt kann der Zelle ein Aktionspotential durch einen Stromfluss im Chip aufgeprägt werden. Um diese elektrische Kopplung zu verstehen, wollen wir uns zunächst einer kurzen Einführung in die **Halbleitertechnologie** widmen.

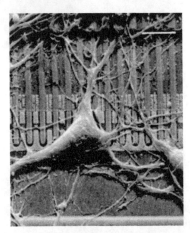

Abb. 3.21. Eine Nervenzelle aus dem Rattenhirn auf einem integrierten Schaltkreis auf Silizium- Basis (Fromherz 2001)

3.4.1 Elektrische Leitung in Halbleitern

Reine Halbleiterkristalle wie Silizium oder Germanium leiten bei T=0K nicht. Alle Valenzelektronen der Halbleiteratome tragen zur kovalenten Bindung des Halbleitergitters bei. Wird die Temperatur erhöht, so „entkommen" einige **Valenzelektronen** aus diesen Bindungen. Sie hinterlassen ein positives Loch im Rumpfatom und können sich relativ gut im Kristallgitter bewegen (Abb. 3.22). Sind frei bewegliche Elektronen im Kristallgitter vorhanden, so wird der Kristall elektrisch leitfähig. Mit zunehmender Temperatur steigt die Anzahl der frei beweglichen Elektronen, was zu einem Anstieg der elektrischen Leitfähigkeit führt. Dies ist die typische Eigenschaft von **Halbleitern** (s. z.B. Meschede 2002).

Zur gesamten elektrischen Leitfähigkeit tragen aber auch die **Löcher** an den Atomrümpfen bei. Auch sie sind beweglich, denn man kann sich vorstellen, dass ein Elektron aus dem Nachbaratom in das zurückgelassene Loch hüpft. Die Rumpf-Elektronen führen also eine Art „Reise nach Jerusalem durch" und auch dieser Mechanismus trägt zur Leitfähigkeit von Halbleitern bei.

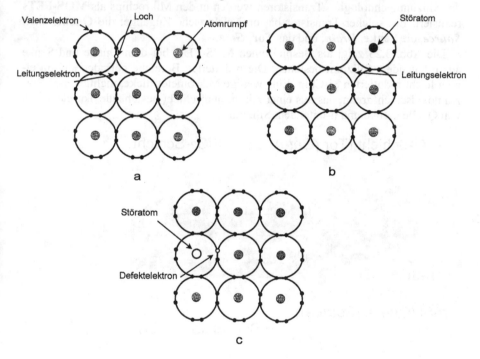

Abb. 3.22. Eigenleitung in einem Halbleiter **(a)**, n-Leitung durch Dotierung mit einem Störatom mit 5 Valenzelektronen **(b)** und p-Leitung durch Dotierung mit einem Störatom mit 3 Valenzelektronen **(c)**

Baut man nun Störatome, wie z.B. ein neutrales Antimonatom mit fünf Valenzelektronen in das Gitter ein, so werden nur vier Valenzelektronen des Antimons für den kovalenten Einbau in das Silizium-Gitter gebraucht. Das fünfte Valenzelektron ist im Gitter beweglich und trägt zur Leitfähigkeit bei. Solche Kristalle werden als **n-dotiert** bezeichnet, die elektrische Leitfähigkeit wird durch Elektronen des **Stör- oder Dotieratoms** verursacht, man spricht von **n-Leitung**.

Wird ein neutrales Störatom mit drei Valenzelektronen in das Gitter eingebaut, wie z.B. Indium, so fehlt ein Valenzelektron für die kovalente Bindung mit den benachbarten Si-Atomen. Dieses fehlende Valenzelektron ist ein Loch und trägt ebenfalls wie oben erwähnt zur Leitfähigkeit bei. Solche Kristalle werden als **p-dotiert** bezeichnet, die elektrische Leitfähigkeit wird durch Löcher des Stör- oder Dotieratoms veruracht, man spricht von **p-Leitung.**

3.4.2 Der Metal-Oxide-Semiconductor-Field-Effect-Transistor (MOS-FET)

Hochintegrierte Schaltungen wie Mikroprozessoren basieren heute nahezu alle auf der Siliziumtechnologie. Transistoren werden in den Mikrochips als **MOS-FETs** realisiert. Ein solcher Transistor hat drei elektrische Zugänge: die **Quelle**, engl. *Source*, die **Senke**, *Drain*, und das **Tor**, *Gate*.

Die Abb. 3.23 zeigt als Bespiel einen MOS-FET, bei dem Quelle und Senke aus p-leitendem Silizium bestehen. Die p-dotierten Bereiche befinden sich in einem leicht n-dotierten Si-Chip. Eine wenige Mikrometer dicke, nichtleitende Siliziumoxidschicht trennt das aus einer Aluminiumschicht bestehende Tor elektrisch von Quelle, Senke und n-leitendem Silizium.

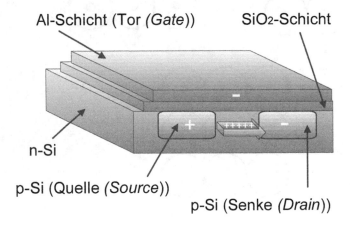

Al-Schicht (Tor *(Gate)*)   SiO₂-Schicht

n-Si

p-Si (Quelle *(Source)*)

p-Si (Senke *(Drain)*)

Abb. 3.23. Schematischer Aufbau eines MOS-FETs. Quelle und Senke sind p-dotiert. Liegt die Quelle auf positivem Potential und ist die Torspannung negativ, so fließt zwischen Quelle und Senke ein Strom. Liegt das Tor auf positivem Potential, so fließt kein Strom, der Transistor sperrt

Liegt die Quelle auf positivem Potential, so werden die Löcher aus dem Quellen-Gebiet in das n-leitende Silizium geschoben. Liegt auch das Tor auf negativem Potential, so bildet sich unter der negativen Torschicht ein Kanal, in dem Löcher-leitung vorherrscht: Die aus dem Quellengebiet herausgeschobenen Löcher werden zum negativ geladenen, aber elektrisch isolierten Tor hin angezogen. Da das Tor durch die Siliziumoxidschicht elektrisch gegen die Unterlage isoliert ist, können die Löcher nur zur negativen Senke hin abwandern, und es fließt ein Strom zwischen Quelle und Senke. Liegt das Tor auf positivem Potential, so kann sich kein p-Leitungskanal ausbilden: Die positiven Löcher werden von der positiven Torschicht abgestoßen, es fließt kein Strom zwischen positiver Quelle und negativer Senke.

3.4.3 Elektrische Eigenschaften von Membranen können durch Ersatzschaltbilder dargestellt werden

Eine undurchlässige Membran, die auf ihren beiden Seiten verschiedene Potentiale besitzt, kann wie ein elektrischer Kondensator behandelt werden. Das Membran-potential fällt über den Kondensator mit der Kapazität C_M ab. Im stationären Zu-stand fließt kein Strom durch den Kondensator, ändert sich das Membranpotential aber sprunghaft (z.B. durch Auslösen eines Aktionspotentials), so fließt für kurze Zeit ein Strom. In realen Membranen fließt immer ein wenn auch geringer Leck-strom durch die Membran. Man kann das elektrische Verhalten einer solchen Membran durch ein Ersatzschaltbild beschreiben, das aus einer Serienschaltung, einer Spannungsquelle und einem Widerstand R mit der Leitfähigkeit $g_L=1/R$ be-steht. Diese Situation ist in Abb. 3.24 dargestellt. Der Leckstrom I_L fließt in der idealisierten Form durch einen parallel zur Membrankapazität geschalteten Wider-stand R_L.

Sind zusätzlich noch Ionenkanäle vorhanden, so muss pro Ionensorte eine Serienschaltung von Spannungsquelle und regelbarem Widerstand parallel zur Membrankapazität geschaltet werden. Eine solche Situation ist in Abb. 3.24c für Na- und K-Kanäle gezeigt.

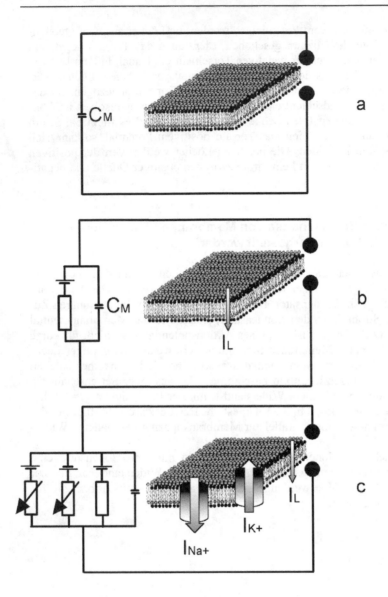

Abb. 3.24 a-c. Eine für Ionen undurchlässige Membran wirkt wie ein Kondensator der Kapazität C_M (**a**). Natürliche Membranen besitzen sehr geringe Permeabilitäten für Ionen. Diese Tatsache wird durch eine in Serie mit einem Widerstand der Leitfähigkeit g_L geschaltete Spannungsquelle dargestellt. Parallel dazu ist die Membrankapazität geschaltet (**b**). Natürliche Membranen besitzen ebenfalls Ionenkanäle. Diese werden ebenfalls als Spannungsquellen mit allerdings regelbaren Widerständen in Serie geschaltet dargestellt (**c**). Dies berücksichtigt die Tatsache, dass Ionenkanäle zeitabhängig öffnen und schließen können

3.5.4 Eine einzelne Nervenzelle kann mit einer Silizium-Mikrostruktur elektrisch koppeln

Mit einer Siliziumoxidschicht bedecktes Silizium ist ein ideales Substrat für die Kultur von Nervenzellen. Die grundlegende Idee für die elektrische Kopplung zwischen einer Zelle und einem MOS-FET liegt darin, anstatt des Tores eine Nervenzelle zur Steuerung des Stromes zwischen Quelle und Senke zu benutzen (Abb. 3.25).

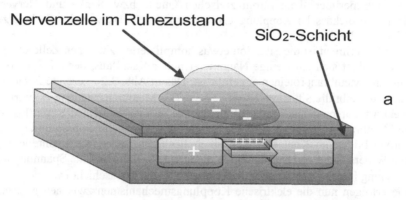

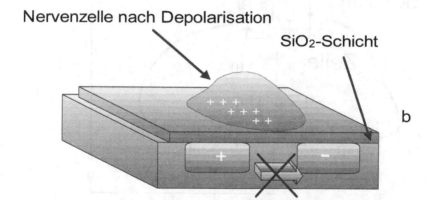

Abb. 3.25 a,b. Eine Nervenzelle im Ruhezustand besitzt ein negatives Membranpotential, das als Tor-Potential wirken kann. Durch Coulomb-Kraft werden positive Löcher zur SiO_2-Schicht hingezogen und bilden einen leitfähigen Kanal. Es fließt ein Strom zwischen p-dotierter Quelle und Senke, wenn die Senke positiv gegen die Quelle vorgespannt ist (**a**). Wird die Nervenzelle depolarisiert, so herrscht eine positive Torspannung, es bildet sich kein leitfähiger Kanal aus und es fließt kein Strom zwischen Quelle und Senke (**b**)

Betrachten wir eine Zelle mit negativem Membranpotential, die auf einer dünnen Oxidschicht eines MOS-FETs mit fehlendem Tor aufgebracht wurde. Legen wir eine Spannung zwischen Tor und Senke, so fließt bei negativer Torspannung wie oben erwähnt ein Strom aus positiven Löchern vom Tor zur Senke. Verändert sich nun die Spannung in der Nervenzelle zu positiven Werten, z.B. durch Auslösung eines Aktionspotentials nach Depolarisation, so fließt kein Strom zwischen Quelle und Senke. Es ist also möglich, durch Registrierung des Quelle-Senke-Stromes Änderungen im Membranpotential der Zelle zu verfolgen. Wichtig ist, dass bei diesem Experiment kein Strom zwischen Quelle bzw. Senke und Nervenzelle fließt; die elektrische Kopplung erfolgt rein durch das von der Zelle erzeugte elektrische Feld.

Im Experiment ist die Situation etwas komplizierter. Zwischen Zelle und Oxidschicht bildet sich ein wenige Nanometer hoher Kanal aus, der mit Elektrolytlösung und Membranproteinen angefüllt ist. Das in Abb. 3.26 gezeigte Ersatzschaltbild beschreibt die Situation etwas besser. Die Membranspannung φ_M wirkt nicht direkt als Torspannung, sondern Ionenkanäle verursachen einen Stromfluss durch die Membran im Verbindungsbereich zum Oxid. Die Zellmembran und das Siliziumoxid bilden im Kontaktbereich einen flächigen Leiter (Kernmantelleiter) mit dem Widerstand R_M. Über diesem Widerstand R_M fällt nun eine Spannung ab, die Spannung in der Kontaktregion zwischen Zelle und Oxidschicht φ_M.

Wie erfolgen nun die elektrische Kopplungsmechanismen zwischen Neuron und Siliziumchip?

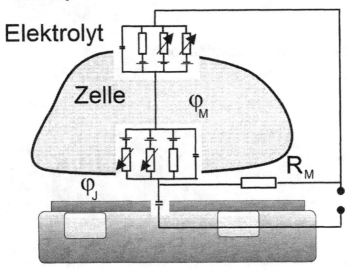

Abb. 3.26. Elektrische Kopplung zwischen Feldeffekttransistor und Neuron. Ändert sich das Membranpotential φ_M, so ändert sich die Spannung in der Kontaktregion φ_J, was zu einer Änderung des Quellen-Senken-Stroms führt (nach Fromherz 2001)

Kopplung zwischen Neuron und Silizium:

Die Zelle wird erregt – dies kann z.B. durch Anlegen einer Spannung mit Hilfe einer Mikroelektrode erfolgen. Die Ionenkanäle öffnen und es fließt ein Strom durch die Membran in der Kontaktregion. Gemäß dem Ersatzschaltbild in Abb. 3.26 fließt ein Strom durch die dünne Elektrolytschicht zwischen Zelle und Chip. Der Widerstand dieser Schicht R_M sorgt dafür, dass eine Spannung φ_J über dem Widerstand R_M abfällt. Diese Spannung wirkt als Torspannung für den Quellen-Senken-Strom. Änderungen in φ_J bewirken also Änderungen im Quellen-Senken-Strom.

Kopplung zwischen Silizium und Neuron:

Durch eine sprunghafte Änderung des Quellen-Senken-Stroms ist es möglich, die Zelle zu erregen. Der Strompuls erzeugt einen kurzzeitigen kapazitiven Stromstoß durch die Siliziumoxidschicht und die Zellmembran. Es baut sich eine Spannung über der Kontaktmembran (φ_J) auf, die sich durch Ableiten über R_M schnell wieder abbaut. Liegt diese Spannung auch nur kurzzeitig über dem Schwellenpotential, so öffnen sich spannungsgesteuerte Ionenkanäle in der Membran und in der Zelle wird ein Aktionspotential ausgelöst.

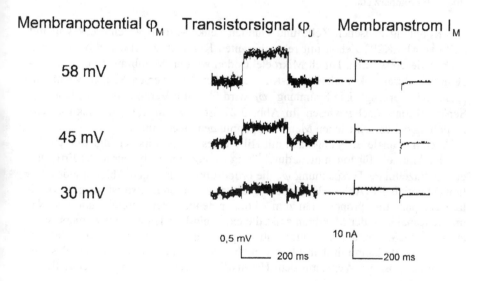

Abb. 3.27. Nachweis der elektrischen Kopplung von HEK293-Zellen mit rekombinantem K-Kanal auf Si-Chip: Mit Mikroelektroden erzwungener Membranstrom I_M und das Transistorsignal φ_J bei drei Membranpotentialen: 30, 45 und 58 mV (nach Fromherz 2001)

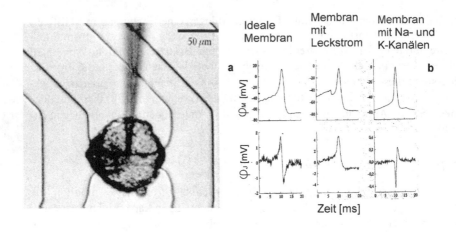

Abb. 3.28 a,b. Eine Zelle auf einem Si-Chip **(a)**. Die neuronale Erregung kann anhand von Spannungsänderungen auf der Toroxidschicht durch Messung von φ_J verfolgt werden **(b)** (nach Fromherz 2001)

Die Kopplung zwischen Zelle und Quellen-Senken-Strom ist eindrucksvoll mit Hilfe von HEK293-Zellen mit rekombinanten K-Kanal auf einem Silizium-Chip nachgewiesen worden. Durch Mikroelektroden wurden Membranströme, die vornehmlich durch rekombinante K-Kanäle fließen, bei verschiedenen Membranspannungen erzeugt. Die Spannung φ_J wird über die Veränderung des Quellen-Senken-Stroms nachgewiesen. In Abb. 3.27 ist deutlich die iono-elektronische Kopplung bei verschiedenen Membranspannungen zu erkennen.

Auch neuronale Erregung kann mit Hilfe eines Transistors verfolgt werden. Eine Membran, die für Ionen nicht durchlässig ist, erzeugt nach neuronaler Erregung eine extrazelluläre Torspannung φ_J, die proportional zur ersten Ableitung des Aktionspotentials ist (Abb. 3.28). Ist ein Leckstrom vorhanden, so ist die extrazelluläre Torspannung proportional zum Aktionspotential. Bei Anreicherung von Na- und K-Kanälen in der Membran sinkt die extrazelluläre Torspannung zuerst stark auf negative Werte, um dann auf positive Spannungen anzusteigen. Der Abfall auf negative Werte kann mit dem Fluss von Na^+- Ionen in die Membran und das Ansteigen auf positive Werte mit dem Herausfließen von K-Ionen aus der Zelle erklärt werden.

Es ist sogar gelungen, Nervenzellen auf einem Chip zu verbinden (Abb. 3.29). Durch mikroskopische Führungen aus Polymermaterial wachsen zwei Nervenzellen zusammen und bilden Synapsen aus. Da jede Zelle auf einem Transistor liegt, ist es möglich, Zellpotentiale bei der Reizfortleitung in den einzelnen Zellen zu messen. Auch erste Versuche zur Realisierung von neuronalen Netzen auf einer Siliziummikrostruktur (Abb. 3.30) sind durchgeführt worden.

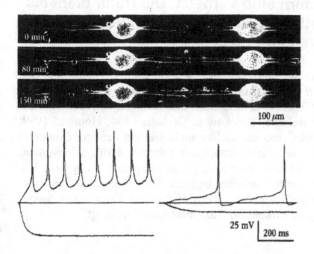

Abb. 3.29. Zwei Neuronen aus der Schlammschnecke treffen sich auf einem Siliziumchip. Die untere Grafik zeigt die Weiterleitung von depolarisierenden Erregungen und von hyperpolarisierenden Erregungen (Fromherz 2001)

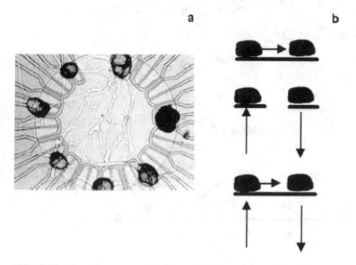

Abb. 3.30 a,b. Ein neuronales Netzwerk aus sieben Neuronen aus der Schlammschnecke auf einer Halbleitermikrostruktur. Links ist die Vernetzung der Neuronen durch Synapsen zu erkennen (**a**). Unter jeder Zelle befindet sich ein Transistor, der mit der Zelle elektrisch gekoppelt ist. (**b**) zeigt die drei Elemente eines neuroelektrischen Netzes auf einer Halbleitermikrostruktur: Silizium-Neuron-Kopplung; Neuron-Neuron-Synapse und Neuron-Si-Kopplung (nach Fromherz 2001)

3.5 Neuronen im Gehirn sind vernetzt: Die Natur dient als Vorbild für künstliche neuronale Netze, die neuartige Rechnerstrukturen ermöglichen

Wie denken wir eigentlich? Wie funktionieren Wahrnehmung, Gedächtnis und Steuerung unserer Aktionen? Die Antwort lautet: Wir wissen es nicht genau. Diese Fragen sind heutzutage Gegenstand aktueller Forschung auf den Gebieten der Neurophysik und Neurophysiologie (Breckow u. Greinert 1994; Hopfield 1999; van Hemmen 2001). Fest steht, dass das Gehirn nicht wie ein heutiger Computer organisiert ist. Alle Computer arbeiten heutzutage mit dem binären Zahlensystem: die Informationen werden in Ja-nein-Form zerlegt und in Speichern abgelegt. Die Zentraleinheit, der Mikroprozessor, arbeitet logische Operationen nacheinander ab. Es werden binäre Daten aus Speichern abgerufen, logische Operationen ausgeführt und dann wieder im Speicher oder im Ausgabemedium abgelegt.

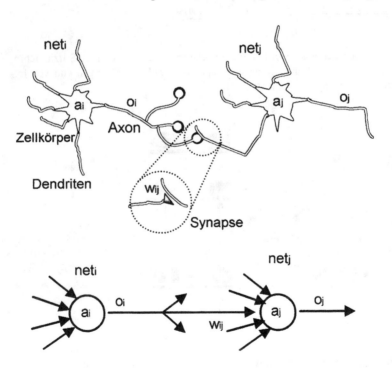

Abb. 3.31. Analogie zwischen neuralen Netzwerken und künstlichen neuronalen Netzen. Im unteren Teil ist ein Schaltbild für zwei Neuronen eines künstlichen neuronalen Netzes dargestellt. Erklärung siehe Text, (nach Zell 1994)

Auch wir besitzen Strukturen für die Eingabe von Informationen, unsere Sinneszellen, die wiederum über Nervenzellen mit dem Gehirn verbunden sind. Unsere zentrale Einheit, das Gehirn, entscheidet, ob als Antwort auf diese Informationen Aktionen erforderlich sind, die dann durch Nervenleitung zu unseren Muskeln veranlasst werden. Eingabe und Ausgabe lassen sich durch die Leitung von Aktionspotentialen von den Sinneszellen in das Gehirn und von dort zu Nervenbahnen verstehen.

Aber die zentrale Einheit, das Gehirn funktioniert völlig anders als der Mikroprozessor eines Computers. Die von den Sinneszellen erzeugten Aktionspotentiale werden durch Nervenleitung in bestimmte Bereiche des Gehirns geleitet. Sehen wir z.B. ein Bild, so gelangt die Information „Bild" codiert über unsere Nerven in das Sehzentrum des Gehirns. Wie diese Information genau kodiert ist, ist unbekannt. Die Neuronen im Gehirn sind sehr stark vernetzt. Jedes einzelne Neuron ist über ca. zehntausend Synapsen mit anderen Nervenzellen in einem Netz verbunden. Die die Information „Bild" tragenden Aktionspotentiale werden über Eingabeneuronen in das Netz geschleust. Viel spricht dafür, dass die zeitliche Abfolge (also die Rate) von Pulsen eine Rolle spielt. Einige Forscher diskutieren aber auch die Möglichkeit, dass die Pulshöhe zur Kodierung von Information verwandt wird. Die Eingabeneuronen feuern und veranlassen wiederum Neuronen im Netz zu feuern. Die Information „Bild" wird aber nicht in den Neuronen selbst gespeichert, sondern wird durch die **Aktivierung von Synapsen** zwischen den Nervenzellen erreicht (Abb. 3.31). Diese können z.B. dann aktiviert werden, wenn zwei Aktionspotentiale schnell hintereinander an der Synapse eintreffen. In unserem Kopf wird also eine Art „Karte" oder „Muster" der Information „Bild" dadurch abgelegt, dass Synapsen aktiviert werden. Dies ist ein sicherlich zu einfaches, aber doch anschauliches Modell. Wir behalten diese Information, solange diese Synapsen aktiviert bleiben; deaktivieren Synapsen, so vergessen wir die Information. Es gibt anscheinend verschiedene Stärken der Aktivierung von Synapsen. Je öfter das Gehirn das Muster „Bild" erzeugt hat, desto stärker werden die Kopplungen der Synapsen. Dieses Trainieren der Synapsen könnte also als Lernen aufgefasst werden.

3.5.1 Vergleich von biologischen und künstlichen neuronalen Netzen

Die Grundlagen für die Simulation von neuronalen Netzen wurden schon in den vierziger Jahren des letzten Jahrhunderts gelegt. Diese Arbeiten gerieten aber in Vergessenheit und erlebten erst in den achtziger Jahren eine Renaissance (Zell 1994). Im Folgenden wollen wir auf die Gemeinsamkeiten und Unterschiede zwischen biologischen und künstlichen neuronalen Netzen eingehen (s. Abb. 3.31).

Ähnlichkeiten zwischen biologischen und künstlichen neuronalen Netzen (nach Zell 1994):

- Sowohl biologische wie auch künstliche Strukturen besitzen massive **Parallelität**.
- Die Wirkungsweise von künstliche Neuronen wie auch die von biologischen Neuronen ist relativ einfach. In künstlichen Neuronen werden die Aktivierungen von Vorgängerneuronen mit der Stärke der Verbindungen w_{ij} aufsummiert und darauf eine Aktivierungsfunktion angewendet.
- Die Verbindungen zwischen den Neuronen sind gerichtet. In biologischen Systemen erfolgt dies über Synapsen, in künstlichen Netzen werden die Synapsen durch die Gewichte w_{ij} der Verbindungen dargestellt.
- Es werden nur Grade von Aktivierungen kommuniziert, auch das Gehirn verwendet keine komplexen Datenstrukturen.
- Die Verbindungsgewichte w_{ij} künstlicher neuronaler Netze sind modifizierbar. Sie können durch Lernen verstärkt oder verringert werden. Auch in biologischen Netzen werden die Kopplungsstärken der Synapsen durch Lernen verändert.
- Biologische Neuronen und künstliche Neuronen sind untereinander stark vernetzt.

Unterschiede zwischen künstlichen neuronalen Netzen und biologischen Systemen (nach Zell 1994):

- Das Gehirn besitzt ca. 10^{11} Neuronen, heutige künstliche neuronale Netze dagegen nur 10^2 bis 10^4 Neuronen.
- Künstliche neuronale Netze besitzen maximal 10^5 Verbindungen. Ein einzelnes Neuron besitzt 10^4 Verbindungen zu anderen Neuronen, d.h. das menschliche Gehirn besitzt $10^4 \cdot 10^{11} = 10^{15}$ Verbindungen.
- Künstliche neuronale Netze besitzen meist nur einen Parameter, das Gewicht w_{ij}, für die Stärke der Kopplung zwischen den Neuronen. Biologische Synapsen werden auch durch zeitliche Phänomene oder durch verschiedene Neurotransmitter beeinflusst.
- Nervenzellen verwenden eine impulskodierte Informationsübertragung. Die Information steckt in der Impulsrate, man spricht auch von frequenzmodulierter Informationsübertragung. Die Ausgaben künstlicher Neuronen hängen von den Amplituden der Eingaben ab, künstliche neuronale Netze arbeiten mit amplitudenmodulierter Informationsübertragung.
- Die zeitlichen Vorgänge bei der Nervenleitung werden in künstlichen neuronalen Netzen vernachlässigt.
- Die Einwirkung von benachbarten Neuronen mit Hilfe von chemischen Modulatorsubstanzen (z.B. Hormonen) , die hemmend oder erregend wirken können, wird in künstlichen neuronalen Netzen vernachlässigt.
- Künstliche neuronale Netze lernen nicht biologisch. Erfolgreiche künstliche Lernmodelle wurden aus mathematischen Verfahren hergeleitet.

3.5.2 Modellierung von neuronalen Netzen

Im Folgenden wollen wir die Funktionsweise eines einfachen künstlichen neuronalen Netzes kennen lernen (Zell 1994). Wir führen dazu einige Größen ein, die ein neuronales Netz charakterisieren und in Abb. 3.31 aufgeführt worden sind.

Künstliche neuronale Zellen besitzen Aktivierungszustände

Neuronale Netze besitzen Zellen, deren Grad der Aktivierung durch ihren **Aktivierungszustand** $a_j(t)$ gegeben ist. Der Aktivierungsgrad zum Zeitpunkt $t=t+\Delta t$ berechnet sich aus einer **Aktivierungsfunktion** f_{act}

$$a_j(t + \Delta t) = f_{act}\left(a_j(t), net_j(t), \theta_j\right) \tag{3.82}$$

mit dem **Schwellenwert** des Neurons j (θ_j) und der **Netzeingabe** $net_j(t)$ sowie des Aktivierungszustands zum Zeitpunkt t, $a_j(t)$. Die **Ausgabe** einer Zelle $O_j(t)$ wird mit Hilfe der Ausgabefunktion f_{out} berechnet. f_{out} besitzt als Argument den Aktivierungszustand

$$O_j = f_{out}(a_j). \tag{3.83}$$

Das Verbindungsnetzwerk der Zellen wird durch eine Matrix beschrieben

Die Verbindungen von Zelle i nach Zelle j werden durch eine reelle Zahl, den **Gewichten der Verbindungen** w_{ij} angegeben. Die Gesamtheit aller Verbindungen im Netzwerk lässt sich deshalb durch eine symmetrische Matrix W (Gewichtsmatrix) darstellen, die alle Gewichte des Netzwerks enthält. Besitzt das neuronale Netz n Zellen, so gilt

$$W = \begin{pmatrix} W_{11} ... W_{1n} \\ \cdot \\ \cdot \\ W_{n1} ... W_{nn} \end{pmatrix}. \tag{3.84}$$

Die **Propagierungsfunktion** gibt an, wie sich die Netzeingabe $net_j(t)$ von Zelle j aus den Ausgaben $O_i(t)$ der Vorgängerzellen i berechnet. Die Netzeingabe $net_j(t)$ wird berechnet, indem die Ausgaben aller Zellen $O_i(t)$ mit den Kopplungsstärken w_{ij} gewichtet aufsummiert werden:

$$net_j(t) = \sum_i O_i(t) W_{ij}. \tag{3.85}$$

Können neuronale Netze lernen?

Die interessanteste Fragestellung ist, wie ein neuronales Netz lernt. Die dazu nötigen Lernregeln werden in der Bioinformatik untersucht. Unter einem **Lernalgorithmus** versteht man, einem neuronales Netz beizubringen, wie es für eine vorgegebene Eingabe eine gewünschte Ausgabe produzieren soll. Theoretisch kann ein neuronales Netz durch folgende Aktivitäten lernen:

1. Entwicklung neuer Verbindungen
2. Löschen bestehender Verbindungen
3. Modifizieren der Stärke w_{ij} von Verbindungen
4. Modifikation des Schwellenwertes θ_j von Neuronen
5. Modifikation der Aktivierungsfunktion f_{act}, der Propagierungsfunktion $net(t)$, oder der Ausgabefunktion O_j
6. Entwicklung neuer Zellen
7. Löschen von Zellen

Die Methode 3 wird in künstlichen neuronalen Netzen am häufigsten verwendet. Eine der ältesten bekannten Lernregeln ist die *Hebbsche Lernregel*:

Wenn Zelle j eine Eingabe von Zelle i erhält und beide gleichzeitig stark aktiviert sind, dann erhöhe w_{ij} (die Stärke der Verbindungen von i nach j).

Die Erhöhung der Kopplungsstärke Δw_{ij} ist proportional zum Produkt der Ausgabe der Vorgängerzelle O_i und der Aktivierung der Nachfolgerzelle j:

$$\Delta W_{ij} = \eta O_i a_j \tag{3.86}$$

Die Proportionalitätskonstante η bezeichnet man auch als **Lernrate**. Oft verwendet man für den Grad von Aktivierungen a_j nicht die binären Ziffern 0 und 1, sondern das Wertepaar −1 und +1. Der Vorteil dieser Wahl liegt darin, dass gemäß Gl. 3.86 die Gewichte w_{ij} von Verbindungen auch gehemmt werden können.

3.5.3 Beispiel eines künstlichen neuronalen Netzes mit 4 Zellen: Das XOR-Netzwerk

Um die Funktion von neuronalen Netzen zu verdeutlichen, betrachten wir die Realisierung einer logischen Funktion mit den Variablen $A; B \in \{0,1\}$ (Zell 1994). Die XOR-Funktion liefert genau dann den Wert 1, wenn A nicht gleich B ist:

$$XOR(A,B) = \begin{cases} 0 \to A = B \\ 1 \to A \neq B \end{cases} \tag{3.87}$$

Unser neuronales Netz besitzt 4 Zellen: Zwei Eingabeneuronen, ein verdecktes Neuron und ein Ausgabeneuron. Dies ist ein einfaches Netz ohne Rückkopplung, der Informationsfluss verläuft immer in Richtung des Ausgabeneurons. Dieses Netz ist auch nicht fähig zu lernen, hat aber den Vorteil, dass es sich leicht durchrechnen lässt.

Für die Aktivierungsfunktion definieren wir eine binäre Schwellenfunktion für das verdeckte Neuron 3 und das Ausgabeneuron 4. Es gilt:

$$a_j(t) = \begin{cases} 1 \to net_j(t) \geq \theta_j \\ 0 \to sonst \end{cases}. \tag{3.88}$$

Als Ausgabefunktion des Neurons j wählen wir die Identität

$$O_j(t) = a_j(t). \tag{3.89}$$

Damit ist die Eingabe $net_j(t)$ des Neurons j die standardmäßige Propagierungsfunktion:

$$net_j(t) = \sum_i O_i(t)W_{ij}. \tag{3.90}$$

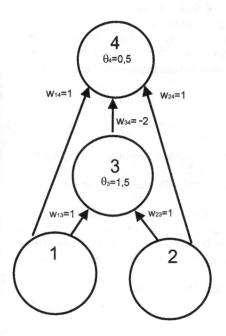

Abb. 3.32. Realisierung eines künstlichen neuronalen Netzes mit 4 Zellen: Das XOR-Netzwerk: Gezeigt sind die Schwellenwerte θ_3 des verdeckten Neurons 3 und θ_4 des Ausgabeneurons 4. Ebenfalls eingezeichnet sind die Kopplungsstärken w_{ij}

Tabelle 3.6 Wertetabelle für das in Abb. 3.33 gezeigte neuronale XOR-Netzwerk mit 4 künstlichen Neuronen (aus Zell 1994).

O_1	O_2	net_3	θ_3	O_3	net_4	θ_4	O_4
0	0	$0 \cdot 1 + 0 \cdot 1 = 0$	1,5	0	$0 \cdot 1 + 0 \cdot 1 + 0 \cdot (-2) = 0$	0,5	0
0	1	$0 \cdot 1 + 1 \cdot 1 = 1$	1,5	0	$0 \cdot 1 + 1 \cdot 1 + 0 \cdot (-2) = 1$	0,5	1
1	0	$1 \cdot 1 + 0 \cdot 1 = 1$	1,5	0	$1 \cdot 1 + 0 \cdot 1 + 0 \cdot (-2) = 1$	0,5	1
1	1	$1 \cdot 1 + 1 \cdot 1 = 2$	1,5	1	$1 \cdot 1 + 1 \cdot 1 + 1 \cdot (-2) = 0$	0,5	0

Das neuronale Netz für die Realisierung der XOR-Funktion ist in Abb. 3.32 gezeigt. Der Schwellenwert für das verdeckte Neuron 3 ist $\theta_3 = 1{,}5$ und für das Ausgabeneuron 4 $\theta_4 = 1{,}5$. Mit den in Abb. 3.32 angegebenen Gewichten w_{ij} ergibt sich folgende Gewichtsmatrix:

$$W = \begin{pmatrix} 0 & 0 & 1 & 1 \\ 0 & 0 & 1 & 1 \\ 0 & 0 & 0 & -2 \\ 0 & 0 & 0 & 0 \end{pmatrix}. \tag{3.91}$$

Ist $w_{ij} = 0$, so gibt es im neuronalen Netz keine Verbindung zwischen i und j. Gilt $w_{ij} > 0$, so regt das Neuron i sein Nachfolgerneuron j durch ein Gewicht der Stärke $|w_{ij}|$ an. Für $w_{ij} < 0$ hemmt das Neuron i seinen Nachfolger Neuron j durch ein Gewicht der Stärke $|w_{ij}|$.

Dieses Beispiel veranschaulicht zwar die Wirkungsweise eines einfachen künstlichen neuronalen Netzes, macht aber auch deutlich, um wie viel komplizierter Neurosysteme von Lebewesen aufgebaut sein müssen. Die Zukunft wird zeigen, ob die Kapazität von menschlichen Gehirnen mit 10^{11} Neuronen und 10^{15} Verbindungen mit Hilfe von künstlichen neuronalen Netzen modelliert werden kann.

Literatur

Adam G, Läuger P, Stark G (2003) Physikalische Chemie und Biophysik. Springer, Berlin Heidelberg New York

Beratan DN, Onuchic JN, Winkler JR, Gray HB (1992) Electron-tunneling pathways in proteins. Science 258:1740–1741

Breckow J, Greinert R (1994) Biophysik. Walter de Gruyter, Berlin New York

Bryngelson JD, Billings EM (1997) From interatomic interactions to protein structure. In: Flyvbjerg H, Hertz J, Jensen MH, Mouritsen OG, Sneppen K (Hrsg) Physics of Biological Systems: From molecules to species. Springer, Berlin Heidelberg New York, S 80–116

Campbell NA (1997) Biologie. Spektrum, Heidelberg Berlin Oxford

Frömter E (1978) Tracermethoden in der Biologie. In: Hoppe W, Lohmann W, Markl H, Ziegler H (Hrsg) Biophysik. Springer, Berlin Heidelberg New York, S 328–361

Fromherz P (2001) Interfacing von Nervenzellen und Halbleiterchips. Auf dem Weg zu Hirnchips und Neurocomputern? Physikalische Blätter 57:43–48

Fromherz P (2003) Neuroelectronic interfacing: Semiconductor chips with ion channels, nerve cells, and brain. In: Waser R (Hrsg) Nanoelectronics and information technology Wiley-VCH Berlin, S 781–810

Holzapfel W, Finkele U, Kaiser W, Oesterhelt D, Scheer H, Stilz HU, Zinth W (1989) Observation of a bacteriochlorophyll anion radical during the primary charge separation in a reaction center. Chem Phys Lett 160(1):1–7

Hopfield JJ (1999) Brain, neural networks, and computation. Rev Mod Phys 71(2):S431–S437

Koronakis (2000) Crystal structure of the bacterial membrane protein TolC central to multidrug efflux and protein export. Nature 405:914–919

Lippard SJ, Berg JM (1995) Bioanorganische Chemie. Spektrum, Heidelberg Berlin Oxford

Marcus RA, Sutin N (1985) Electron transfers in chemistry and biology. Biochim Biophys Acta 811:265–322

Meschede D (2002) Gerthsen Physik. Springer, Berlin Heidelberg New York

Page CC, Moser CC, Chen X, Dutton PL (1999) Natural engineering principles of electron tunnelling in biological oxidation-reduction. Nature 402:47–52

Schlichting I, Berendsen J, Chu K, Stock AM, Maves SA, Benson DE, Sweet RM, Ringe D, Petsko GA, Sligar SG (2002) The catalytic pathway of cytochrome P450cam at atomic resolution. Science 287: 1615–1622

Schotte F, Lim M, Jackson TA, Smirnov AV, Soman J, Olson JS, Phillips Jr GN, Wulff M, Anfinrud PA (2003) Watching a protein as it functions with 150 ps time-resolved X-ray crystallography. Science 300:1944–1947

Thews G (1960) Die Sauerstoffdiffusion im Gehirn. Pflügers Arch ges Physiol 271:197–226

Thews G (1987) Lungenatmung. In: Schmidt RF, Thews G (Hrsg) Physiologie des Menschen. Springer, Berlin Heidelberg New York, S 574–610

Thews G, Hutten H (1978) Biophysik des Atemgastransports. In: Hoppe W, Lohmann W, Markl H, Ziegler H (Hrsg) Biophysik. Springer, Berlin Heidelberg New York, S 378–390

Van Hemmen JL (2001) Die Karte im Kopf. Wie stellt das Gehirn seine Umwelt dar? Physikalische Blätter 57:37–42

Volkenstein (1977) Molecular Biophysics. Academic Press, New York

Zell A (1994) Simulation neuronaler Netze. Addison-Wesley, Bonn, Paris, Reading/MA

4 Struktur und Dynamik von Proteinen

4.1 Molekulare Dynamik macht Funktion von Proteinen möglich

In einem zweiatomigen Molekül schwingen die Atome gegeneinander, und die Frequenz dieser Molekülschwingung ist charakteristisch für dieses Molekül. Die Bewegung von Proteinen ist wesentlich komplizierter: Atome der Polypeptidkette können unter physiologischen Bedingungen nicht nur **Schwingungen** um ihre Ruhelage ausführen, sondern auch **komplexe Bewegungen**, die oft Bedingung für die Funktion des Proteins sind.

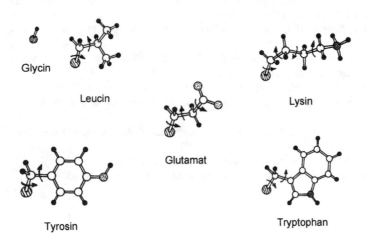

Abb. 4.1. Proteinseitenketten sind um ihre Einfachbindungen drehbar. Typische Rotationsbewegungen sind durch Pfeile angedeutet. Die Ringstrukturen von Tyrosin und Tryptophan sind auch unter physiologischen Bedingungen relativ starr (aus Brooks et al. 1988; © John Wiley & Sons, Inc, mit freundlicher Genehmigung)

In der Kristallstruktur des Sauerstoffspeicherproteins Myoglobin z.B. gibt es keinen Weg, der es dem Sauerstoffmolekül ermöglichen würde, in die Hämtasche zu gelangen und an seine Bindungsstelle am Hämeisen zu binden. Computersimulationen der Myoglobin-Dynamik zeigen jedoch, dass durch Bewegung von Seitenketten, die die Hämtasche bilden, ein Kanal zum Eisen geöffnet wird (Elber u. Karplus 1987). Derselbe Mechanismus ist bei der Sauerstoffbindung im Hämoglobin zu beobachten. Wir haben es also den dynamischen Eigenschaften des Hämoglobins zu verdanken, dass unser Sauerstofftransport und damit die Zellatmung funktioniert.

Unter physiologischen Bedingungen führen aber auch α-Helizes und β-Faltblätter Bewegungen aus (auch *rigid-body*-Bewegungen genannt), die bei einigen Proteinen für deren Funktion unerlässlich sind.

Zur Beschreibung der Bewegung der Polypeptidketten müssen die starken kovalenten Bindungen entlang der Ketten berücksichtigt werden. In Kap. 2.2 haben wir gelernt, dass die Polypeptidkette um die Winkel ϕ und ψ (s. Abb. 2.12) drehbar ist. Die C=N-Doppelbindungen sind wesentlich steifer als die C-C$_\alpha$- und die N-C$_\alpha$-Einfachbindungen, trotzdem ist eine Drehschwingung auch um diese Bindungen möglich. Eine Drehung um die C=N-Doppelbindung wird durch den Winkel ω beschrieben. Die Seitenketten wiederum besitzen eine oder mehr Einfachbindungen, um die rotiert werden kann. Abb. 4.1 zeigt einige Proteinseitenketten und deren typische Bewegungen.

Auch kovalente Bindungen zwischen den Ketten spielen für die Proteindynamik eine Rolle, ebenso wie Wasserstoffbrückenbindungen und Van-der-Waals-Wechselwirkungen zwischen den dicht gepackten unpolaren Strukturen im Proteininneren sowie, bei wasserlöslichen Proteinen, von polaren Seitenketten an der Proteinoberfläche. Weitere typische Bewegungen sind irreguläre Deformationen durch Solvatmoleküle sowie **chaotische Fluktuationen** durch Stöße im Innern von Proteinen. Tabelle 4.1 zeigt eine Übersicht der räumlichen Auslenkungen und der Zeitskalen verschiedener Bewegungen, die in Proteinen möglich sind.

Tabelle 4.1. Übersicht über interne Bewegungen von Proteinen und deren Relevanz für Proteinfunktion (aus Brooks et al. 1988; © John Wiley & Sons, Inc, mit freundlicher Genehmigung)

(a) Lokale Bewegungen in den Größenordnungen von 0,01-5 Å und 10^{-15} bis 10^{-1} s

Atomare Fluktuationen		
	Kleine Verschiebungen erlauben die Bindung von Substraten	Viele Enzyme
	Bereitstellung der Flexibilität für *rigid-body*-Bewegungen	Lysozym, Alkoholdehydrogenase in der Leber
	„Energiequelle" zum Überwinden von energetischen Barrieren	

	und für andere aktivierte Prozesse „Entropiequelle" für Bindung von Liganden und strukturelle Änderungen	
Bewegungen von Seitenketten		
	Öffnung von Pfaden für den Ein- und Austritt von Liganden in das Protein	Myoglobin, Hämoglobin
Bewegung von Schleifen		
	Ordnungsübergänge, die das aktive Zentrum verbergen	Triose-Phosphat-Isomerase, Penicillopepsin
	Strukturumordnung als Teil von „rigid-body"-Bewegungen	Alkoholdehydrogenase in der Leber
	Ordnungsübergänge, um Enzyme zu aktivieren	Trypsinogen-Trypsin
	Ordnungsübergänge als Teil der Bildung von Viren	Tabak-Mosaik-Virus, tomato-bushy-stunt-Virus
Bewegung von terminalen Enden		
	Bindungsspezifizität	λ-Repressor-Operator Wechselwirkung

(b) Bewegungen von α-Helizes, β-Faltblättern und ganzen Untereinheiten (rigid-body-Bewegungen) in den Größenordnungen von 1-10Å und 10^{-9} bis 1s

Bewegungen von Helizes		
	Induktion von strukturellen Änderungen der Tertiärstruktur	Insulin
	Übergang zwischen Subzuständen	Myoglobin
Bewegungen von Proteindomänen		
	Öffnen und Schließen der Region um das aktive Zentrum	Hexokinase, Leber-Alkoholdehydrogenase, l-Arabinose-Bindungsprotein
Bewegungen von Untereinheiten		
	Allosterische Übergänge, die Bindung und Aktivität kontrollieren	Hämoglobin, Aspartat-Transcarbamoylase

(c) Bewegungen in den Größenordnungen >5Å und 10^{-7} bis 10^4 s

Kette-Helix-Übergänge		
	Aktivierung von Hormonen	Glucagon
	Protein-Faltung	
Dissoziation /Assoziation und gekoppelte strukturelle Änderungen		
	Bildung von Viren	Tabak-Mosaik-Virus, „tomato-bushy-stunt"-Virus
	Aktivierung von Zellfusions-Proteinen	Hemaglutinin
Öffnung und distortionale Fluktuationen		
	Bindung und Aktivität	Calcium-bindendes Protein
Faltungs- und Entfaltungs-Übergänge		
	Synthese und Degradation von Proteinen	

4.1.1 Proteine besitzen strukturell ähnliche Konformationen

Für die Simulation der Dynamik von Proteinen muss (idealerweise) die Energie des Proteins E_H als Funktion aller Atomkoordinaten bekannt sein. Der Ort jedes Atoms ist durch seine x-, y- und z- Koordinate gegeben. Besitzt ein Protein N Atome, so hängt die Energie E_H des Proteins also von $3N$-Koordinaten ab. Wenn wir alle Atomkoordinaten als Komponenten eines $3N$-dimensionalen Vektors $\bar{R}$ schreiben, können wir die potentielle Energie oder auch Potentialfunktion als $E_H(\bar{R})$ schreiben. Solch eine Funktion wird auch als **Energiehyperfläche** in einem $3N$-dimensionalen Raum bezeichnet. Die wahrscheinlichste Struktur eines Proteins ergibt sich aus demjenigen Koordinatensatz aller Atome, der die Energiehyperfläche minimal werden lässt. Nun ist die Energiehyperfläche eines Proteins keine einfache Funktion, denn aufgrund der vielen Atome und Wechselwirkungen besitzt sie viele Minima, die durch Energiebarrieren getrennt sind. Man spricht auch von der Energielandschaft eines Proteins (Frauenfelder et al. 1999; Nienhaus 2004). In dieser Landschaft gibt es nicht nur ein breites Tal, auf dessen Grund sich die native Proteinstruktur finden lässt, sondern auf dem Weg zum Grund des Tales sind sehr viele Gruben (Energieminima) vorhanden. Selbst die native Struktur ist nicht eindeutig. Auf dem Grund des Tales befinden sich ebenfalls lokale Energieminima, die durch Energiebarrieren getrennt sind. Die zu einem lokalen Minimum gehörende Struktur wird **Konformationssubzustand** genannt. Unter physiologischen Bedingungen kann das Protein diese Energiebarrieren überwinden und zwischen verschiedenen Konformationssubzuständen hin und her fluktuieren (Abb. 4.2).

4.1.2 Die Faltung eines Proteins wird durch Wechselwirkungen verursacht

Durch Messungen der helikalen Struktur von Proteinen mit Hilfe des Circular-dichroismus kann man feststellen, dass der Faltungsprozess eines Proteins von ca. 100 Aminosäuren in einigen Sekunden abläuft. Dieser Prozess ist nicht zufällig, sondern wird durch die Vielzahl der in Kap. 2 erläuterten **Wechselwirkungen** unterstützt. Die Einzelheiten der Proteinfaltung sind bis heute noch nicht aufge-klärt, mit Hilfe von Computersimulationen ist es aber möglich geworden, die Fal-tung von kleinen Proteinen zu verfolgen. Abb. 4.3 zeigt die simulierte Faltung ei-ner 36 Reste langen Subdomäne des Proteins Villin. Zu Beginn liegt die Aminosäurekette ungefaltet vor, dann bilden sich lokale Sekundärstrukturen wie α-Helizes und β-Faltblätter. Diese Konformationen werden als geschmolzenes Kügelchen (*molten globule*) bezeichnet. Am Ende liegen die Konformationen des nativen Proteins vor.

Bei einigen Proteinen wird der Faltungsprozess sogar durch spezielle Proteine, die **Chaperone**, unterstützt. Bisher sind zwei Klassen von Chaperonen bekannt (Neslon u. Cox 2001) :

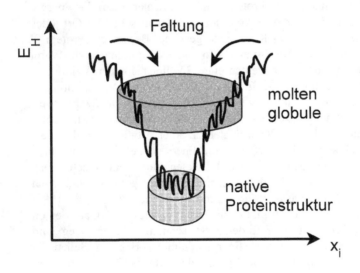

Abb. 4.2. Ein Schnitt durch die Energiehyperfläche eines Proteins entlang einer beliebigen Koordinate x_i. Bei der Faltung durchläuft das Protein nach der Bildung der Sekundärstruk-turen die „*molten globular*"- Konformationen, um dann die nativen Konformationen (Sub-zustände) anzunehmen (nach Frauenfelder 1997)

Hsp70-Chaperone kommen in Zellen vor, die bei hohen Temperaturen existieren können. Diese Proteine binden an unpolare, durch Hitze entfaltete (oder bei der Proteinsynthese noch nicht gefaltete) Bereiche von Proteinen. Damit schützen Hsp70-Chaperone vor ungewünschten Faltungen und unspezifischen Proteinaggregation. Chaperonine umschließen ungefaltete Peptidketten wie ein Fass und schränken damit die Bewegungsfreiheit des zu faltenden Proteins ein. Dies zwingt das Protein dann in die native Konformation. Daneben gibt es auch Enzyme, die die Ausbildung von kovalenten Disulfidbrücken zwischen Seitenketten katalysieren und damit den Faltungsprozess unterstützen.

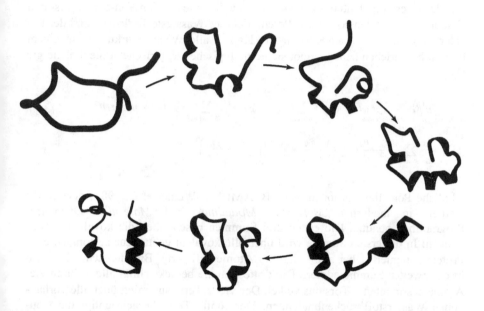

Abb. 4.3. Computersimulation eines Faltungsweges einer Subdomäne des Proteins Villin und Berücksichtigung von 3000 Wassermolekülen. Die simulierte Dauer des Faltungsprozesses ist ca. 1 µs. Dafür wurden eine halbe Milliarde Rechenschritte und zwei Monate Rechenzeit auf zwei Cray-Supercomputern benötigt (Nelson u. Cox 2001 Abb. 6-28, persönliche Mitteilung: Y. Duan u. P.A. Kollman, University of California, San Francisco, Dep. Of Pharmaceutical Science)

4.2 Konformationen von Biomolekülen lassen sich am Computer berechnen

4.2.1 Die Potentialfunktion: Grundlage für Konformationsberechnungen

Wie sieht nun die Energiehyperfläche oder Potentialfunktion $E_H(\bar{R})$ eines Proteins aus? Das Gesamtpotential ergibt sich als eine Summe aus den Van-der-Waals- und Coulomb-Potentialen sowie den Potentialen der Wasserstoffbrücken- und der kovalente Bindungen. Nachdem wir in Kap. 2 alle Wechselwirkungen in einem Protein beschrieben haben, ergibt sich eine typische „empirische" Potentialenergie als:

$$E_H(\bar{R}) = \sum_{\substack{kov.Bindungen: \\ i<j}} K_{1ij}(r_{ij}-r_{0ij})^2 + \sum_{Winkel:i} K_{2i}(\theta_i-\theta_{0i})^2 + \sum_{Torsionswinkel:i} \frac{V_i}{2}(1+cos(n\theta_{Ti}-\gamma_i))$$

$$+ \sum_{\substack{H-Brücken: \\ i<j}} \frac{A_{ij}}{r_{ij}^{12}} - \frac{B_{ij}}{r_{ij}^{10}} + \sum_{i<j} \frac{1}{4\pi\varepsilon_0} \frac{q_i q_j}{\varepsilon r_{ij}} + \sum_{i<j} E_{0i}\left(\left(\frac{r_{0i}}{r}\right)^{12} - 2\left(\frac{r_{0i}}{r}\right)^6\right) \tag{4.1}$$

Ähnliche Potentialfunktionen wie z.B. AMBER (Weiner et al. 1984) oder MM2 werden in modernen *Molecular Modelling-* und *Molecular Dynamics-*Programmen benutzt. Die ersten drei Summen beschreiben die kovalenten Bindungen: In der ersten Summe wird über alle kovalent gebundenen Atompaare im Protein summiert. Über alle – durch 3 Atome definierte Bindungswinkel – wird in der zweiten Summe addiert. Die dritte Summe berücksichtigt alle – durch vier Atome bestimmten – Torsionswinkel. Der vierte Term summiert über alle vorhandenen Wasserstoffbrückenbindungen. Der fünfte Term berücksichtigt die Coulomb-Wechselwirkungen zwischen polaren Gruppen und der letzte Term die immer vorhandenen Van-der-Waals-Wechselwirkungen. Bis auf die Summen über die Winkel wird in Gl. 4.1 über Paare $i<j$ summiert, damit jede paarweise Wechselwirkung nur einmal gezählt wird.

Da Gl. 4.1 eine empirisch bestimmte Potentialfunktion ist, gibt es Probleme, die eine MD-Simulationen von großen Biomolekülen zu durchaus wissenschaftlichen Projekten machen. Die Wahl der Ladungen von polaren Gruppen (q_i und q_j) und auch die Dielektrizitätskonstante ε sind zum Beispiel nicht immer eindeutig. Oder die Funktion (4.1) ist zu kompliziert, und man muss nichtpolare Wasserstoffe vernachlässigen und in ihren Eigenschaften dem nächsten schweren Atom zuschreiben. In allen Fallen sollte man sich bei der Simulation der Dynamik von Proteinen allerdings vor Augen halten, dass nicht die Wirklichkeit, sondern eine empirische

Näherung derselben auf dem Bildschirm des Rechners erscheint, auch wenn die Bilder noch so faszinierend sein mögen.

Wie werden die in Gl. 4.1 eingehenden empirischen Parameter ermittelt? Der Lennard-Jones-Parameter lässt sich durch Viskositätsmessungen oder durch Streuungsexperimente mit Röntgen- oder Neutronenstreuung bestimmen. Auch quantenmechanische Rechnungen erlauben eine theoretische Abschätzung dieses Parameters. Winkel und Gleichgewichtsabstände können ebenfalls aus quantenmechanischen Rechnungen, aus Strukturmodellen oder aber auch aus der Erfahrung heraus abgeschätzt werden. Die Kraftkonstanten lassen sich sehr genau durch Messung von Schwingungsspektren mit Hilfe von Infrarot- oder Resonanz-Raman-Spektroskopie und anschließendem Vergleich mit theoretisch berechneten Schwingungsspektren bestimmen.

4.2.2 Dynamik von Biomolekülen lässt sich am Computer simulieren

Im vorangegangenen Kapitel haben wir die empirische Potentialfunktion $E_H(\vec{R})$ kennen gelernt. Zur **Simulation** der Dynamik eines Proteins wird die zeitliche und örtliche Entwicklung für jedes Atom i der Masse m_i mit Hilfe dieser Potentialfunktion berechnet. Wir betrachten die Newtonsche Bewegungsgleichung für ein Atom i:

$$\vec{F}_i(\vec{r}_i) = m_i \frac{d^2 \vec{r}_i}{dt^2} = -\vec{\nabla}_i \left[E_H(\vec{R}) \right] \qquad (4.2)$$

$\vec{r}_i$ ist der Ortsvektor des i'ten Teilchens und $\vec{\nabla}$ ist der schon im Kap. 3.3.1 benutzte Gradient-Operator. Wir müssen die Kraft auf jedes Atom (also $\vec{F}_i(\vec{r}_i)$ in Gl. 4.2) ausrechnen und können dann durch Integration von Gl. 4.2 die Geschwindigkeit $\vec{v}_i$ erhalten. Durch zweifache Integration lassen sich dann die Ortskoordinaten $\vec{r}_i$ gewinnen. Allerdings können wir dieses Problem für ein Protein nicht analytisch lösen, sondern müssen die im folgenden Kapitel erläuterten numerischen Methoden benutzen.

Grundprinzip einer Molecular-Dynamics (MD-)-Simulation: Der Verlet-Algorithmus

Wie geht man nun in praxi vor, um die Bewegung von Molekülen zu simulieren? Nahezu alle heute benutzten MD-Programme basieren auf demselben Prinzip (Brooks et al. 1988): Nach der Vorgabe einer Startstruktur werden die auf alle Atome wirkenden Kräfte berechnet. Nach jedem **Zeitschritt** Δt werden die neuen Ortskoordinaten und Geschwindigkeiten ermittelt und die wirkenden Kräfte werden berechnet (Abb. 4.4). Die zeitliche Entwicklung der Atompositionen $\vec{r}_i(t)$ wird durch eine Taylor-Reihe approximiert. Die zeitliche Entwicklung der Atompositionen nach dem Zeitschritt Δt ergibt sich dann gemäß der Taylor-Entwicklung zu:

$$\vec{r}_i(t \pm \Delta t) = \vec{r}_i(t) \pm \frac{d\vec{r}_i(t)}{dt} \cdot \Delta t + \underbrace{\frac{d^2\vec{r}_i(t)}{dt^2}}_{\frac{\vec{F}(t)}{m_i}} \cdot \frac{(\Delta t)^2}{2!} \pm \underbrace{\frac{d^3\vec{r}_i(t=t_0)}{dt^3}}_{\frac{\dot{\vec{F}}(t)}{m_i}} \cdot \frac{(\Delta t)^3}{3!} + \dots \qquad (4.3)$$

$$\Leftrightarrow \vec{r}_i(t \pm \Delta t) = \vec{r}_i(t) \pm \vec{v}_i \Delta t + \frac{\vec{F}_i(t)}{m_i} \cdot \frac{(\Delta t)^2}{2!} \pm \frac{\dot{\vec{F}}(t)}{m_i} \frac{(\Delta t)^3}{3!} + \dots$$

Hierbei ist $\vec{F}_i(t)$ die Kraft auf das Atom i zur Zeit t und m_i die Masse des Atoms i. Die Entwicklung der Positionen und der Geschwindigkeiten ergibt sich durch Umformen von Gl. 4.3:

$$\vec{r}_i(t + \Delta t) = 2\vec{r}_i(t) - \vec{r}_i(t - \Delta t) + \frac{\vec{F}_i(t)}{m_i}(\Delta t)^2 + \dots \qquad (4.4)$$

$$\vec{v}_i(t) = \frac{\vec{r}_i(t + \Delta t) - \vec{r}_i(t - \Delta t)}{2\Delta t} + \dots$$

Man erkennt ein Problem des Verlet-Algorithmus: Er ist nicht selbststartend, für $t=0$ ist $\vec{r}_i(t-\Delta t)$ nicht bekannt und muss deshalb gesetzt werden.

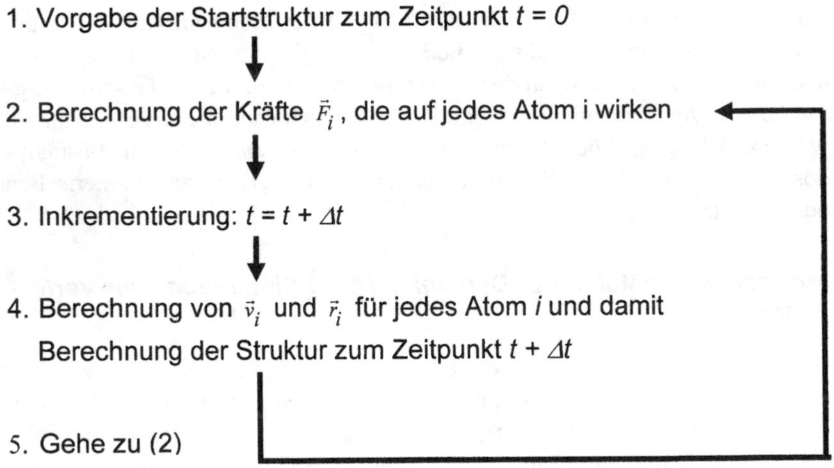

1. Vorgabe der Startstruktur zum Zeitpunkt $t = 0$

2. Berechnung der Kräfte $\vec{F}_i$, die auf jedes Atom i wirken

3. Inkrementierung: $t = t + \Delta t$

4. Berechnung von $\vec{v}_i$ und $\vec{r}_i$ für jedes Atom i und damit Berechnung der Struktur zum Zeitpunkt $t + \Delta t$

5. Gehe zu (2)

Abb. 4.4. Ein Flussdiagramm veranschaulicht den für MD-Simulationen benutzten Verlet-Algorithmus

Die Anwendungsbereiche dieses relativ einfachen Algorithmus reichen von der Simulation von einfachen Flüssigkeiten bis hin zu komplexen Proteinen. Allerdings spielen die Geschwindigkeiten $\vec{v}_i(t)$ keine Rolle bei der Berechnung der zeitlichen Entwicklung von $\vec{r}_i$. Deshalb sind für Temperatursimulationen Modifikationen nötig. Dies gilt ebenfalls für geschwindigkeitsabhängige Kräfte wie z.B. Reibungskräfte.

Die Definition der Temperatur

Für ein Ensemble von wechselwirkungsfreien Teilchen der Masse m lässt sich die Temperatur nach dem Gleichverteilungssatz der kinetischen Gastheorie aus der mittleren kinetischen Energie eines Teilchens berechnen:

$$E_{kin} = \frac{1}{2} m \left| \vec{v} \right|^2 = \frac{3}{2} k_B T \Rightarrow T = \frac{2}{3 k_B} E_{kin}. \tag{4.5}$$

Hierbei bezeichnet $|\vec{v}|^2$ das Betragsquadrat der mittleren Geschwindigkeit der Teilchen und k_B ist die Boltzmann-Konstante. Um die Temperatur für ein einzelnes Molekül $\tau(t)$ zu definieren, übernimmt man die obige Gleichung 4.5 und schreibt sie für ein System mit $3N$-n Freiheitsgraden um.

$$\tau(t) = \frac{1}{(3N - n)k_B} \sum_{i=1}^{N} m_i \left| \vec{v}_i \right|^2. \tag{4.6}$$

Möchte man während einer Simulation die Temperatur ändern, so geschieht das durch die Skalierung der Geschwindigkeiten jedes einzelnen Atoms i gemäß dem Faktor

$$\vec{v}_i' = \sqrt{\frac{T'}{T(t)}} \cdot \vec{v}_i. \tag{4.7}$$

Die so berechneten Geschwindigkeiten werden in Gl. 4.3 zur Berechnung der neuen Atomkoordinaten $\vec{r}_i(t+\Delta t)$ eingesetzt. Dieser Trick ermöglicht das Heizen des zu simulierenden Proteins, das z.B. angewendet wird, um dynamische Vorgänge, die nicht echt sind (engl. *hot spots*), zu minimieren. Nach Abkühlung auf die Temperatur, bei der simuliert werden soll, erhält man so eine Reduzierung von Artefakten.

Zeitskalen von Bewegungen

Die kleinste Einheit, die für die Simulation eines Proteins benutzt werden sollte, ist der durch kovalente Einheiten definierte Bereich (z.B. C-C). Typische Bewegungen dieser Bereiche sind relative Änderungen der kovalent gebundenen Einheiten mit Torsionsoszillationen um die rotations-erlaubten Einfachbindungen. Die Zeitskalen dieser Bewegungen sind typisch kleiner als 10^{-12} s. Wird eine Dynamiksimulation in diesem Zeitbereich durchgeführt, so erhält man ein quasistationäres Bild, in dem die Atome um die Nullpunkte schwanken ($\leq 0{,}02$ nm). Während längerer Zeitintervalle sind **„Kollektive Anregungen"** zu beobachten, die einerseits Veränderung der lokalen Struktur innerhalb des Proteins oder sogar Veränderungen der globalen Struktur verursachen, was zu einer teilweise Entfaltung führen kann.

Mit typischen Schrittweiten für Δt im Bereich von einer Femtosekunde wurden 1990 maximale Simulationszeiten von typisch 1 ps – 1 ns erreicht. Ein Zeitschritt Δt von einer 1 fs entspricht 30 Schritten für eine Vibrationen von C-C. Im einfachen Sauerstoffspeichermolekül Myoglobin sind die Wechselwirkungen von 1500 Atomen pro Zeitschritt zu berechnen. 1990 wurden auf einer Cray X-MP dafür 0,2 s CPU-time benötigt, d. h. 10^5 Schritte für eine 100 ps Simulationsdauer benötigten ca. 6h. Moderne Höchstleistungsrechner können heutzutage Echtzeiten bis zu einer Mikrosekunde simulieren (s. Abb. 4.3).

Da sich Proteine aber oft in Lösung befinden, ist es unbedingt erforderlich, auch die Lösungsmoleküle zu berücksichtigen. Das heißt, der Simulationsaufwand erhöht sich für ein Myoglobin noch einmal um ca. 1000 H_2O-Moleküle. Die während 50 ps simulierten Bewegungen der Polypeptidkette von Myoglobin sind in Abb. 4.5 gezeigt.

Um MD-Simulationen mit Experimenten vergleichen zu können, wird das zeitliche Mittel des Auslenkungsquadrats des Atoms i berechnet. Die mittlere quadratische Abweichung oder **RMS-Wert** für N Atome ergibt sich durch:

Abb. 4.5. MD-Simulation von Myoglobin. Gezeichnet ist die Polypeptidkette nach jedem Zeitintervall Δt=5 ps. Die insgesamt simulierte Echtzeit beträgt 50 ps (Karplus et al. 1987; aus Brooks et al. 1988; © John Wiley & Sons, Inc, mit freundlicher Genehmigung)

$$RMS = \left[\frac{1}{N} \sum_{i=1}^{N} \left\langle |\vec{r}_i - \vec{r}_{i0}|^2 \right\rangle \right]^{\frac{1}{2}} \qquad (4.8)$$

Dabei bezeichnet $<|\vec{r}_i - \vec{r}_{i0}|^2>$ den zeitlichen Mittelwert der quadratischen Abweichung von der Ruhelage des Atoms i. Mittlere Auslenkungen können direkt durch Röntgenstreuung bestimmt werden. Abb. 4.6 zeigt eine erstaunlich gute Übereinstimmung von durch MD-Simulationen ermittelten RMS-Werten und den experimentell ermittelten Werten für das Enzym Lysozym.

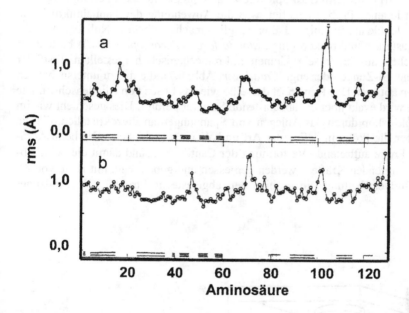

Abb. 4.6. Zeitliche Mittelwerte der Auslenkungsquadrate (rms) der einzelnen Aminosäuren von Lysozym aus Röntgenstreuung ermittelt (*oben*) und aus MD-Simulationen berechnet (*unten*) (Karplus et al. 1986; nach Brooks et al. 1988; © John Wiley & Sons, Inc, mit freundlicher Genehmigung)

4.3 Rasterkraftmikroskopie: Eine Methode zum Abtasten von Proteinen und zur Bestimmung von Bindungskräften

Gerd Binnig schlug in den achtziger Jahren vor, die Kraft zwischen einer feinen Spitze und einem nicht-leitenden Objekt zu messen und durch Abrastern ein Bild der Oberfläche zu erzeugen. Die von seiner Arbeitsgruppe im Forschungslabor der IBM, Rüschlikon, entwickelte **Rasterkraftmikroskopie** ist eine Weiterentwicklung der **Rastertunnelmikroskopie**, die zwar atomare Auflösung ermöglicht, aber elektrisch leitende Proben benötigt, was die Anwendung der Tunnelmikroskopie auf Biomoleküle nur in einigen Fällen möglich macht (Winter u. Noll 1998).

Das Rasterkraftmikroskop (engl. *atomic force microscope (AFM)*) besteht im Wesentlichen aus einer sehr kleinen mikromechanisch hergestellten Tastfeder (meist eine Si-Zunge oder engl. *Cantilever*, Abb. 4.7), die die zu untersuchenden Strukturen abtastet. Das Prinzip ist dasselbe wie das Lesen von Blindenschrift. Die Si-Zunge wird exakt über die abzutastende Struktur geführt. Dies geschieht wie im Tunnelmikroskop durch das Anlegen von Spannungen an Piezokristallen, die die Spitze über die Probe in definierter Art und Weise verschieben. Die beim Abrastern der Probe auftretende Verformung der Cantilever – und damit die beim Abrastern auftretenden Kräfte – werden gemessen und geben dann mit Hilfe von digitaler Bildverarbeitung ein Abbild der abgetasteten Struktur (Wiesendanger 1994).

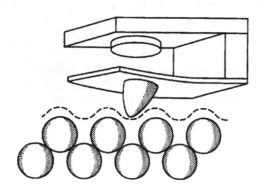

Abb. 4.7. Aufbauprinzip eines Kraftmikroskops (aus Haken-Wolf Abb. 21.2, Molekülphysik und Quantenchemie). Gemessen wird die Kraft, die die Probe auf die Spitze ausübt. Diese Kraft verformt die Spitze/Cantilever-Einheit, wobei die Biegung der Cantilever der auftretenden Kraft proportional ist (Haken u. Wolf 2003)

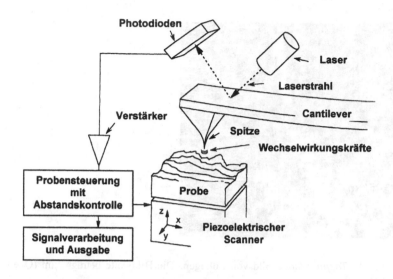

Abb. 4.8. Aufbau eines modernen Kraftmikroskops. Die Auslenkung des Cantilevers wird optisch mit Hilfe eines Lasers detektiert. Der Laserstrahl wird von der Rückseite der Spitze reflektiert und auf eine Photodiode gelenkt, die mehrere Detektorsegmente besitzt. Wird die Spitze gestaucht, so ändert sich die Auftreffposition des Laserstrahls auf der Photodiode. Die von den einzelnen Segmenten gemessenen Lichtintensitäten ändern sich ebenfalls. Aus dieser Änderung ergibt sich durch eine Auswertung per Computer die Auslenkung der Spitze und damit die Kraft zwischen Spitze und Probe (nach Nölting 2003)

Der wesentliche Vorteil dieser Methode ist der, dass auch Isolatoren und damit biologisch relevante Systeme, von Membranen über Proteinen bis hin zu ganzen Zellen, untersucht werden können. Der Aufbau von Rastertunnel- und Rasterkraftmikroskopen ist im Prinzip ähnlich. Während aber im RTM Tunnelströme von einigen pA gemessen werden, werden im AFM zwischenatomare Kräfte im Bereich von einigen 10^{-9} N detektiert, indem die auf dem Cantilever montierte Spitze auf die Probe gedrückt wird (Abb. 4.8). Das Abrastern der Probe erfolgt wie im RTM durch Piezokristalle, die den Cantilever in x-, y- und z-Richtung bewegen. Das laterale Auflösungsvermögen des AFMs ist geringer als das des RTMs und liegt für biologische Objekte bei ca. 0,5 nm.

Hierbei darf die zu untersuchende Struktur natürlich nicht zerstört werden. Aus diesem Grund führt man bei empfindlichen Proben die Spitze nicht in einem konstanten Abstand über die Oberfläche, sondern lässt die Feder mit einer Frequenz von z.B. 200 kHz schwingen. Die Oberfläche wird dadurch schwächeren Kräften ausgesetzt, man sagt, der Kantilever *tapped* die Oberfläche. Mit Hilfe dieser Technik lassen sich heute standardmäßig Proteine und große Biomoleküle abtasten und abbilden. Abb. 4.9 zeigt ein AFM-Bild von Collagen. Solche Aufnahmen kann man natürlich auch mit Hilfe von Transmissionselektronenmikroskopie machen, allerdings ist die Probenpräparation dann wesentlich aufwendiger.

Abb. 4.9. *Tapping-Mode*-Bild von Collagen. Die Bildweite beträgt 2µm (Quelle: Digital Instruments)

Das Abtasten von Proteinen unter physiologischen Bedingungen ist mit der AFM grundsätzlich möglich, denn AFMs lassen sich auch in wässrigen Lösungen betreiben.

Die Abbildung von Biomolekülen ist allerdings nicht die einzige Anwendung der AFM. Es ist ebenfalls möglich, einzelne Biomoleküle zu verformen oder Bindungskräfte zwischen einem Protein und einem dazugehörigen Rezeptor zu messen (Grubmüller u. Rief 2001). Die Kunst besteht hier in der richtigen Präparation der Probe. Durch chemische Modifikation wie Silanisierung der AFM-Spitze können z.B. Liganden oder Rezeptormoleküle an der Spitzenoberfläche angebracht werden. Werden diese molekularen Angelhaken über immobilisierte Biomoleküle geführt, so bindet das

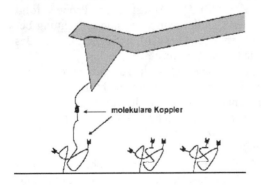

Abb. 4.10. Die AFM-Spitze kann mit Liganden oder Rezeptormolekülen über molekulare Koppler versehen werden. Im Experiment wird am Liganden gezogen und die Kräfte bis zum Abreißpunkt gemessen

Substrat an das zu untersuchende Molekül (s. Abb. 4.10). Es besteht also eine Verbindung zwischen Substratoberfläche (oft Gold), Protein, Ligand oder Rezeptor und Spitze.

Man präpariert das System so, dass alle Bindungen stärker sind, als die zu untersuchende Ligand-Protein-Bindung. Durch Wegziehen der Spitze ist es so möglich, Dehnungskurven aufzunehmen und damit Ligand-Protein-Bindungen zu studieren. Ein solches Experiment ist schematisch in Abb. 4.10 gezeigt. Ein molekularer Koppler verbindet das auf einer Oberfläche immobilisierte Protein mit dem Cantilever. Der Cantilever wirkt wie die in Abb. 4.11 dargestellte mechanische Feder. Auch der Cantilever besitzt eine Federkonstante K. Bezeichnen wir die Auslenkung der Feder aus ihrer Ruhelage mit x, so gilt analog zur Mechanik für den Betrag der Federkraft $\vec{F}$:

$$\left| \vec{F} \right| = Kx \qquad (4.9)$$

Durch Auslenkung der Feder lässt sich nun die bei der Entfaltung auftretende Kraft messen. Trägt man die gemessene Kraft in Abhängigkeit der Auslenkung x auf, so erhält man Kraftdehnungskurven. Als Beispiel sind in Abb. 4.12 die Kraftdehnungskurven von Titin dargestellt (Grubmüller u. Rief 2002).

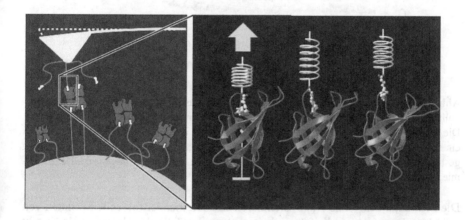

Abb. 4.11. Prinzip der Kraftspektroskopie von Einzelmolekülen. Der Cantilever wirkt wie eine mechanische Feder, die den Liganden aus der Bindungstasche herauszieht. Die so gemessenen Kräfte können mit theoretisch aus MD-Simulationen berechneten Kräften verglichen werden (Rief u. Grubmüller 2001; freundlicherweise zur Verfügung gestellt von Priv.-Doz. Dr. H. Grubmüller, Max-Planck Institut für biophysikalische Chemie, Göttingen)

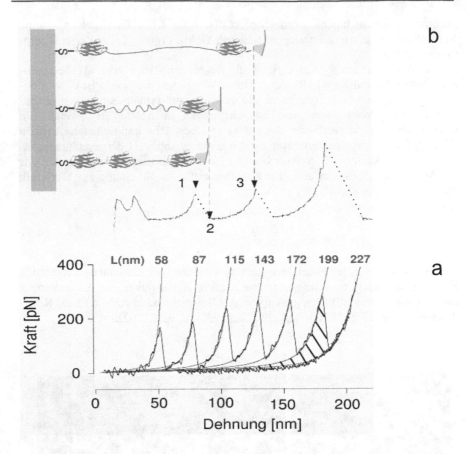

Abb. 4.12 a,b. Ein Abschnitt aus dem Titin des Herzmuskels bestehend aus 8 Immunoglobulindomänen wurde auf einer Oberfläche immobilisiert und mit dem AFM gedehnt (a). Die Kraftdehnungskurven sind „zahnartig". Jeder Zahn entspricht dem Entfaltungsprozess einer einzelnen Domäne (b) (Rief u. Grubmüller 2001; freundlicherweise zur Verfügung gestellt von Priv.-Doz. Dr. H. Grubmüller, Max-Planck Institut für biophysikalische Chemie, Göttingen)

Die Elastizität des Titins erklärt sich durch das aufeinander folgende Entfalten von einzelnen Immunoglobulinuntereinheiten, denn das Titin des Herzmuskels besteht aus 8 solchen Immunoglobulindomänen. Die Entfaltung der Immunoglobulinuntereinheiten in den Kraftdehnungskurven ist an den „zahnartigen" Verläufen erkennbar, wobei jeder Zahn dem Entfaltungsprozess einer einzelnen Domäne entspricht. Erst wenn alle Untereinheiten entfaltet sind, würde weitere Kraftaufwendung das Titinmolekül irreversibel schädigen, das Molekül reißt.
Die Kraftmikroskopie ermöglicht es aber auch, Biomoleküle wie z.B. Membranproteine in ihrer nativen Umgebung zu manipulieren. Abb. 4.13 zeigt eine Membranoberfläche von *D. radiodurans*, die mit Porenproteinen in einer hexagonalen

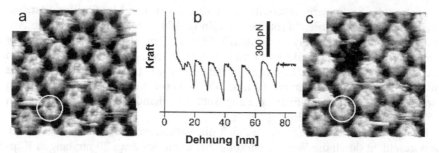

Abb. 4.13 a-c. Abbilden und Entfalten einer bakteriellen Pore mit dem AFM in wässriger Lösung. Der Kreis in **(a)** zeigt eine geschlossene Pore, der Kreis in **(c)** zeigt diese Pore in der geschlossenen Konformation. **(b)** zeigt sechs Adhäsionspeaks von durchschnittlich 300 pN, die beim Entfernen einer Pore auftreten (freundlicherweise zur Verfügung gestellt von Prof. Daniel Müller, Technische Universität Dresden)

Anordnung versehen ist. Die Poren können in der geöffneten und in der geschlossenen Konformation vorkommen, was mit dem AFM direkt beobachtbar ist. Durch Herstellen eines Spitze-Protein-Kontakts ist es sogar möglich, ein Porenprotein aus der Membran herauszuziehen und die dabei auftretenden Kräfte zu messen.

4.4 Motorproteine und ihre submolekulare Funktion

Wie erfolgt Muskelkontraktion auf molekularer Ebene? Welche molekularen Mechanismen erlauben es Zellen, sich fortzubewegen oder sich zu teilen? Wie werden Organellen innerhalb von Zellen transportiert?

Solche Transportaufgaben werden in allen lebenden Organismen von **Motorproteinen** übernommen. Das in Skelettmuskeln vorkommende Motorprotein Myosin bewegt sich entlang von Aktinfilamenten und führt so zur Muskelkontraktion. Das Motorprotein Kinesin nimmt Transportaufgaben innerhalb von Zellen wahr. Es bewegt sich entlang von Mikrotubuli des Zytoskeletts, das sich durch das gesamte Zytoplasma erstreckt.

In diesem Kapitel wollen wir zuerst auf die molekularen Grundlagen der Muskelkontraktion eingehen. Dann gehen wir der Frage nach, wie durch Motorproteine erzeugte zwischenmolekulare Kräfte mit Hilfe von optischen Pinzetten gemessen werden können.

4.4.1 Der molekulare Mechanismus der Muskelkontraktion: Das Motorprotein Myosin zieht an Aktinfilamenten

Ein Skelettmuskel besteht im Wesentlichen aus Myofibrillen, schlauchförmigen ca. 1 μm dicken Gebilden, die durch Trennwände, die Z-Scheiben in 2,51 μm lange Fächer, die Sarkomere, unterteilt sind (Abb. 4.14). Die Myofibrillen bestehen ihrerseits aus „kontraktilen" Proteinen, **Aktin** und **Myosin**. Die regelmäßige Anordnung der Actin- und Myosinfilamente führt zu einer Hell-Dunkel-Bänderung der Sarkomere im Lichtmikroskop und damit zur typischen Querstreifung von Skelettmuskeln. In jedem Sarkomer befinden sich ca. tausend Myosinfilamente mit einem Durchmesser von ca. 10 nm. Die Sarkomere sind in den Myofibrillen durch ca. 2000 5 nm dicke Filamente aus Actin miteinander verbunden, die an den Z-Scheiben befestigt sind (Rüegg 1987).

Bei der Muskelkontraktion ziehen sich die Sarkomere zusammen (Abb. 4.15). Dies geschieht durch die Wechselwirkung zwischen den etwa 20 nm langen Köpfen der Myosinmoleküle und benachbarten Actinfilamenten. Myosinköpfe können an Actinuntereinheiten binden. Die Mysosine verfügen ebenfalls über ATPase-Aktivität. Bindet ATP an Myosin, so wird es hydrolytisch zu ADP gespalten und die frei werdende Energie führt zu einer Konformationsänderung der Myosinköpfe. Diese Konformationsänderung ähnelt einer Art Kippbewegung, wobei die Anordnung der Myosin- und Actinfilamente gerade so ist, dass die durch Myosin verbundenen Actinfilamente sich bei dieser **Konformationsänderung** aufeinander zu bewegen (Abb. 4.16).

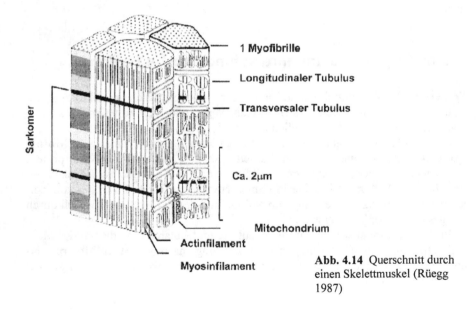

Abb. 4.14 Querschnitt durch einen Skelettmuskel (Rüegg 1987)

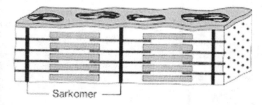

a

b

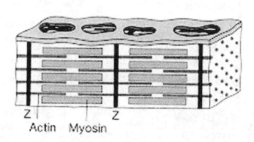

Abb. 4.15 a,b. Mechanismus der Muskelkontraktion: Im Ruhezustand des Muskels bilden die Myosinfilamente Brücken zwischen den dünneren Actinfilamenten (**a**). Im kontrahierten Muskel gleiten die Actinmoleküle über die Myosinmoleküle (**b**). Der molekulare Mechanismus dieser Bewegung ist in Abb. 4.16 dargestellt (Rüegg 1987)

Die Biomechanik befasst sich mit der Beschreibung von durch Muskelkraft erzeugten Bewegungen. Bewegungen von Tieren lassen sich mit Hilfe der klassischen Mechanik verstehen. Mit ihr lassen sich solche Fragen klären, wie z.B. ein Vogel fliegt oder ein Fisch schwimmt. Auf diese Probleme soll hier nicht weiter eingegangen werden; wer sich dafür interessiert, findet eine Behandlung z.B. bei Nachtigall 1978 oder Fung 1993.

Im Folgenden wollen wir uns mit der Frage beschäftigen, wie man die Kräfte zwischen Actin und Myosin auf molekularer Ebene messen kann. Für makroskopische Messungen benötigt man einen Kraftsensor. Natürlich brauchen auch wir einen Kraftsensor, der extrem kleine Kräfte messen kann. Einen solchen Sensor, das Kraftmikroskop, haben wir schon kennen gelernt. Im folgenden Kapitel wollen wir einen anderen Kraftsensor kennen lernen, der auch dazu benutzt werden kann, um Zellen und andere Objekte im Mikrometerbereich zu fixieren. Diese Geräte nennt man optische Pinzetten (engl. *optical tweezers*).

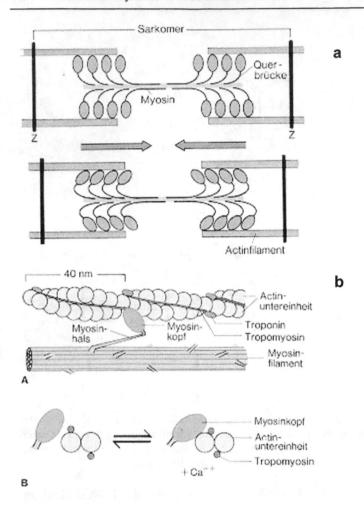

Abb. 4.16 a,b. Der molekulare Mechanismus der Muskelkontraktion: Die Myosinköpfe ändern ihre Konformation und gleiten dabei über die Actinfilamente (**a**). Die Myosinköpfe können nur dann an die Actinuntereinheiten binden, wenn der Bindungsplatz durch Ca^{2+}-Bindung freigegeben ist (**b**) (Rüegg 1987)

4.4.2 Optische Pinzetten: Dipolfallen für Atome, Proteine und ganze Zellen

Licht ist Träger von Impuls und Energie. Das bedeutet, dass Licht auch Kräfte auf Materie ausüben kann. Diese Tatsache ist übrigens schon seit dem 17. Jahrhundert bekannt. Damals erklärte J. Kepler die Tatsache, dass der Schweif eines Kometen immer von der Sonne weg gerichtet ist, mit einer Kraft, die das Sonnenlicht auf die Gasatome des Kometen ausüben muss. Mitte der siebziger Jahre schlug Arthur Ashkin von den Bell Labs vor, diese Kraft auszunutzen, um neutrale Teilchen und sogar Atome mit Hilfe von Laserlicht einzufangen und so manipulieren zu können. Diese Arbeiten stießen (übrigens mehr oder weniger durch Zufall) eine Entwicklung an, die mit dem Einschluss und der Beobachtung eines einzelnen Natriumatoms in einer Lichtfalle 1987 durch die Gruppe von Chu noch lange nicht ihren Höhepunkt erreichte (Chu 1998). Heutzutage fängt und manipuliert man mit Hilfe von Licht nicht nur Atome, sondern auch Biomoleküle wie DNA oder gar noch komplexere Strukturen wie Viren oder ganze Zellen. Für ihre Arbeiten auf diesem Gebiet erhielten Chu, Cohen-Tannoudji und Phillips 1997 den Nobelpreis in Physik.

Wie fängt man nun nicht geladene Objekte in einer optischen Falle ein? Zuerst müssen wir 2 Arten von Kräften, die Licht auf Materie ausüben, unterscheiden (Greulich 1999; Weidemüller u. Grimm 1999):

Die Streukraft (scattering-force)

Die Streukraft ist am besten an Hand des Teilchenbildes des Lichts zu verstehen: Ein Photon trifft auf ein Atom und wird absorbiert. Das Atom geht vom Grundzustand in den ersten angeregten Zustand über, dieser zerfällt dann unter Aussendung eines weiteren Photons. In der Sprache der Physik spricht man von inkohärenter Streuung (klassisch beschrieben durch den komplexen Anteil des Brechungsindexes). Für einen solchen Streuprozess ist der Betrag der Streukraft $|\vec{F}_S|$ proportional zur Lichtintensität I. Es gilt also:

$$\left|\vec{F}_S\right| \sim I \tag{4.10}$$

Gäbe es nur die Streukraft, so wäre es nicht möglich, eine optische Pinzette zu bauen. Wir benötigen dazu eine weitere Kraft.

Die Dipolkraft (dipole-force)

Zur Erklärung der Dipolkraft bedienen wir uns des Wellenbildes des Lichts: Das elektrische Feld des Lichts induziert bei Durchgang durch ein dielektrisches Objekt ein elektrisches Dipolmoment (durch Verschiebung der Elektronenhülle), das wiederum mit dem elektrischen Feld des Lichts wechselwirkt (Die Kraft auf einen magnetierbaren Schraubenschlüssel im inhomogenen Magnetfeld eines starken NMR-Magneten ist eine analoge Situation). Ein solcher Streuprozess wird kohärente Streuung genannt (klassisch beschrieben durch den komplexen Anteil des Brechungsindex).

Der Betrag der Dipolkraft $|\vec{F}_D|$ ist proportional zur Polarisierbarkeit α des Mediums, durch das das Licht durchtritt. $|\vec{F}_D|$ ist ebenfalls proportional zum Gradienten der Intensität des Lichts. Es gilt also:

$$\left| \vec{F}_D \right| \sim \left| \alpha \cdot \vec{\nabla} I \right| \tag{4.11}$$

Wie wird ein Intensitätsgradient von Licht erzeugt? Wird eine Sammellinse in einen parallelen Lichtstrahl gebracht, so treffen sich die Lichtstrahlen im Brennpunkt. Hier herrscht also ein Ort hoher Lichtintensität, die abnimmt, je weiter man sich vom Brennpunkt entfernt. Die Ableitung der Intensität nach dem Ort (und damit der Gradient von I) ist von null verschieden. Benutzen wir nun fokussierte Laserstrahlen, so werden sehr hohe Intensitätsgradienten und damit hohe Dipolkräfte erzeugt. Sind diese Dipolkräfte größer als die Streukräfte, so ist es möglich, mit Hilfe von Intensitätsgradienten einen Lichtkäfig durch Fokussierung von Laserstrahlen zu erzeugen.

Mit solchen optischen Pinzetten lassen sich sogar einzelne neutrale Atome einfangen (Chu 1998), eine Technik, die in atomphysikalischen Labors weitgehend Routine geworden ist. Aber auch das Einfangen von Quarzkügelchen oder Polysterenekugeln (Durchmesser von 25 nm bis zu 1 μm) in Wasser ist möglich und zwar bei Raumtemperatur. Hierzu benutzt man einen fokussierten Laserstrahl und beobachtet das gefangene Objekt in einem Mikroskop. Das Auftreten von Kräften kann gemäß Abb. 4.17 und 4.18 erklärt werden.

Kurz nach dem Nachweis eines einzelnen Na-Atoms durch Chu et al. begann Art Ashkin Viren im Laserfokus einzufangen und dies mit Hilfe von Streuexperimenten nachzuweisen. Er konnte erstmals einen Tabakmosaikvirus in einer einfachen Lichtfalle fangen, bemerkte aber bald, dass sich auch andere viel größere Objekte in seiner Lösung befanden (Ashkin 1997). Er hatte Bakterien gezüchtet und konnte auch diese im Laserfokus nicht nur fangen, sondern auch unter dem Mikroskop beobachten und mit der optischen Pinzette manipulieren: Einzelne Organellen ließen sich fixieren, während das Bakterium versuchte, aus dem Fokus zu entkommen. Schaltete er den Laser ab, so schwamm das Bakterium unversehrt davon.

Heute sind **optische Pinzetten** bereits kommerziell erhältlich. Typische Geräte bestehen aus einem Laser, dessen Strahl über eine Optik in ein inverses Lichtmikroskop geleitet wird. Dort befindet sich ein halbdurchlässiger Spiegel im Strahlengang, der den Laserstrahl in Richtung des Mikroskopobjektivs umlenkt. Das Objektiv des Mikroskops hat also zwei Funktionen: Es erzeugt ein Bild vom zu untersuchenden Objekt und bündelt den Laserstrahl zu einer optischen Pinzette. Optische Pinzetten werden heute für eine Vielzahl von Untersuchungen eingesetzt (Greulich 1999): Hierzu zählen die mechanischen Eigenschaften von DNA, Elastizitätsmessungen bei der Entfaltung von Titin, die zerstörungsfreie Manipulation im Inneren von Zellen und nicht zuletzt die Messung von durch **Motorproteinen** ausgeübten Kräften.

4.4.3 Messung von Kräften einzelner Motorproteine

Finer et al. (1994) fixierten an den Enden von Titinfilamenten Latexkugeln mit einem Durchmesser von einem Mikrometer, die mit je einer optischen Pinzette unter dem Mikroskop fixiert wurden (Abb. 4.19). Mysoinmoleküle wurden ebenfalls chemisch auf eine ca. einen Mikrometer große Silicakugel fixiert. Die Silicakugeln befinden sich auf einem Objektträger für die Lichtmikroskopie. Dies diente dazu, Wechselwirkungen mit anderen Myosinmolekülen zu minimieren. Ein elektronisches Rückkopplungssystem ermöglicht es, die auftretenden Kräfte zu messen: Die Position der beiden Latexkugeln in der optischen Falle wird fixiert. Spürt das Actinfilament und damit die Latexkugeln der optischen Pinzette durch Wechselwirkung mit den Myosinköpfen eine Kraft, so bewegen sich die Latexkugeln aus dem Mikrofokus der optischen Pinzette. Für Bewegungen bis ca. 200 nm vom Mikrofocus entfernt ist die Entfernung x proportional zur Kraft F, die auf die Latexkugel wirkt. Mit dem Hookschen Gesetz ist es also möglich, Kräfte wie auch Verrückungen zu messen.

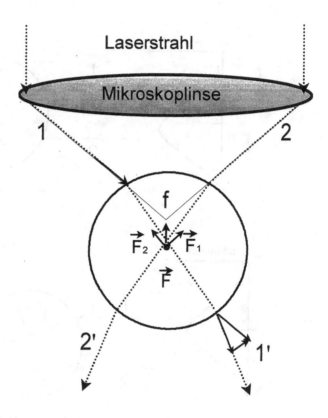

Abb. 4.17. Stabilisierung einer Latexkugel im Brennpunkt der Objektivlinse eines Lichtmikroskops. Durch die Brechung der Lichtstrahlen 1 und 2 treten die Kräfte F_1 und F_2 auf. Die resultierende Kraft $\vec{F}$ greift am Schwerpunkt, dem Mittelpunkt der Kugel, an und zieht sie in Richtung des Brennpunkts f (nach Greulich 1999)

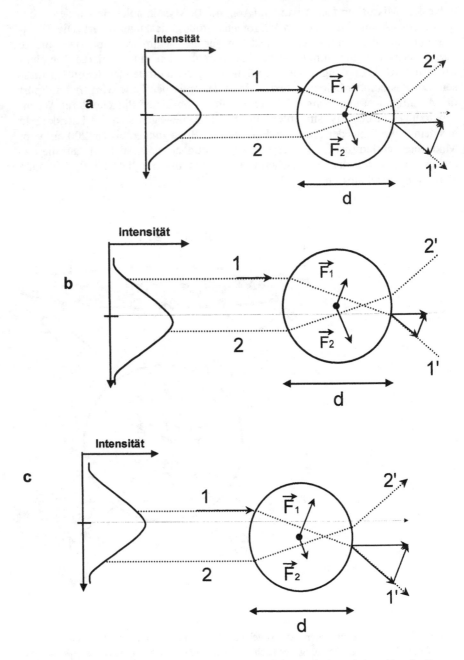

Abb. 4.18 a-c. Stabilisierung einer Latexkugel auf der optischen Achse. Durch die Brechung der Lichtstrahlen 1 und 2 treten die Kräfte $\vec{F}_1$ und $\vec{F}_2$ auf. Befindet sich der Mittelpunkt der Kugel auf der optischen Achse, so gilt für die Intensitäten $I_1=I_2$ und damit $|\vec{F}_1|=|\vec{F}_2|$ (a). Liegt der Mittelpunkt der Kugel nicht auf der optischen Achse, so gilt $I_1<I_2$ und damit folgt $|\vec{F}_1|<|\vec{F}_2|$ (b). Die Kugel wird also zur optischen Achse hin angezogen. In (c) ist die Situation für $I_1>I_2$ gezeigt

Um solch einen **Kraftsensor** zu eichen, wurde die Reibungskraft einer Kugel mit dem Durchmesser $d=2r$ in einem fließenden Medium der Viskosität η_R ausgenutzt. Der Betrag der Reibungskraft $|\vec{F}_R|$ ist gemäß dem Stokeschen Gesetz dem Betrag der Geschwindigkeit der Flüssigkeit $|\vec{v}|$ proportional:

$$|\vec{F}_R| = 6\pi r \eta_R |\vec{v}| \qquad (4.12)$$

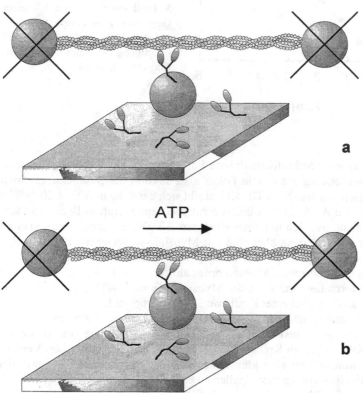

Abb. 4.19 a,b. Zwei optische Pinzetten (gekennzeichnet durch **X**) fixieren zwei Latexkugeln und spannen ein mit den Kugeln verbundenes Actinmolekül **(a)**. Das Actinmolekül wird mit einem auf einer Silicakugel fixierten Myosinmolekül in Kontakt gebracht. Bei ATP-Zugabe verschieben die Myosinköpfe das Actinmolekül. Dies bewirkt eine Verschiebung der Latexkugeln aus den Fokussen der optischen Pinzetten **(b)**. Aus der Verschiebung wird mit Hilfe des Hookschen Gesetzes die Kraft bestimmt (nach Finer et al. 1994, mit freundlicher Genehmigung von Nature, © Macmillan Magazines Limited)

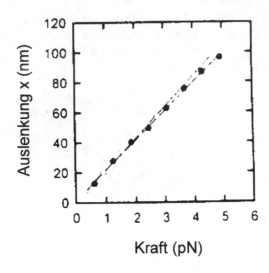

Abb. 4.20. Die Auslenkung aus dem Mikrofokus x ist der wirkenden Kraft proportional. Die Strömung der Flüssigkeit wurde durch Translation des Mikroskopiertisches mit definierter Geschwindigkeit v erzeugt (nach Finer et al. 1994, mit freundlicher Genehmigung von Nature, © Macmillan Magazines Limited)

Befindet sich eine im Mikrofokus fixierte Latexkugel in einem Flüssigkeitsstrom, so kann die Auslenkung x aus dem Fokus als Funktion der Strömungsgeschwindigkeit gemessen werden. Nach Gl. 4.12 ergibt sich dann die in Abb. 4.20 gezeigte Eichkurve, die die Auslenkung x und die entsprechende Kraft in Beziehung setzt. Die Actinfilamente wurden mit einer Kraft von ~2 pN gespannt. Bringt man nun das gespannte Actinfilament über eine mit Myosinkopf versehene Silicakugel, so lassen sich die Kräfte und die Verrückungen vermessen, die bei der Konformationsänderung eines einzelnen Myosinkopfes auftreten. So konnte gezeigt werden, dass eine Konformationsänderung der Myosinköpfe nach ATP-Zugabe eine Verrückung von ca. 11 nm bei einer Kraft von 3,5 pN verursacht.

Optische Pinzetten haben inzwischen ebenfalls ein breites Anwendungsspektrum in medizinischen Anwendungen wie z.B. der Untersuchung von Andockvorgängen von Killerzellen an Krebszellen gefunden. Ebenfalls sind schon Versuche durchgeführt worden, um eine künstliche Befruchtung von Eizellen unter dem Mikroskop mit Hilfe von Laserskalpellen zu erreichen (Greulich 1999).

Zusammenfassend lässt sich sagen, dass die Entwicklung von optischen Pinzetten ein typisches Beispiel dafür ist, wie Entwicklungen auf einem an sich esoterischen physikalischen Forschungsgebiet einen großen Einfluss auf ganz andere Anwendungen z.B. in der Biologie und der Medizin haben können.

4.5 Im atomaren und subatomaren Größenbereich muss die Quantenmechanik zur Beschreibung von Prozessen herangezogen werden

Am Ende des 19. Jahrhunderts bestand die Meinung, dass „...die künftige Arbeit (in der Physik) nur noch darin besteht, an bereits bekannte Ergebnisse weitere Dezimalstellen anzufügen...". Man glaubte, dass alle mechanischen Phänomene in der Natur durch die Newtonschen Gleichungen und alle elektromagnetischen Phänomene durch die Maxwellschen Gleichungen beschrieben werden könnten.

Wäre die Physik auf diesem Stand stehen geblieben, würde man heute die chemischen Bindungen zwischen Molekülen nicht verstehen können. Der Begriff Orbital wäre unbekannt, und man könnte sich viele biochemische Reaktionen nicht erklären. Auch Elektronentransferreaktionen innerhalb von Proteinen bzw. Proteinkomplexen wie z.B. während der Photosynthese oder der Zellatmung wären völlig unverstanden. Es gäbe auch keine Elektronenmikroskopie, die in höchster Auflösung nur funktioniert, wenn man die Welleneigenschaften der Elektronen nutzt. Auch die grundlegenden Phänomene spektroskopischer Methoden, wie die Absorption von Lichtquanten, müssen oft quantenmechanisch beschrieben werden. Aus diesem Grund wollen wir uns im Folgenden einer elementaren Einführung in die **Quantenmechanik** widmen.

4.5.1 Energie kommt in Portionen vor, den Energiequanten

Die Grenzen der klassischen Physik mahnte Lord Kelvin in einer Rede an der Universität Glasgow an: „Das Gebäude der Physik erscheint vollkommen harmonisch und im Wesentlichen vollendet. Nur am Horizont sehe ich 2 dunkle Wolken".

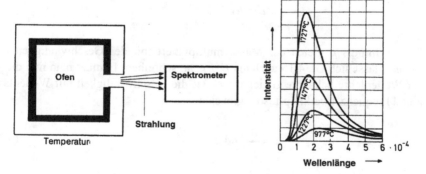

Abb. 4.21 a,b. Ein schwarzer Strahler ist im Prinzip ein Ofen mit einem kleinen Loch, das es ermöglicht, das vom Ofeninnere emittierte Licht zu analysieren, ohne den Innenraum zu beeinflussen (**a**). Die Energiedichte eines schwarzen Strahlers bei 977, 1227, 1477 und 1727 °C als Funktion der Wellenlänge ist in (**b**) gezeigt (Haken u. Wolf 2000)

Die erste Wolke war der Versuch von Micholson und Morley (s. z.B. Meschede 2002). Deren Versuch, die Geschwindigkeit der Erde relativ zu einem damals allgemein anerkannten Bezugssystems (dem Äther) zu bestimmen, schlug fehl und zeigte die Konstanz der Lichtgeschwindigkeit im Vakuum. Dies veranlasste Albert Einstein zur Entwicklung der Relativitätstheorie.

Die zweite Wolke war die so genannte Ultraviolettkatastrophe des Raleigh-Jeanschen Strahlungsgesetzes. Dabei ging es darum, die spektrale Energiedichte eines schwarzen Strahlers (Abb. 4.21) zu bestimmen. Max Planck löste dieses Problem 1905 mit einem revolutionärem Ansatz: Er postulierte die Existenz von Lichtteilchen, deren Energie E proportional zur Frequenz des Lichts ν ist.

$$E = h \cdot \nu. \tag{4.13}$$

Die Proportionalitätskonstante h=6,62·10^{-34} Js wird als **Plancksches Wirkungsquantum** bezeichnet.

4.5.2 Die Welleneigenschaft der Materie

De Broglie schlug 1924 in seiner Dissertation vor, dass Materie (z.B. ein Teilchen der Masse m) auch Wellencharakter haben kann. Hierzu benutzte er die Beziehung

$$E = mc^2. \tag{4.14}$$

Gleichsetzen von Gl. 4.13 und 4.14 ergibt für die Energie

$$E = h\nu = mc^2. \tag{4.15}$$

Da der Impuls p gleich der Masse multipliziert mit der Geschwindigkeit c ist ($p=mc$), lässt sich Gl. 4.15 auch als $E=h\nu=pc$ schreiben. Benutzt man nun die aus der Wellenlehre bekannte Gleichung $c=\lambda\nu$, die Geschwindigkeit mit Wellenlänge λ und Frequenz ν verknüpft, so ergibt sich

$$\lambda = \frac{h}{p} \quad \text{oder} \quad p = \frac{h}{\lambda}. \tag{4.16}$$

Gleichung 4.16 ordnet einem Impuls p auch eine Wellenlänge λ zu. Diese Welleneigenschaft macht sich erst im Mikrokosmos bemerkbar. So wie man zwei kohärente Lichtstrahlen zur Interferenz bringen und dieses Muster auf einer Filmplatte abbilden kann, ist es sogar möglich, Heliumatome im Vakuum durch elektrostatische Felder so zu überlagern, dass sich auf einer Detektorplatte Interferenzmuster zeigen (Abb. 4.22). Diese Eigenschaft von Materie hat man sich in der Transmissionselektronenmikroskopie zu Nutze gemacht (s. Kap. 5.3). Auch die Strukturanalyse von Biomolekülen mit Hilfe von Neutronenstrahlung nutzt die Welleneigenschaft von Materie, eben der Neutronen (Winter u. Noll 1998).

4.5.3 Der Begriff der Wellenfunktion

Die Tatsache, dass Materie Teilchen und Welleneigenschaften haben soll, erscheint widersprüchlich. In der Tat müssen wir uns von der makroskopischen An-

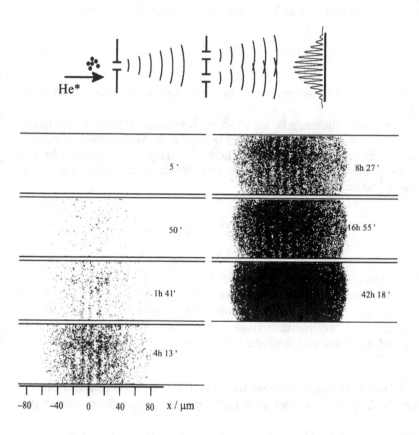

Abb. 4.22. Ein durch Heliumatome erzeugtes Interferenzmuster belegt die Welleneigenschaft von Materie (aus Haken u. Wolf 2000). Ebenfalls dokumentiert sich eindrucksvoll die Teilcheneigenschaft der Atome: Die Punkte in der Aufnahme nach 50 min sind die Auftreffpunkte einzelner Atome, nach 1h 41min sind schon deutlich Interferenzmuster zu erkennen

schaulichkeit unseres Alltags verabschieden. Ein Elektron ist eben weder ein Teilchen noch eine Welle. Es ist „etwas", was beide klassischen Eigenschaften enthält. In der Literatur wird dies mit dem Begriff **„Welle-Teilchen-Dualismus"** bezeichnet. Der „Welle-Teilchen-Dualismus" hat weitreichende Konsequenzen, denn der Aufenthaltsort $\vec{r}$ eines Elektrons ist nicht mehr 100prozentig bestimmbar. In der Quantenmechanik wurde deshalb von Erwin Schrödinger eine Funktion $\psi(\vec{r})$ eingeführt, die er **Wellenfunktion** $\psi(\vec{r})$ nannte. Diese ist im Allgemeinen eine komplexe Funktion und ist keine physikalisch messbare Größe

Eine messbare Größe ist allerdings das Betragsquadrat der Wellenfunktion. Die Größe $|\psi(\vec{r})|^2$ multipliziert mit dem Volumenelement dV ist nämlich die Wahrscheinlichkeit w, ein Elektron im Volumenelement dV am Ort $\vec{r}$ zu finden:

$$w(\vec{r}) = |\psi(\vec{r})|^2 \, dV. \tag{4.17}$$

Damit bekommt $|\psi(\vec{r})|^2$ eine physikalische Bedeutung, es ist eine **Wahrscheinlichkeitsdichte**.

Falls wir nur ein Teilchen, z.B. ein Elektron, betrachten, führt diese Interpretation unmittelbar auf die **Normierungsbedingung** für die Wellenfunktion des entsprechenden Teilchens. Wir wissen, dass das Elektron irgendwo im Raum ist. Das bedeutet, die Wahrscheinlichkeit es im gesamten Raum zu finden ist eins. In Formeln ausgedrückt bedeutet dies

$$\int_{-\infty}^{+\infty} w(\vec{r}) \cdot dV = \int_{-\infty}^{+\infty} |\psi(\vec{r})|^2 \, dV = 1. \tag{4.18}$$

Multipliziert man die Wahrscheinlichkeitsdichte $|\psi(\vec{r})|^2$ mit der Ladung des Elektrons e, so erhält man die **Ladungsdichteverteilung** $\rho(\vec{r})=e|\psi(\vec{r})|^2$. Diese Größe ist genau die Messgröße, die bei der Röntgenkristallographie bestimmt wird (s. Kap. 5.5). Bei der Proteinkristallographie mit Röntgenstrahlung wird also die räumliche Ladungsdichte und damit die Struktur des Proteins bestimmt.

4.5.4 Die Heisenbergschen Unschärfe-Relationen: Ort und Impuls sowie Energie und Zeit sind nicht gleichzeitig scharf messbar

In der klassischen Physik können wir Ort und Impuls eines Teilchens gleichzeitig messen, wenn unsere Messapparatur nur genau genug ist. Aufgrund des Welle-Teilchen-Dualismus ist dies in der Quantenmechanik nicht möglich. Bezeichnen wir die Ortsunschärfe mit Δx und die Impulsunschärfe mit Δp_x, so gilt nach Heisenberg

$$\Delta x \cdot \Delta p_x \geq h. \tag{4.19}$$

Wir können also den Ort eines Teilchens genau bestimmen $(\Delta x=0)$, wie es z.B. im Interferenzversuch an Heliumatomen in Abb. 4.22 gezeigt worden ist. Der Impuls ist dann aber nicht zu bestimmen, denn das Produkt $\Delta x \cdot \Delta p_x$ muss immer größer gleich h sein.

Für die Energieunschärfe ΔE und die Zeitunschärfe Δt gilt analog zu Gl. 4.19

$$\Delta E \cdot \Delta t \geq h. \tag{4.20}$$

Diese Gleichung ist für spektroskopische Methoden sehr wichtig, denn durch die Lebensdauer Δt eines angeregten Zustands, der für die jeweilige Methode entscheidend ist, ist die Energieauflösung ΔE der spektroskopischen Methode durch Gl. 4.20 bestimmt.

4.5.5 Klassische Größen wie Ort, Impuls und Energie werden in der Quantenmechanik zu Operatoren und dienen zur Berechnung von Erwartungswerten

Operatoren und Eigenwerte

Wir müssen also den Begriff des eindeutig bestimmbaren Orts eines Teilchens in der Quantenmechanik aufgeben. In der Quantenmechanik werden nun beobachtbare Größen (auch **Observable** genannt) wie Ort, Impuls und Energie berechnet, indem man **Operatoren**, die diese physikalischen Größen repräsentieren, auf die Wellenfunktion eines Systems anwendet. Die Anwendung von Operatoren auf die Wellenfunktion ergibt **Eigenwerte** der physikalischen Größe, die durch den jeweiligen Operator repräsentiert wird.

Für uns sind solche Operatoren einfach Ausdrücke, mit denen man die Wellenfunktion multipliziert oder nach denen man die Wellenfunktion differenziert. Um die folgende Mathematik möglichst einfach zu halten, betrachten wir nur eine Dimension, d.h. wir ersetzen den Ortsvektor $\vec{r}$ durch die Ortskoordinate x. Unsere Wellenfunktion lautet also jetzt $\psi(x)$.

Den Ortsoperator in einer Dimension haben wir schon kennen gelernt. Es ist nämlich x selbst. Um zu kennzeichnen, dass es sich um einen Ortsoperator handelt, wird dieser mit $\hat{x}$ bezeichnet. Die Anwendung des Operators auf $\psi(x)$ liefert den Eigenwert des Operators multipliziert mit $\psi(x)$. In Formeln ausgedrückt:

$$\hat{x}\psi(x) = x\psi(x). \tag{4.21}$$

x wird Eigenwert des Operators $\hat{x}$ genannt. Führen wir eine Ortsmessung durch, so messen wir jedes Mal eine Größe x und damit Eigenwerte von $\hat{x}$. Eigenwerte sind also mögliche Messwerte einer physikalischen Größe.

Der Impulsoperator ist nicht so anschaulich wie der Ortsoperator: Es ist die Ableitung nach dem Ort x multipliziert mit der Konstanten $\hbar/i$, wobei i die imaginäre Einheit ($i^2=-1$) ist:

$$\hat{p}_x = \frac{\hbar}{i}\frac{d}{dx}. \tag{4.22}$$

Die Anwendung des Impulsoperators auf $\psi(x)$ ergibt den Eigenwert p_x des Impulsoperators multipliziert mit $\psi(x)$, dieser Eigenwert wiederum ist eine messbare Größe:

$$\frac{\hbar}{i}\frac{d}{dx}\psi(x) = p_x\psi(x). \tag{4.23}$$

Erwartungswerte

Die Anwendung von quantenmechanischen Operatoren auf $\psi(x)$ liefert also Eigenwerte dieser Operatoren. Diese Eigenwerte sind physikalisch beobachtbar. Aufgrund der statistischen Natur der Wellenfunktion sind unter Umständen unendlich viele Eigenwerte, z.B. unendlich viele Orte x im Prinzip beobachtbar (siehe Abb. 4.23). Wir müssen also eine Messung viele Male wiederholen, um z.B. den Ort eines Elektrons näher einzugrenzen. Wir können nach Gl. 4.17 angeben, mit welcher Wahrscheinlichkeit damit zu rechnen ist, ein Elektron an einem Ort x zu finden. Wir können auch den Mittelwert des Orts $\bar{x}$ angeben. Dieser wird dann als **Erwartungswert** des Ortsoperators $\hat{x}$ bezeichnet:

In der Statistik ist der Erwartungswert einer Größe definiert als die Summe aller Messwerte multipliziert mit der Wahrscheinlichkeit, dass der entsprechende Wert gemessen wird. Wir kennen die Wahrscheinlichkeit dafür, ein Elektron an einem Ort x zu finden. Sie ist laut Gl. 4.17:

$$w(x) = |\psi(x)|^2 dx. \tag{4.24}$$

Wir müssen also Gl. 4.24 mit x multiplizieren und dann über die gesamte x-Achse integrieren. Es ergibt sich

$$\bar{x} = \int_{-\infty}^{+\infty}\hat{x}|\psi(x)|^2 dx. \tag{4.25}$$

Da die Wellenfunktion $\psi(x)$ auch komplex sein kann, können wir mit der konjugiert komplexen Funktion $\psi^*(x)$ auch schreiben

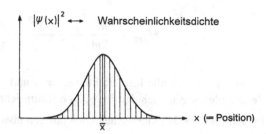

Abb. 4.23. Ergebnis von vielen Ortsmessungen eines Teilchens, das durch die Wellenfunktion $\psi(x)$ repräsentiert wird. Jeder Balken entspricht der relativen Häufigkeit, dass das Elektron am Ort x, also den erlaubten Eigenwerten, gemessen wurde. Der Erwartungswert $\bar{x}$ entspricht dem Schwerpunkt der beobachteten Ortsverteilung (nach Haken u. Wolf 2000)

$$\bar{x} = \int\limits_{-\infty}^{+\infty} \psi^*(x)\hat{x}\psi(x)dx. \tag{4.26}$$

4.5.6 Die Schrödinger-Gleichung ersetzt die Newtonschen Gleichungen im Mikrokosmos

Wie kann man nun die Energie eines quantenmechanischen Systems berechnen? Der Operator, dessen Anwendung auf $\psi(\vec{r})$ unsere gesuchten Energieeigenwerte liefert, ist der Hamilton-Operator $\hat{H}$. In der klassischen Mechanik ist die Gesamtenergie E eines Systems die Summe aus kinetischer Energie E_K und potentieller Energie E_p:

$$E = E_{kin} + E_p. \tag{4.27}$$

Für $\hat{H}$ gilt in diesem Fall entsprechend der Gleichung 4.27:

$$\hat{H} = \hat{H}_{kin} + \hat{H}_p. \tag{4.28}$$

$\hat{H}_{kin}$ ist der Hamilton-Operator für die kinetsche Energie und ist gegeben durch[1]:

$$\hat{H}_{kin} = -\frac{\hbar^2}{2m}\left(\frac{\partial^2}{\partial x^2} + \frac{\partial^2}{\partial y^2} + \frac{\partial^2}{\partial z^2}\right). \tag{4.29}$$

Da in diesem Fall alle Raumrichtungen x, y und z berücksichtigt sind, werden partielle Ableitungen nach den jeweiligen Raumrichtungen (z.B. $\frac{\partial}{\partial x}$) eingeführt. $\hat{H}_p$ kann direkt aus den klassischen Gleichungen übernommen werden:

$$\hat{H}_p = E_p(\vec{r}). \tag{4.30}$$

$\hat{H}$ muss also auf die Wellenfunktion angewendet werden. Die Anwendung auf die Wellenfunktion $\psi(\vec{r})$ ergibt die Schrödinger-Gleichung in nichtrelativistischer und zeitunabhängiger Form:

$$\hat{H}\psi(\vec{r}) = E\psi(\vec{r}) \tag{4.31}$$

oder

$$-\frac{\hbar^2}{2m}\left(\frac{\partial^2\psi(\vec{r})}{\partial x^2} + \frac{\partial^2\psi(\vec{r})}{\partial y^2} + \frac{\partial^2\psi(\vec{r})}{\partial z^2}\right) + E_p(\vec{r})\psi(\vec{r}) = E\psi(\vec{r}). \tag{4.32}$$

4.5.7 Die Lösung der Schrödinger-Gleichung für Atome führt auf den Begriff der Elektronenorbitale

Erst die Lösung der Schrödinger-Gleichung für ein Wasserstoffatom führt auf den Begriff der Orbitale. Aus diesem Grund wollen wir hier den Lösungsweg kurz skizzieren. Für eine genaue Ableitung sei auf Quantenmechanik-Lehrbücher (Haken u. Wolf 2000; Schwabl 1993) verwiesen. Den Hamilton-Operator für die kinetische Energie des Elektrons kennen wir schon (Gl. 4.29). Die Frage ist nun: Wie lautet in diesem Fall der Hamilton-Operator der potentiellen Energie $\hat{H}_p = E_p(\vec{r})$ für das Wasserstoffatom? Es ist die potentielle Energie eines Elektrons mit der Ladung e und der Masse m_e in einem elektrischen Feld, hervorgerufen durch ein Proton. $E_p(\vec{r})$ ist also durch Gl. 2.2 gegeben, und wir können nun die Schrödinger-Gleichung für ein Wasserstoffatom aufstellen:

---

[1] Wie betrachten hier nur stationäre Phänomene und damit zeitunabhängige Wellenfunktionen $\psi(\vec{r})$.

$$-\frac{\hbar^2}{2m_e}\left(\frac{\partial^2}{\partial x^2}+\frac{\partial^2}{\partial y^2}+\frac{\partial^2}{\partial z^2}\right)\psi(\vec{r})-\frac{e^2}{4\pi\varepsilon_0 r}\psi(\vec{r})=E\psi(\vec{r}) \qquad (4.33)$$

Um Gl. 4.33 zu lösen, werden die kartesischen Koordinaten x,y,z durch die Kugel-koordinaten r, θ, φ ersetzt. Dieser Trick nutzt die Kugelsymmetrie des Potentials. So lassen sich radialer Anteil und Winkelanteil entkoppeln. Deshalb lässt sich die Lösung als Produkt aus einer nur vom Abstand r abhängenden Funktion und einer Funktion in Abhängigkeit von den Winkeln θ und φ darstellen:

$$\psi_{n,l,m_l}(\vec{r})=\psi_{n,l,m_l}(r,\theta,\phi)=R_{n,l}(r)\cdot Y_{l,m_l}(\theta,\phi). \qquad (4.34)$$

Die Wellenfunktionen ergeben sich als Produkte der Radialwellenanteile $R_{n,l}(r)$, die nur von r abhängig sind, und der winkelabhängigen Anteile $Y_{l,m_l}(\theta,\varphi)$, auch Kugelflächenfunktionen genannt, die nur von der Richtung im Raum abhängen. Diese Funktionen sind im Anhang tabelliert. Die Indizes n, l, und m_l sind ganze Zahlen mit

$$\begin{aligned} n &= 1,2,3,4.... \\ l &= 1,2,3...n-1. \\ m_l &= -l,(-l+1)..(l-1),l. \end{aligned} \qquad (4.35)$$

Die ganze Zahl n wird **energetische Quantenzahl** oder auch **Hauptquantenzahl** genannt. Aus Gründen, die im folgenden Kapitel näher erläutert werden, wird l die **Bahndrehimpulsquantenzahl** und m_l die **magnetische Quantenzahl** genannt. Ein wesentlicher Aspekt der Lösung dieser Gleichung ist, dass nur ganz bestimmte diskrete Wellenfunktionen $\psi_{n,l,m_l}(\vec{r})$ existieren. Da zu jeder Wellenfunktion $\psi_{n,l,m_l}(\vec{r})$ laut Gl. 4.31 auch ein **Energieeigenwert** E_{n,l,m_l} existiert, kann das E-lektron nur diskrete Energien besitzen. Durch Einsetzen der Lösungen 4.34 in die Schrödinger-Gleichung für das Wasserstoffatom 4.33 erhält man diese Energieei-genwerte. Die Rechnung ist langwierig und wir geben hier nur das Ergebnis an:

$$E_n = \frac{m_e e^4}{2\hbar^2(4\pi\varepsilon_0)^2 n^2}. \qquad (4.36)$$

Nun fällt auf, dass die Energie nur von der ganzen Zahl n, aber nicht von den Quantenzahlen l und m_l abhängt. Dies bedeutet, dass zwei Wellenfunktionen $\psi_{n,l,m_l}(\vec{r})$, die die gleiche Hauptquantenzahl n besitzen, aber unterschiedliche Bahndrehimpulsquantenzahlen l und magnetische Quantenzahlen m_l aufweisen, dieselbe Energie (nämlich E_n) besitzen. Solche Wellenfunktionen oder auch Zu-stände bezeichnet man als **entartet**.

Die Abb. 4.24a zeigt die graphische Darstellung der Winkelfunktion $Y_{n=1,l=0,m_l=0}(\Theta,\Phi)$. Man erkennt die radialsymmetrische Form eines s-Orbitals. Man muss allerdings beachten, dass die Elektronendichte $|\psi(\vec{r})|^2$ mit wachsendem Abstand exponentiell abfällt. Die aus der Chemie bekannten Orbitale repräsentieren also Wahrscheinlichkeitsdichten, die unmittelbar aus den Lösungen der Schrödinger-Gleichung für das Wasserstoffatom folgen. Die 2p-Orbitale entsprechen dann den Elektronendichten $|\psi_{n=2,l=1,m_l=\pm1,0}(\vec{r})|^2$ und die 3d-Orbitale den Elektronendichten $|\psi_{n=2,l=2,m_l=\pm2,\pm1,0}(\vec{r})|^2$.

Bedeutung der Quantenzahlen

Die oben eingeführten Quantenzahlen n, l, und m_l sind mit physikalischen Größen verknüpft. Wie oben schon erwähnt, wird die Quantenzahl n als energetische Quantenzahl bezeichnet. Sie beschreibt die Energie eines Elektrons in einem isolierten Atom. Gl. 4.36 macht diesen Zusammenhang unmittelbar deutlich. Die Quantenzahl l beschreibt den Bahndrehimpuls des Elektrons. Der messbare Betrag des Bahndrehimpulses ergibt sich durch

$$|\vec{L}| = \hbar\sqrt{l(l+1)}. \tag{4.37}$$

Da l nur ganze Zahlen annehmen kann, nimmt auch der Betrag des Bahndrehimpulses nur diskrete Werte an. Der Betrag des Bahndrehimpulses ist (wie die Energie) gequantelt. Auch die Richtung des Bahndrehimpulses darf nur bestimmte Orientierungen bezüglich einer ausgezeichneten Achse des Systems, die mit z-Achse oder Quantisierungsachse bezeichnet wird, einnehmen.

Solch eine Quantisierungsachse wird z.B. durch Anlegen eines Magnetfeldes oder durch den Einbau in ein Molekül erzeugt. Damit ist auch die z-Komponente des Drehimpulses L_z gequantelt (Abb. 4.25):

$$L_z = m_l \hbar \tag{4.38}$$

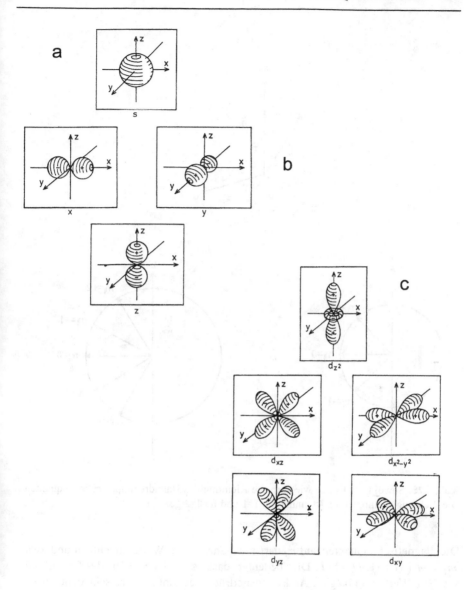

Abb. 4.24 a-c Winkelwellenfunktionen für s-Zustände **(a)**, l-Zustände **(b)** und für d-Zustände **(c)** (Hofacker 1978)

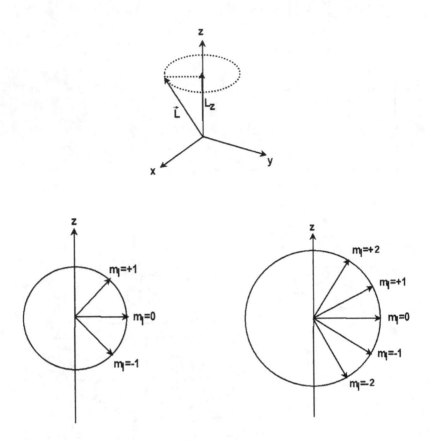

Abb. 4.25. Sowohl der Betrag wie auch die Richtung des Bahndrehimpulses ist gequantelt. Die Richtungsquantisierung ist einmal für l=1 und für l=2 gezeigt

Die magnetische Quantenzahl m_l darf nur ganzzahlige Werte annehmen und zwar $m_l = -l, (-l+1)...(l-1), l$. Dies bedeutet, dass es für jeden Wert des Drehimpulses $2l+1$ Werte von m_l gibt. Anders ausgedrückt, es gibt $2l+1$ verschiedene Orientierungen von $\vec{L}$ (Abb. 4.25).

4.5.8 Elektronen und Protonen besitzen ein magnetisches Moment, das durch den Spin verursacht wird

Wie der Bahndrehimpuls ist auch der Eigendrehimpuls oder Spin in der Quantenmechanik eine gequantelte Größe. Analog zur Gleichung 4.37 können wir für den Betrag des Eigendrehimpulses oder Spins schreiben:

$$\left|\vec{S}\right| = \hbar\sqrt{S(S+1)} \tag{4.39}$$

S ist die Spinquantenzahl. Für Elektronen gilt z.B. $S=1/2$, d.h. Elektronen besitzen immer einen Eigendrehimpuls. Allgemein gilt, dass S nur ganz- und halbzahlige Werte einnehmen kann. Wie die Richtung des Bahndrehimpulses ist auch die Richtung des Spins gequantelt. Es gilt Gl. 4.38 entsprechend

$$S_z = m_s\hbar \tag{4.40}$$

Befindet sich ein Elektron in einem magnetischen Feld $\vec{B}$, so gibt die Feldrichtung des Magnetfeldes die Quantisierungsachse vor. Analog wie für den Bahndrehimpuls gibt es auch für den Spin nur eine begrenzte Zahl an erlaubten Orientierungen $(2S+1)$. Der Spin $S=1/2$ des Elektrons hat also zwei mögliche Einstellungen $(m_S=\pm 1/2)$, parallel zur Richtung des Magnetfeldes $\vec{B}$ (man bezeichnet diese Stellung auch als *spin-up*) und antiparallel zur Richtung des Magnetfeldes (auch als *spin-down* bezeichnet) (Abb. 4.26).

Das magnetische Moment von Elektronen

Elektronen sind negativ geladen und besitzen einen Eigendrehimpuls. Bewegte Ladungen sind Quellen von magnetischen Feldern; wir können also geladenen Teilchen, die einen Eigendrehimpuls besitzen, ein magnetisches Moment $\vec{\mu}_S$ zuschreiben, das proportional zum Spin ist:

$$\vec{\mu}_s = -g_e\frac{e}{2m_e}\vec{S} = \frac{-g_e\mu_B\vec{S}}{\hbar}. \tag{4.41}$$

g_e besitzt für ein freies Elektron den Wert 2,0023. Die Konstante $\mu_B = e\hbar/(2m_e)$ wird das Bohrsche Magneton genannt. Mit $S_z = m_s\hbar$ folgt für die z-Komponente des magnetischen Moments:

$$\mu_{s_z} = -g_e m_s \mu_B. \tag{4.42}$$

Wenn magnetische Momente der Hüllenelektronen von mehreren Atomen sich parallel ordnen, so spricht man von ferromagnetischem Verhalten. Der Eigendrehimpuls der Elektronen ist also die eigentliche Ursache für die magnetischen Eigenschaften von festen Körpern. Wir kennen als Beispiel den Kompass, der sich parallel zum Erdmagnetfeld ausrichtet. Auch Vögel bedienen sich zur Orientierung kleiner magnetischer Partikel, die man in den Köpfen von Zugvögeln gefunden hat, und die sich im Erdmagnetfeld ausrichten können. Neueste Untersuchun-

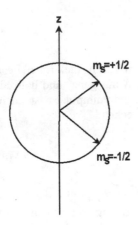

Abb. 4.26. Die zwei Orientierungen des Elektronenspins $S=1/2$: *spin-up* und *spin-down*

gen zeigen sogar, dass Zugvögel ihren inneren Kompass mit Hilfe des Sonnenstandes eichen (Mouritsen et al. 2004).

Kopplung von Drehimpulsen

Elektronen besitzen also einen Bahndrehimpuls und einen Eigendrehimpuls. Wie berechnet man nun den Gesamtdrehimpuls? Dazu addiert man die gequantelten Vektorgrößen $\vec{S}$ und $\vec{L}$ vektoriell zum Gesamtdrehimpuls $\vec{J}$:

$$\vec{J} = \vec{L} + \vec{S}. \tag{4.43}$$

Das gesamte magnetische Moment ergibt sich dementsprechend zu

$$\vec{\mu}_J = \vec{\mu}_l + \vec{\mu}_S = \frac{e}{2m_e}\left(\vec{L} + g_e\vec{S}\right) \tag{4.44}$$

Besetzung von Orbitalen

Wie werden nun Orbitale besetzt, wenn mehr als ein Elektron zugegen ist? Eine Grundregel ist das **Pauli-Prinzip**, das besagt:

> Die Quantenzahlen eines Systems von Elektronen (oder allgemein Fermionen, Teilchen mit halbzahligem Spin) dürfen nicht übereinstimmen.

Aus dieser Regel folgt unmittelbar, dass sich in einem Orbital, das durch die Quantenzahlen n, l, m_l definiert ist, nicht mehr als zwei Elektronen mit antiparalleler Spinrichtung aufhalten können. Gemäß den Additionsregeln für Drehimpulse ergibt sich also für jedes voll (oder doppelt) mit Elektronen besetzte Orbital ein Spin von null.

4.5.9 Der quantenmechanische Tunneleffekt erlaubt Elektronentransfer in und zwischen Proteinen

Klassisch kann ein Teilchen eine Energiebarriere ΔE nur dann überwinden, wenn dessen kinetische Energie E_{kin} größer als diese Energiebarriere ist. Dies gilt in der Quantenmechanik nicht mehr. Es gibt eine gewisse Wahrscheinlichkeit, diese Energiebarriere zu überwinden, oder man sagt zu durchtunneln (Abb.4.27). Nur bei einer unendlichen Energiebarriere ist die Wahrscheinlichkeit, diese Barriere zu durchtunneln, gleich null. Dieser Effekt spielt eine wichtige Rolle beim Elektronentransfer in Proteinen. In Kap. 3.3.3 wurde die Abstandsabhängigkeit des Elektronentransfers noch nicht betrachtet. Dazu müssen wir Gl. 3.79 modifizieren. Eine Erweiterung des klassischen von Marcus hergeleiteten Ausdrucks für die Transferrate k_{ET} lautet:

$$k_{ET} = \frac{4\pi^2}{h} T_{DA}^2 \cdot \frac{1}{\sqrt{4\pi\lambda_R k_B T}} e^{-\frac{\left(\lambda_R + \Delta G^0\right)^2}{4\lambda_R k_B T}} . \tag{4.45}$$

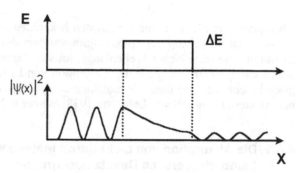

Abb. 4.27. Eine Wellenfunktion und damit auch die Wahrscheinlichkeitsdichte $|\psi(\vec{r})|^2$ läuft hinter einer Potentialbarriere der Höhe ΔE weiter, auch wenn die Energie des Zustands geringer ist als die Höhe der Potentialbarriere. Ein Elektron kann also eine Energiebarriere überwinden, obwohl dessen Energie geringer ist als die Energiebarriere. Man sagt, dass das Elektron diese Energiebarriere mit einer gewissen Wahrscheinlichkeit „durchtunneln" kann

Der exponentielle Faktor in Gl. 4.45 ist mit dem in Gl. 3.88 identisch. Neben der Reorganisationsenergie λ_R und der Temperatur T geht in Gl. 4.45 das Tunnelmatrixelement T^2_{DA} ein. Dieser Begriff stammt aus der quantenmechanischen Beschreibung des Elektronentransfers. T^2_{DA} beschreibt den Überlapp der Wellenfunktionen von Donator und Akzeptor zum Zeitpunkt des Elektronentransfers und ist damit ein Maß für die elektronische Kopplung unter Einbezug von quantenmechanischem Tunneln. Die Wahrscheinlichkeit für Elektronentransfer durch den quantenmechanischen Tunneleffekt ist durch

$$T_{DA}^{\;2} = T_{DA}^{0\;\;2}\, e^{-\beta(r-r_0)} \tag{4.46}$$

gegeben. T_{DA}^{0} ist das Tunnelmatrixelement bei $r=r_0$, r_0 ist der nächstliegende Abstand von Donator und Akzeptor und wird im Allgemeinen als 3,6 Å gewählt. Die Wahrscheinlichkeit für quantenmechanisches Tunneln ist also gemäß Gl. 4.46 exponentiell vom Abstand von Donator und Akzeptor $r-r_0$ abhängig. Gl. 4.46 zeigt, dass der Elektronentransfer nicht über bestimmte Wege erfolgen muss. In diesem Modell geht nur der Abstand von Donator und Akzeptor $R-R_0$ sowie der Parameter β ein, der von der Art des Zwischenmediums abhängt, durch das Elektronentransfer erfolgt. Maximale Elektronentransferraten betragen ca. 10^{13} s^{-1}, wenn Donator und Akzeptor unmittelbar benachbart sind (d.h. beim Van-der-Waals-Kontakt: $r=r_0$).

4.6 Licht regt Moleküle an: Spektroskopie im ultravioletten und im sichtbaren Bereich

Absorption von Licht ist eine der ältesten bekannten Analysemethoden. Auch unser Auge ist im Prinzip ein **Spektralphotometer**, das verschiedene Farben, also Licht mit unterschiedlicher Wellenlänge, im sichtbaren Bereich registriert. In diesem Kapitel wollen wir zuerst die Absorption von Licht in Materie phänomenologisch beschreiben und dann die molekularen Prozesse bei der Lichtabsorption näher erläutern (Neubacher u. Lohmann 1978; Winter u. Noll 1998).

4.6.1 Die Absorption von Licht durch Materie wird durch das Lambert-Beersche Gesetz beschrieben

Die Standardmethode zur Bestimmung der Konzentration von Proteinen in einer Lösung ist die Messung der Abnahme der Lichtintensität I bei Durchgang durch eine mit Proteinlösung gefüllte Küvette der Dicke d (Abb. 4.28). Bezeichnen wir die Intensität des Lichtes bei $d=0$ mit I_0 und die Intensität nach Durchgang durch die Küvette mit I, so wird I/I_0 als **Transmission** bezeichnet. Oft wird auch der Begriff der optischen Dichte oder Extinktion $\log(I/I_0)$ gebraucht.

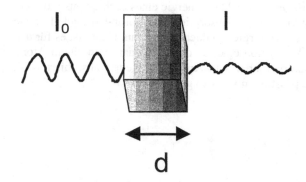

Abb. 4.28. Absorption von Licht der Intensität I durch Materie der Dicke d

Die Anzahl der Proteine pro Volumen in einer Lösung sei n. Wir schreiben jedem Molekül eine Querschnittsfläche q, den Wirkungsquerschnitt, zu und bezeichnen die Wahrscheinlichkeit dafür, dass ein Lichtquant beim Auftreffen auf den Wirkungsquerschnitt q absorbiert wird, mit w. Der Wirkungsquerschnitt entspricht in etwa dem Molekülquerschnitt. Mit Hilfe des Absorptionsquerschnitts $k_w = wq$ können wir dann das **Lambert-Beersche Gesetz** formulieren:

$$I = I_0 e^{-k_w nd}.$$

(4.47)

Oft wird Gl. 4.47 auch als

$$I = I_0 10^{-\varepsilon cd}$$

(4.48)

geschrieben. Die Konzentration c wird dabei in 1 M=1 Mol l^{-1} angegeben. Der **Extinktionskoeffizient** ε (in der Einheit M^{-1}cm^{-1}) ergibt sich aus dem Absorptionsquerschnitt k (in der Einheit cm^{-1}) gemäß $k = 3{,}82 \cdot 10^{-21}\,\varepsilon$. Zur Bestimmung von Proteinkonzentrationen mit Hilfe von optischen Messungen werden Gl. 4.48 oder 4.47 bei bekannten Extinktionskoeffizienten benutzt.

4.6.2 Übergänge von Elektronen in angeregte Molekülorbitale erklären die Absorption von Licht durch Materie

Wie wird Licht nun in Materie absorbiert? Die Energie eines Lichtquants muss gerade so groß sein, dass Materie bei der Absorption vom Grundzustand (Energie E_g) in einen angeregten Zustand (Energie E_a) übergehen kann. Dabei ist es für den physikalischen Prozess der Absorption egal, ob das Lichtquant von einem Atom, einem Molekül, einem Festkörper oder von Aminosäureketten absorbiert wird. Wichtig ist, dass die Energie passt. Es muss also gelten:

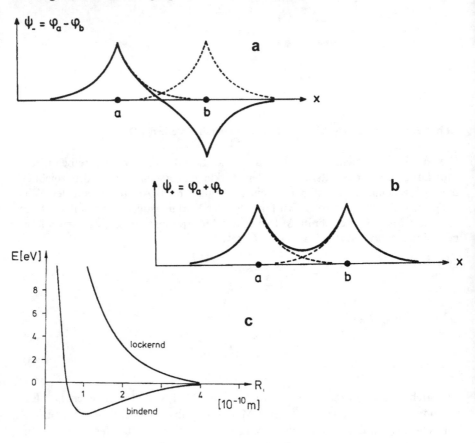

Abb. 4.29 a-c. Das H_2^+-Ion: Die antisymmetrische Kombination der Wellenfunktionen ψ_a und ψ_b wird als antibindendes Orbital bezeichnet **(a)**. Durch symmetrische Kombination erhält man ein bindendes Orbital **(b)** mit dem energetisch günstigsten Zustand des Moleküls und damit den Grundzustand **(c)** (Haken u. Wolf 2003)

$$hv = E_a - E_g.$$

(4.49)

Lichtabsorption an einem H-Atom haben wir schon in Kap. 3 kennen gelernt. Sichtbares Licht wird absorbiert, indem Elektronen von einem Energiezustand in einen höheren befördert werden. Auch in einem Molekül und damit in allen Aminosäuren sind für die Elektronen nur diskrete Energiezustände erlaubt. Die an den Bindungen beteiligten Atomorbitale werden im Molekül zu **molekularen Orbitalen** (MO). Die entsprechenden molekularen Wellenfunktionen ψ können als **Linearkombination der ursprünglichen Atomwellenfunktionen** ψ_i dargestellt werden. Für ein zweiatomiges H_2^+- Molekül ergibt sich:

$$\psi = a\psi_1 + b\psi_2.$$

(4.50)

Die Koeffizienten a und b erhält man, indem die Schrödinger-Gleichung für ein zweiatomiges Molekül aufgestellt und gelöst wird. Schon der einfachste Fall eines H_2^+-Ions lässt sich nur in einer komplizierten Rechnung lösen (s. Haken-Wolf: Atom- und Molekülphysik, Springer-Verlag). Abb. 4.29 zeigt die zwei möglichen Lösungen für die Wellenfunktion ψ. Die in Abb. 4.29b dargestellte Lösung ist eine **symmetrische Wellenfunktion**. Die Aufenthaltswahrscheinlichkeit des Elektrons zwischen den Kernen ist von null verschieden. Dies sorgt für eine Anziehung der beiden positiven Kerne vermittelt durch die negative Ladung zwischen ihnen. Diese Wellenfunktion ist symmetrisch zur Mitte der Verbindungsachse des Moleküls. Es ist eine **bindende Wellenfunktion**. Die andere Lösung (Abb. 4.29a) ist eine **antisymmetrische Wellenfunktion**. Dadurch ist die Aufenthaltswahrscheinlichkeit des Elektrons im Symmetriezentrum gleich null, die Anziehung der beiden Kerne ist geringer; man bezeichnet diese Wellenfunktion deshalb auch als **antibindend**.

Folgende bindende Orbitale kommen in biologisch relevanten kovalent gebundenen Molekülen vor (Abb. 4.30):

- **Bindende σ-Orbitale** sind rotationssymmetrisch zur Bindungsachse und nicht delokalisiert. Sie sind für die Einfachbindungen zwischen den Atomen verantwortlich.
- **Bindende π-Orbitale** werden durch Linearkombination von atomaren p-Orbitalen gebildet und können aufgrund der starken Delokalisierung mit anderen Bindungspartnern wechselwirken. Sie treten in Mehrfachbindungen auf.
- **n-Orbitale** sind doppelt besetzte Orbitale mit der höchsten Energie, die aber nicht an der Bindung beteiligt sind. n-Orbitale sind also lokalisiert und haben ihren atomaren Charakter behalten.

Die Absorption eines Lichtquants in einem Molekül kann durch Übergang eines Elektrons der bindenden Orbitale des Grundzustands in nichtbindende Orbitale erfolgen.

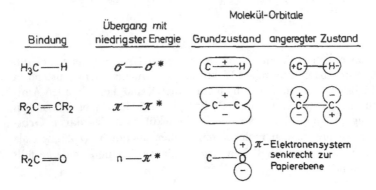

Abb. 4.30. Schematische Darstellung von Bindungen, durch Lichtabsorption erzeugte Übergänge sowie entsprechende Molekül-Orbitale (Neubacher u. Lohmann 1978)

Dabei sind zwei Arten von Orbitalen wichtig:
- *Nichtbindene* σ-*Orbitale* (auch als σ^*-Orbital bezeichnet) sind rotationssymmetrisch zur Bindungsachse und besitzen einen Knoten in der Mitte.
- *Nichtbindende* π-*Orbitale* (auch als π^*-Orbital bezeichnet) sind nicht rotationssymmetrisch zur Bindungsachse, besitzen Knoten in der Mitte und sind wie die bindenden π-Orbitale stark delokalisiert.

Bisher haben wir noch nichts über die Anordnung der Elektronenspins im Molekülorbital gesagt. Wie im Atom gilt das Pauli-Prinzip und die Elektronen besitzen in bindenden Molekülorbitalen eine antiparallele Spinanordnung. Dadurch ist der resultierende Spin null, man sagt auch, es liegt ein **Singulett-Grundzustand** vor. Solch ein Grundzustand wird in der Literatur mit S_0 bezeichnet. Eine Ausnahme ist das Sauerstoffmolekül. Hier befinden sich zwei spinparallele Elektronen in zwei verschiedenen Molekülorbitalen, der Spin ist damit eins; es liegt ein **Triplett-Grundzustand** vor, der mit T_0 bezeichnet wird.

Wird ein Singulett-Zustand (S_0) in einen antibindenden Zustand durch Absorption eines Lichtquants angeregt, so bleibt der Spinzustand des Moleküls aufgrund der Drehimpulserhaltung unverändert. Der Spin des angeregten Elektrons ist also antiparallel zum Spin des im bindenden Orbital verbleibenden Elektrons, man erhält den ersten angeregten Singulettzustand S_1. Dieser durch Lichtabsorption angeregte Elektronenübergang wird Spin-erlaubt genannt. Anregungsprozesse, die mit einer Spinumkehr verbunden sind, würden auf einen ersten angeregten Spin-Triplett-Zustand führen, T_1 genannt. Solche Prozesse sind Spin-verboten und damit sehr unwahrscheinlich. Dies macht sich in geringen Linienintensitäten bemerkbar (Neubacher u. Lohmann 1978).

Die Abb. 4.31 zeigt eine Vielzahl von möglichen elektronischen Übergängen in einem Molekül. Die Molekülorbitale sind schematisch als Kästchen dargestellt und die sich in den Orbitalen befindende Elektronen sind mit ihren Spinrichtungen als Pfeile gekennzeichnet. Die absorbierte Lichtenergie kann in Form von Licht durch **Fluoreszenz** oder **Phosphoreszenz** wieder abgegeben werden. Es ist aber auch möglich, zwischen angeregten Zuständen durch Spinumkehr (Interkombination oder engl. *intersystem crossing*) zu springen oder Energie durch innere Umwandlung (engl. *internal conversion*; Übertragung der Energie auf ein Elektron in einer anderen Schale) abzugeben.

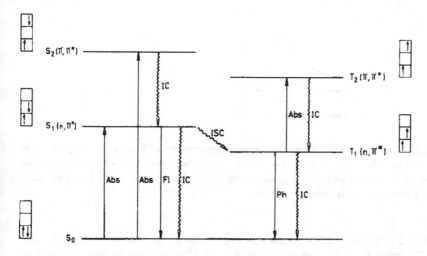

Abb. 4.31. Elektronische Übergänge in einem Molekül. Strahlungslose Übergänge sind mit durchgängigen Pfeilen gekennzeichnet (Neubacher u. Lohmann 1978). Abs: Absorption. Fl: Fluoreszenz. IC: Interne Konversion. Ph: Phosphoreszenz. ISC: *intersystem crossing*

Tabelle 4.2. UV-Maxima einiger Chromophore (nach Neubacher u. Lohmann 1978)

Chromophor	λ_{max} [nm]	ε [Liter/Mol cm]	Übergang
-COO-R	205	50	$\pi \rightarrow \pi^*$
	165	$4 \cdot 10^3$	$\pi \rightarrow \pi^*$
>C=O	280	20	$\pi \rightarrow \pi^*$
	190	$2 \cdot 10^3$	$\pi \rightarrow \sigma^*$
	150		$\pi \rightarrow \pi^*$
>C=S	500	10	$\pi \rightarrow \pi^*$
	240	$9 \cdot 10^3$	
-S-S-	250-330	10^3	$\pi \rightarrow \sigma^*$
>C=C<	190	$9 \cdot 10^3$	$\pi \rightarrow \pi^*$
-C≡C-	175	$8 \cdot 10^3$	$\pi \rightarrow \pi^*$

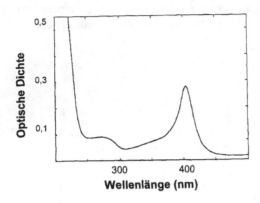

Abb. 4.32. UV-Vis-Spektren von Hämoglobin (Neubacher u. Lohmann 1978). Die Absorptionsbande bei 400 nm wird durch Lichtabsorption des ausgedehnten π-Elektronensystem des Porphyrinrings verursacht. Es handelt sich um $\pi \rightarrow \pi^*$-Übergänge, die auch bei Chlorophyllen auftreten

Tabelle 4.2 zeigt die Wellenlängen sowie die Übergänge einiger biologisch relevanter Chromophore. Als Beispiel ist in Abb. 4.32 ein Absorptionsspektrum von Hämoglobin gezeigt. Solche Spektren im sichtbaren und ultravioletten Bereich des Lichts werden als UV-Vis (Ultraviolett-Visible-) Spektren bezeichnet. Auch Untersuchungen der Sekundärstrukturmerkmale sind mit optischer Spektroskopie möglich. Die Abb. 4.33 zeigt dies am Beispiel der Absorptionsspektren von Poly-L-Lysin für α-Helix-, β-Faltblatt- und Zufallsknäuel-Konformationen. So lassen sich z.B. Entfaltungsprozesse von Proteinen mit Hilfe von zeitabhängiger UV-Vis-Spektroskopie verfolgen.

Optische Verfahren haben den Vorteil, dass relativ geringe Proteinkonzentrationen ausreichen, um Spektren aufnehmen zu können. Die Empfindlichkeit moderner Detektoren ist so groß, dass die Fluoreszenz einzelner Moleküle detektiert werden kann, was in der Einzelmolekülspektroskopie verwendet wird. Diese Techniken gehen allerdings über den Rahmen des vorliegenden Buches hinaus; der interessierte Leser sei auf die Einführung in Frauenfelder et al. 1999 und weiterführende Darstellungen in Zander et al. 2002 verwiesen.

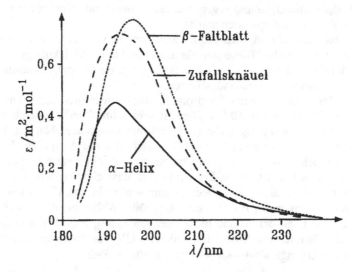

Abb. 4.33. Absorptionsspektren von Poly-L-Lysin für drei verschiedene Konformationen in wässriger Lösung (Winter u. Noll 1996) erlauben die Identifizierung der Sekundärstruktur von Proteinen

4.6.3 Die Feinstruktur von Absorptionslinien wird durch Molekülschwingungen verursacht

Absorptionslinien in UV-VIS-Spektren besitzen oft eine Feinstruktur; als Beispiel sind in Abb. 4.34 zwei optische Linien unterschiedlicher Feinstruktur schematisch abgebildet. Der Grund für diese Feinstruktur ist die Tatsache, dass nicht nur Übergänge zwischen elektronischen Zuständen im Molekül, sondern damit gekoppelt auch Übergänge zwischen Schwingungszuständen des Moleküls erfolgen. Die Erklärung für die **Schwingungsbanden** im optischen Spektrum gibt das **Frank-Condon-Prinzip**:

Wir beschränken uns auf den einfachen Fall eines zweiatomigen Moleküls. Die Beschreibung der Schwingungen der einzelnen Atome gegeneinander, bezeichnet man in der Physik als das Problem des harmonischer Oszillators. Eine quantenmechanische Beschreibung zeigt, dass der harmonische Oszillator (wie auch der der Realität näher kommende anharmonische Oszillator) nur bestimmte (diskrete) Schwingungsenergieeigenwerte annehmen kann. Eine quantenmechanische Betrachtung ergibt die Wellenfunktionen der Atomkerne, die durch einen Index $v' = 0,1,2,3...$ gekennzeichnet sind. Abb. 4.34 zeigt die Quadrate der Wellenfunktionen. Die Aufenthaltswahrscheinlichkeit der Atome in den einzelnen Schwingungsniveaus ist am Rande der Potentialkurve am größten. Dies stimmt im Wesentlichen mit der klassischen Vorstellung überein, wonach man zwei durch eine

Feder verbundene und gegeneinander schwingende Körper am wahrscheinlichsten an ihren Umkehrpunkten antrifft.

Nehmen wir an, dass die Lichtabsorption vom untersten Schwingungszustand $v'=0$ aus erfolgt. Diese Annahme ist für kleine Moleküle gerechtfertigt, da sich Moleküle unter physiologischen Bedingungen praktisch ausschließlich im niedrigsten Schwingungszustand befinden.

Der Übergang eines Elektrons in einen angeregten elektronischen Zustand erfolgt innerhalb von 10^{-15} s. Dies ist sehr schnell im Vergleich zur Zeitskala von Molekülschwingungen, die etwa 100-mal langsamer ablaufen. Unmittelbar nach der Absorption eines Photons haben sich also die Atome des Moleküls praktisch noch nicht bewegt. Solch ein Übergang entspricht den senkrechten Pfeilen in Abb. 4.34. Das Frank-Condon-Prinzip besagt, dass elektronische Übergänge in dem in Abb 4.34 gezeigten Energiediagramm senkrecht ablaufen. Es besitzen also diejenigen elektronischen Übergänge die größte Wahrscheinlichkeit, bei denen sich die relative Lage der Atome nicht oder nur wenig ändert. Diese Übergänge sorgen dann für intensive Absorptionslinien im UV-Vis-Spektrum. In Abb. 4.34 sind dies die Übergänge $v'=0 \rightarrow v'=0$ bzw. $v'=0 \rightarrow v'=2$.

4.7 Infrarot- (IR-) Spektroskopie: Absorption von elektromagnetischer Strahlung im Infrarotbereich macht Schwingungen innerhalb von Proteinen sichtbar

Durch Absorption von elektromagnetischer Strahlung im Infrarotbereich lassen sich Molekülschwingungen anregen. Dieser Mechanismus wird in der Infrarotspektroskopie ausgenutzt. Die Analyse der Lage und der Intensität von Absorptionsbanden im Infrarotspektrum gibt Aufschluss über die Art und die Anzahl von Aminosäuren in einem Protein, dient zur Identifizierung von Sekundärstrukturelementen wie α-Helizes und β-Faltblätter und kann zur Charakterisierung von Membranenmolekülen sowie zur Charakterisierung von Ligand-Rezeptor-Wechselwirkungen eingesetzt werden (Zundel 1978; Jung 2000).

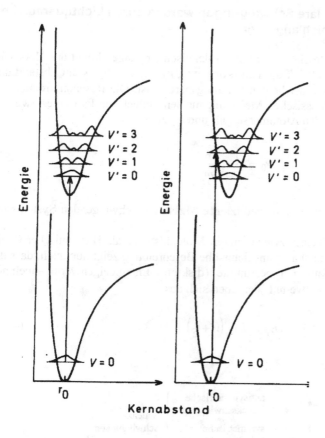

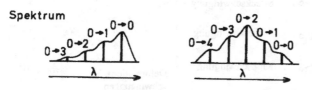

Abb. 4.34. Schematische Darstellung der erlaubten Aufenthaltswahrscheinlichkeiten eines schwingenden zweiatomigen Moleküls. Die unteren Potentialkurven beschreiben das Molekül im Grundzustand. Nach Absorption eines Photons beschreiben die oberen Potentialkurven das Molekül im angeregten Zustand. Nach dem Frank-Condon-Prinzip sind nur senkrechte elektronische Übergänge im Energie-Abstandsdiagramm erlaubt. Am wahrscheinlichsten sind die Übergänge mit ähnlicher Aufenthaltswahrscheinlichkeit im Grund- und angeregten Zustand (Neubacher u. Lohmann 1978)

4.7.1 Intramolekulare Schwingungen werden durch Lichtquanten im Infrarotbereich angeregt

Die Grundlage zur Beschreibung von Molekülschwingungen bildet das Hooksche Gesetz $F=K(r-r_0)$, wobei K die Kraftkonstante, r_0 der Gleichgewichtsabstand und r der aktuelle Abstand der beiden Bindungspartner ist. Die Resonanzfrequenz v_0 ergibt sich aus der klassischen Mechanik für den einfachsten Fall eines zweiatomigen Moleküls mit den Atommassen m_1 und m_2 zu:

$$v_0 = \frac{1}{2\pi} \sqrt{\frac{K}{m_r}} \tag{4.51}$$

wobei $m_r=(m_1+m_2)/(m_1 \cdot m_2)$ als **reduzierte Masse** des schwingenden Systems bezeichnet wird.

Der einfache Fall eines zweiatomigen Moleküls wird als Harmonischer Oszillator bezeichnet. Eine quantenmechanische Beschreibung zeigt nun auch, dass der harmonische Oszillator nur bestimmte (diskrete) Energieeigenwerte annehmen kann. Die Energieeigenwerte $E_{v'}$ ergeben sich aus

$$E_{v'} = h v_0 \left(v' + \tfrac{1}{2}\right) \tag{4.52}$$

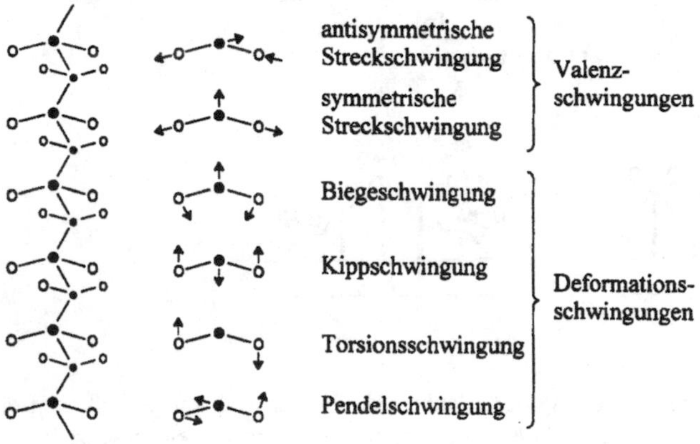

Abb. 4.35. Charakteristische Schwingungen einer CH_2-Kette (Winter u. Noll 1998)

Hierbei wird v' als **Schwingungsquantenzahl** bezeichnet, die die ganzzahligen Werte $v'=1,2,3...$ annehmen kann.

Bei Absorption eines Lichtquants der Energie hv gilt bei einem Übergang zwischen benachbarten Schwingungszuständen

$$\Delta E = hv = E_{v'+1} - E_{v'} = hv_0 \qquad (4.53)$$

Um Licht im Infrarotbereich zu erzeugen, werden durch Strom erhitzte Nernststifte bestehend aus 85% Zirkon- und 15% Yttriumoxid verwendet. Auch Siliziumkarbid wird als Material eingesetzt. Der experimentelle Aufbau eines IR-Spektrometers entspricht dem eines optischen Gitter-Spektralphotometers. Zur Detektion werden Photodioden oder auch Bolometer benutzt. Um eine höhere Auflösung und eine schnellere Datennahme zu erreichen, werden heutzutage fast ausschließlich Fourier-Transform-IR-(FTIR-)Spektrometer verwendet (Winter u. Noll 1998).

4.7.2 Anwendungen der IR-Spektroskopie in der Biologie

Die unterschiedlichen Schwingungsarten am Beispiel einer CH_2-Kette sind in Abb. 4.35 gezeigt. Man unterscheidet Valenzschwingungen, bei denen die Bindungspartner entlang ihrer Bindungen schwingen, und Deformationsschwingungen, bei denen sich die Bindungswinkel verändern.

Diese Schwingungen sind für jedes Molekül, also auch für Proteine, charakteristisch. Die IR-Absorptionssignale für einige Aminosäureseitenketten von Proteinen sind in Tabelle 4.3 aufgelistet. Obwohl keine SI-Einheit wird in der Literatur zur Schwingungsspektroskopie fast durchgängig anstatt der Frequenz die Wellenzahl $k=2\pi/\lambda$ in der Einheit cm^{-1} benutzt.

Tabelle 4.3. IR-Banden von Aminosäureseitenketten (nach Jung 2000)

Aminosäure	H_2O	D_2O	Zuordnung
Aspartamsäure	$1574\ cm^{-1}$	$1584\ cm^{-1}$	COO^- asymmetrische Streckschwingung
Glutamatsäure	$1596\ cm^{-1}$	$1567\ cm^{-1}$	COO^- asymmetrische Streckschwingung
Asparaginylsäure	$1678\ cm^{-1}$	$1648\ cm^{-1}$	CO Streckschwingung
Glutaminyl	$1670\ cm^{-1}$	$1635\ cm^{-1}$	CO Streckschwingung

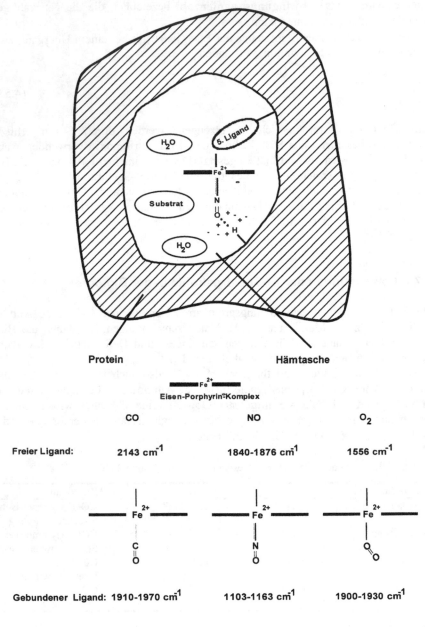

Abb. 4.36. Charakterisierung von Eisen-Ligand-Wechselwirkungen in Hämproteinen mit IR-Spektroskopie (nach Jung 2000)

Als Beispiel für die Charakterisierung von Eisen-Ligand-Wechselwirkungen in Hämproteinen mit IR-Spektroskopie sind die Streckschwingungen von freiem und

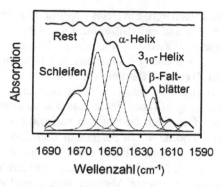

Abb. 4.37. Die Analyse der Amid I'-Bande des Enzyms Cytochrom P450cam ergibt Informationen über die Sekundärstrukturelemente des Enzyms (Jung 2000)

Häm-gebundenem Sauerstoff und Kohlenmonoxid in Abb. 4.36 gegeben. Sowohl für Sauerstoff wie auch für Kohlenmonoxid ist eine Erniedrigung der O-O- bzw. C-O-Streckschwingung zu beobachten. Dies ist auf eine Schwächung dieser Bindungen nach Bindung an das Eisenzentrum zu erklären.

Auch für die Identifizierung der Sekundärstruktur von Proteinen wie α-Helizes und β-Faltblätter ist die Infrarotspektroskopie von Nutzen. Die C=O-Streckschwingung der an den Struktur-stabilisierenden Wasserstoffbrückenbindungen beteiligten Carboxygruppen ist abhängig vom Typ des Sekundärstrukturelements. Abb. 4.37 zeigt ein IR-Spektrum mit den entsprechenden Zuordnungen im Bereich von 1590 bis 1690 cm^{-1}.

4.8 Elektronen-Spin-Resonanz (ESR): Absorption von Mikrowellen dient zur Charakterisierung von ungepaarten Elektronen in Metallzentren und von organischen Radikalen

Obwohl für Fragestellungen in der Festkörperphysik Ende der 40er Jahre entwickelt, hat die Elektronen-Spin-Resonanz (ESR) eine Fülle von Anwendungen in der Biologie gefunden. Hierzu zählen die Charakterisierung von Radikalen in enzymatischen Reaktionen, von durch Bestrahlung erzeugten Radikalen und von ungepaarten Elektronen in Metallzentren von Enzymen (Schneider u. Plato 1971; Pilbrow 1990). Mit Hilfe von Spin-label-Experimenten erhält man ebenfalls Aussagen über die Dynamik von Membranen oder sogar über strukturelle Merkmale von Proteinen.

Die Grundvoraussetzung für die ESR ist das Vorhandensein von halbzahligen Spinsystemen. Wie kann man nun ungepaarte Elektronen in biologischen Systemen aufspüren? Diese Frage ist besonders für die Charakterisierung von Radikalen in Proteinen relevant, die z.B. durch chemische Nebenreaktionen in Organismen entstehen oder durch Bestrahlung erzeugt werden können.

In Kap. 4.5.8 haben wir gelernt, dass Elektronen einen Eigendrehimpuls (Spin) und damit ein magnetisches Moment besitzen. Dieses magnetische Moment lässt sich detektieren. Ein freies Elektron mit einem Spin $S=1/2$ kann zwei Zustände mit $m_s=+1/2$ und $m_s=-1/2$ einnehmen. Ohne ein äußeres magnetisches Feld besitzen diese zwei Zustände die gleiche Energie. Die Zustände sind energetisch entartet. Legen wir aber ein magnetisches Feld an, so spalten die Energieniveaus gemäß dem **Zeeman-Effekt** auf (Abb. 4.38).

In der klassischen Betrachtungsweise würde man sagen, dass durch Anlegen eines magnetischen Feldes das magnetische Moment der Elektronen ausgerichtet wird. Der Trick besteht nun darin, die Probe mit elektromagnetischer Strahlung der Frequenz ν zu bestrahlen und dabei die Frequenz dieser Strahlung so zu wählen, dass diese durch einen Energieübergang des Elektrons vom Grundzustand mit $m_s=-1/2$ in den angeregten Zustand $m_s=+1/2$ absorbiert werden kann. Wie funktioniert dieser Absorptionsvorgang? Aus der Quantenmechanik wissen wir, dass die Energieniveaus der Elektronen gemäß dem Zeeman-Effekt aufspalten (Abb. 4.38). Durch Einstrahlen von Mikrowellenstrahlung der Energie $E_{rf}=h\nu$ tritt bei geeigneter Wahl des Magnetfeldes B_o Resonanzabsorption auf. Die Energie des Mikrowellenquanten wird gebraucht, um Spins in der Probe umzuklappen und damit in den angeregten Zustand zu überführen. Wir erhalten also die **Resonanzbedingung**

$$\Delta E = g_e \mu_B B_0 = h\nu. \qquad (4.54)$$

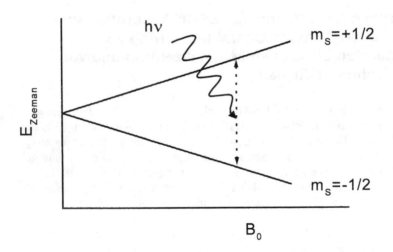

Abb. 4.38. Durch ein magnetisches Feld werden die Zustände des Elektrons mit $m_s=+1/2$ und $m_s=-1/2$ energetisch aufgespalten. Mikrowellenstrahlung mit der Energie $h\nu$ wird dann absorbiert, wenn die Resonanzbedingung Gl. 4.54 erfüllt ist

Wird nun die in der Probe absorbierte Intensität in Abhängigkeit von der Reso-
nanzfrequenz gemessen, so erhält man ein ESR-Spektrum in Absorptionsform
(Abb. 4.39a). Aus praktischen Gründen wird in den heutigen ESR-Geräten die
Mikrowellenfrequenz festgehalten und das Magnetfeld verändert. Die zur Zeit am
meisten verwendeten Geräte arbeiten bei einer Mikrowellenfrequenz von 9,6 GHz
(Abb. 4.40) (aus historischen Gründen auch X-Band genannt).

Um Mikrowellenstrahlung absorbieren zu können und ein ESR-Signal zu erhalten, ist ein Unterschied in den Besetzungszahlen der beiden in Abb. 4.38 gezeigten Zeeman-Niveaus nötig. Sind beide Niveaus gleich besetzt, so ist die
Wahrscheinlichkeit für Absorption genau so groß wie die für spontane Emission
von Mikrowellenquanten. Dies wiederum bedeutet, dass netto kein ESR-Signal
gemessen werden kann. Bezeichnen wir die Zahl der Elektronen in der Probe, die
sich im m_s=+1/2 Zustand befinden, mit N^+ und die Zahl der Elektronen, die sich
im m_s=-1/2 befinden, mit N^-, so ergibt sich aus der statistischen Mechanik für den
Quotienten der Besetzungszahlen N^+ und N^- der beiden Zustände:

$$\frac{N^+}{N^-} = e^{-\frac{g\mu_B B_0}{k_B T}} \tag{4.55}$$

Im Fall der Gleichbesetzung gilt N^+=N^-=1, und damit kann kein ESR-Signal gemessen werden. Eine Gleichbesetzung der Zeeman-Levels erhält man durch die
Einstrahlung von hoher Mikrowellenleistung. Sowohl in der ESR – wie übrigens
auch in der Nuklearen Magnetischen Resonanz (NMR) – bezeichnet man dies als
Sättigung des ESR-Signals.

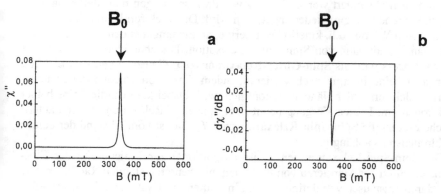

Abb. 4.39 a,b. Verändert man das angelegte Magnetfeld und strahlt Mikrowellenstrahlung
mit der Frequenz ν ein, so beobachtet man eine Mikrowellenabsorption beim Resonanzfeld
B_0 **(a)**. Da dieses Absorptionssignal χ'' oft sehr gering ist, werden ESR-Spektren im Allgemeinen aus messtechnischen Gründen als erste Ableitung der Absorption gemessen und
auch dargestellt **(b)**

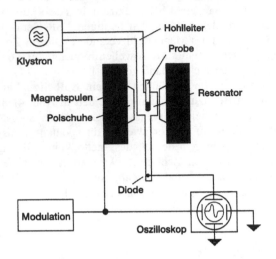

Abb. 4.40. Die Probe befindet sich in einem ESR-Spektrometer zwischen den Polschuhen eines Magneten und wird mit Mikrowellen bestrahlt. Die Mikrowellenstrahlung wird durch eine spezielle Röhre, dem Klystron, erzeugt. Zur Messung des relativ schwachen ESR-Signals wird das angelegte Magnetfeld zusätzlich moduliert

Bisher haben wir gelernt, wie Mikrowellenstrahlung von halbzahligen Elektronenspinsystemen absorbiert werden kann. Zwei Prozesse sorgen nun dafür, dass die aufgenommene Energie wieder abgegeben wird. Das Elektron kann seine Energie in Form von Wärme, d.h. kinetischer Energie, an die umgebenden Liganden abgeben, man spricht dann von Spin-Gitter-Relaxation. Die charakteristische Zeit für diesen Prozess wird als **Spin-Gitter-Relaxationszeit** T_1 bezeichnet. Das Elektron kann aber seine Energie auch verlieren, indem diese von einem zweiten ungepaarten Elektron in der Nähe aufgenommen wird. Dabei klappen die Spins beider Elektronen um. Diesen Vorgang nennt man Spin-Spin-Relaxation, die charakteristische Zeit ist die **Spin-Spin-Relaxationszeit** T_2. Sie ist vom Abstand der beiden Elektronenspins abhängig.

Die Spin-Spin-Relaxationszeit T_2 ist proportional zur Linienbreite der ESR-Signale. Durch das Markieren von Proteinen mit mehreren stabilen Radikalen, wie z.B. durch Austausch von definierten Aminosäuren mit Cysteinen, die mit stabilen Methanthiosulfonat-Radikalen versehen sind, ist es mit Hilfe von T_2-Messungen möglich, die Abstände der Radikale und damit der markierten Aminosäurereste zu bestimmen (Steinhoff 2002). Auch dynamische Effekte wie die Diffusion von Lipiden und Proteinen innerhalb von Membranen können mit dieser Technik untersucht werden (Winter u. Noll 1998; Sackmann 1978).

Ist das Elektron in einem Kristall oder Protein eingebunden, so verschiebt sich die Resonanzfrequenz im ESR-Spektrum. Der Einbau in ein Orbital und die entsprechende Wechselwirkung mit der chemischen Umgebung sorgen dafür, dass sich die Resonanzfrequenz verschiebt. In der ESR-Spektroskopie schreibt man dementsprechend Gl. 4.54 um:

$$g = \frac{h\nu}{\mu_B B_0}.$$

(4.56)

B_0 ist das Resonanzfeld und g der g-Faktor, der nun charakteristisch für den ungepaarten Spin ist. Resonanzfeld und g-Wert lassen sich gemäß folgender empirischer Beziehung bestimmen:

$$B_0[mT] = \frac{71{,}448 \times \nu[GHz]}{g}.$$

(4.57)

Die Resonanz und damit der g-Faktor ist aber im allgemeinen keine isotrope Größe. Es spielt vielmehr eine Rolle, in welcher Richtung man das Magnetfeld bezüglich der Molekülachsen anlegt. Der g-Faktor ist damit richtungsabhängig, im streng mathematischen Sinn ist g eine Tensor-Größe. Den g-Faktor und damit die Resonanzposition für eine beliebige Richtung in Bezug zum äußeren Magnetfeld B_0 erhält man zu:

$$g(\theta, \varphi) = \sqrt{g_x^2 \sin^2 \theta \cos^2 \varphi + g_y^2 \sin^2 \theta \sin^2 \varphi + g_z^2 \cos^2 \theta}.$$

(4.58)

Dabei sind θ und φ Kugelkoordinaten, wie sie auch bei der Lösung der Schrödinger-Gleichung für das Wasserstoffatom in Kap. 4.5.7 verwendet wurden. In Einkristallen kann die Winkelabhängigkeit von g also durch Rotation des Kristalls im magnetischen Feld studiert werden. Biomoleküle allerdings liegen fast immer in Lösung vor. Das bedeutet, dass das ESR-Spektrum einer Proteinlösung alle Resonanzen von allen möglichen Orientierungen zugleich zeigt. Diese Art von Spektren nennt man **Pulverspektren**, da man sie auch erhalten würde, wenn man Einkristalle fein mörsern und dann das vorliegende Pulver messen würde. Die Linienbreite eines einzelnen Subspektrums eines Pulverspektrums ist durch die Verteilung der Resonanzen um die g-Tensorwerte g_x, g_y und g_z gegeben.

Abb. 4.41 zeigt Pulverspektren, einmal dargestellt als Absorptionssignal und einmal in der üblichen Darstellung als erste Ableitung des ESR-Signals. Die Abb. 4.41a ist der einfache Fall eines isotropen Spektrums. Alle drei g-Werte sind gleich ($g_x=g_y=g_z$). In Abb. 4.41b ist ein Spektrum mit nur zwei gleichen g-Werten gezeigt, es handelt sich um ein axiales Spektrum ($g_x=g_y\neq g_z$). In Abb. 4.41c sind alle drei g-Werte verschieden, solch ein Spektrum wird als rhombisch bezeichnet ($g_x\neq g_y\neq g_z$). Diese Bezeichnungen sind rein historischer Natur und spiegeln im Allgemeinen nicht die Ligandensymmetrie des paramagnetischen Zentrums wider.

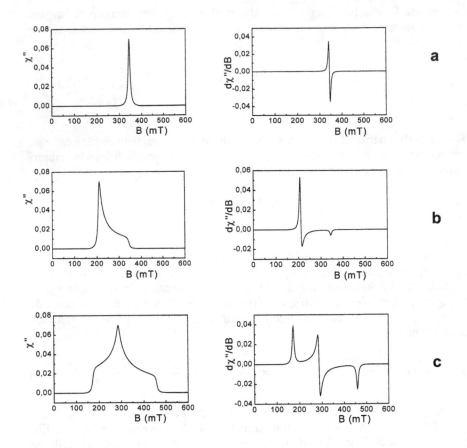

Abb. 4.41. Beispiele von EPR-Pulverspektren. Links in Absorption und rechts als erste Ableitung gezeigt. In **(a)** sind alle drei g-Werte gleich ($g_x=g_y=g_z$). Abb. **(b)** zeigt ein axiales Spektrum ($g_x=g_y\neq g_z$). Abb. **(c)** zeigt ein rhombisches Spektrum ($g_x\neq g_y\neq g_z$)

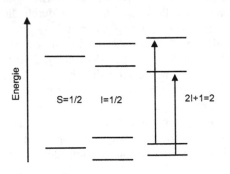

Abb. 4.42. Schematische Darstellung der Aufspaltung eines S=1/2-ESR-Signals durch einen Kernspin mit I=1/2. Man erhält $2I$+1 =2 Linien

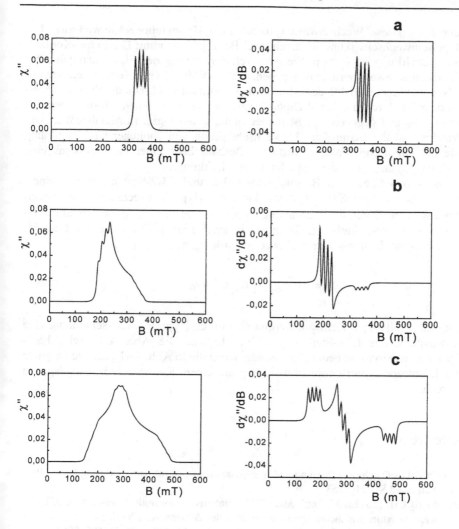

Abb. 4.43. Beispiele von ESR-Pulverspektren in Anwesenheit von isotroper Hyperfein-wechselwirkung mit einem Kernspin $I=3/2$. Oben in Absorption und unten als erste Ablei-tung gezeigt. (**a**) zeigt ein Spektrum mit isotropen g-Werten ($g_x=g_y=g_z$). (**b**) zeigt ein axiales Spektrum ($g_x=g_y\neq g_z$). (**c**) zeigt ein rhombisches Spektrum ($g_x\neq g_y\neq g_z$)

Atomkerne besitzen ein magnetisches Moment, wenn ihr Kernspin von null ver-schieden ist. Während in der NMR der Kern als Sonde für die Wechselwirkung von Kern und Elektronenhülle fungiert, so wird auch das ESR-Spektrum eines un-gepaarten Elektrons in der Elektronenhülle durch die Wechselwirkung von Elek-tronenspin S und Kernspin I beeinflusst. Das vom Elektronenspin erzeugte ma-gnetische Feld beeinflusst das Magnetfeld am Kernort und umgekehrt beeinflusst das vom Kernspin erzeugte magnetische Feld das vom Elektron gefühlte magnetische Feld. Diese Wechselwirkung nennt man **Hyperfeinwechselwirkung**. Die Hyperfeinwechselwirkung ist durch zwei Beiträge bestimmt: Die Fermi-Kontakt-Wechselwirkung ist isotrop. Sie ist durch den Betrag der Elektronendichte am Kernort des jeweiligen Kerns gegeben, die im Wesentlichen vom Anteil der kugelsymmetrischen Dichte der s-Elektronen bestimmt wird. Die dipolare Wechselwirkung ist durch die Dipol-Dipol-Wechselwirkung zwischen Elektronenspin S und Kernspin I gegeben. Sie ist immer richtungsabhängig. In Metallzentren von Proteinen ist die Fermi-Kontakt-Wechselwirkung von ähnlicher Größenordnung wie die Dipol-Dipol-Wechselwirkung. Deshalb beobachtet man meistens eine Richtungsabhängigkeit der Hyperfeinwechselwirkung.

Die Abb. 4.42 zeigt am Beispiel eines $S=1/2$- und $I=1/2$-Systems, wie die Energieniveaus des Spin $S=1/2$-Systems durch die Hyperfeinwechselwirkung beeinflusst werden. Durch die Auswahlregeln $\Delta m_S=1$ und $\Delta m_I=0$ ergibt sich eine Aufspaltung der ursprünglichen Resonanz in zwei Linien. Die Lage der Energieniveaus ist bei isotroper Hyperfeinwechselwirkung a_0 gegeben durch:

$$\Delta E = h\nu = g_e \mu_B B_0 \pm \frac{1}{2} h a_0 \qquad (4.59)$$

Für einen beliebigen Kernspin I ergibt sich durch Hyperfeinwechselwirkung eine Aufspaltung des ESR-Signals in $(2I+1)$ Linien. Die Abb. 4.43 zeigt ESR-Spektren, wie man sie beobachten würde, wenn die in Abb. 4.41 gezeigten Signale durch isotrope Hyperfeinwechselwirkung mit einem Kernspin $I=3/2$ aufgespalten werden.

Literatur

Ashkin A (1997) Optical trapping and manipulation of neutral particles using lasers. Proc Natl Acad Sci 94: 4853–4860

Brooks III CB, Karplus M, Pettit MB (1988) Proteins: A theoretical perspective of dynamics, structure and thermodynamics. John Wiley & Sons, New York

Chu S (1998) The manipulation of neutral particles. Rev Mod Phys 70(3): 685–706

Elber R, Karplus M (1987) Multiple conformational states of proteins: A molecular dynamics analysis of myoglobin. Science 235: 318–321

Finer JT, Simmons RM, Spudich JA (1994) Single myosin molecule mechanics: piconewton forces and nanometre steps. Nature 368: 113–119

Frauenfelder H (1997) The Complexity of Proteins In: Flyvbjerg H, Hertz J, Jensen MH, Mouritsen OG, Sneppen K (Hrsg) Physics of Biological Systems: From molecules to species. Springer, Berlin Heidelberg New York, pp 29–60

Frauenfelder H, Wolynes PG, Austin RH (1999) Biological Physics. Rev Mod Phys 71(2) Centenary: S419-S430

Fung YC (1993) Biomechnics: Mechanical properties of living tissues. Springer, Berlin Heidelberg New York

Greulich KO (1999) Micromanipulation by light in biology and medicine: The laser microbeam and optical tweezers. Birkhäuser, Basel Boston Berlin

Haken H, Wolf HC (2000) The physics of atoms and quanta. Springer, Berlin Heidelberg New York

Haken H, Wolf HC (2003) Molekülphysik und Quantenchemie, Springer, Berlin Heidelberg New York

Hofacker GL (1978) Intra- und Intermolekulare Wechselwirkungen. In: Hoppe W, Lohmann W, Markl H, Ziegler H (Hrsg) Biophysik. Springer, Berlin Heidelberg New York S 141–173

Jung C (2000) Insight into protein structure and protein-ligand recognition by Fourier transform infrared spectroscopy. J Mol Recognit 13: 325–351.

Lohmann W, Markl H, Ziegler H (Hrsg) Biophysik. Springer, Berlin Heidelberg New York S 525–550

Meschede D (2002) Gerthsen Physik. Springer, Berlin Heidelberg New York

Mouritsen (2004) Migrating songbirds recalibrate their magnetic compass daily from twilight cues. Science 304:405–408

Nachtigall W (1978) Biophysik des Schwimmens und des Fliegens, In: Hoppe W,

Neslon D, Cox M (2001) Lehninger Biochemie. Springer, Berlin Heidelberg New York

Neubacher H, Lohmann W (1978) Anwendung der Spektralphotometrie im UV- und sichtbaren Bereich. In: Hoppe W, Lohmann W, Markl H, Ziegler H (Hrsg) Biophysik. Springer, Berlin Heidelberg New York S 95–103

Nienhaus GU (2004) Physik der Proteine. Physik Journal 3(4): 37–43

Nölting B (2004) Methods in modern biophysics. Springer, Berlin Heidelberg New York

Pilbrow JR (1990) Transition Ion Electron Paramagnetic Resonance. Clarendon, Oxford

Post CB, Brooks BR, Dobson CM, Artymiuk P, Cheetham J, Phillips DC, Karplus M (1986) Molecular dynamics simulations of native and substrate-bound lysozyme. A study of the average structures and atomic fluctuations. J Mol Biol 190: 455–479

Rief M, Grubmüller H (2001) Kraftspektroskopie von einzelnen Biomolekülen. Physikalische Blätter 57(2): 55–61

Rüegg JC (1987) Muskel. In: Schmidt RF, Thews G (Hrsg) Physiologie des Menschen. Springer-Verlag, Berlin Heidelberg New York, S 66–86

Sackmann E, (1978) Dynamische Struktur von Lipid-Doppelschichten und biologischen Membranen: Untersuchung mit Radikalsonden. In: Hoppe W, Lohmann W, Markl H, Ziegler H (Hrsg) Biophysik. Springer, Berlin Heidelberg New York, S 316–328

Sackmann E (2004) Mikromechanik der Zelle. Physik Journal 3(2): 35–42

Steinhoff HJ (2002) Methods for study of protein dynamics an protein-protein interaction in protein-ubiquitination by electron paramagnetic resonance spectroscopy. Frontiers in Bioscience 7:C97–42

Schneider F, Plato M (1971) Elektronenspinresonanz. Thiemig, München

Schwab F (1993) Quantenmechanik. Springer, Berlin

Weidemüller M, Grimm R (1999) Optische Dipolfallen. Physikalische Blätter 55(12): 41–47

Weiner SJ, Kollman PA, Case DA, Singh UC, Ghio C, Alagona G, Profeta Jr S, Weiner P (1984) A new force field for molecular mechanical simulation of nucleic acids and proteins. J Am Chem Soc 106: 765–784

Wiesendanger R (1994) Scanning Probe Microscopy and Spectroscopy Methods and Applications. Cambridge Univ Press, Cambridge

Winter R, Noll F (1998) Methoden der Biophysikalischen Chemie. B.G. Teubner, Stuttgart

Zander C, Enderlein J, Keller RA (2002) Single-Molecule Detection in Solution. Methods and Applications. Wiley-VCH, Berlin

Zundel G (1978) Anwendung der Infrarotspektroskopie. In: Hoppe W, Lohmann W, Markl H, Ziegler H (Hrsg) Biophysik. Springer, Berlin Heidelberg New York S 103–108

5 Methoden zur Bestimmung der Struktur von Biomolekülen

5.1 Physikalische Prinzipien bei der Proteinaufreinigung

5.1.1 Osmose

Der Konzentrationsausgleich eines Lösungsmittels durch eine halbdurchlässige Membran, die nur für das Lösungsmittel selbst, aber nicht für gelöste Stoffe wie in unserem Fall für Proteine bzw. Proteinkomplexe durchlässig ist, wird Osmose genannt. In Abb. 5.1 ist eine solche Membran mit Proteinlösung auf der oberen und reinem Lösungsmittel auf der unteren Seite gezeigt. Da die Konzentration des Lösungsmittels in der Proteinlösung geringer als im Lösungsmittel selbst ist, diffundieren Lösungsmittelmoleküle so lange durch die Membran von unten nach oben, bis sich ein Gleichgewichtszustand eingestellt hat. Im Gleichgewicht gilt zwar $c_{H_2O_{oben}} = c_{H_2O_{unten}}$, aber es hat sich ein Druckunterschied eingestellt, da sich zusätzlich zu den Lösungsmitteln Proteinmoleküle in der oberen Lösung befinden. Dieser Druckunterschied Δp_{Osmose} ist durch die **van't-Hoffsche Gleichung** gegeben:

$$p_{Osmose} M = c_m RT. \qquad (5.1)$$

Durch die Messung von p_{Osmose} einer Proteinlösung mit bekannter Proteinmassenkonzentration c_m lässt sich mit Hilfe von Gl. 5.1 die Proteinmasse M bestimmen. Diese Gleichung gilt nur für ideale Lösungen, in denen Lösungsmittelmoleküle nicht mit den Proteinen wechselwirken. Für nicht-ideale Lösungen muss Gl. 5.1 durch

$$p_{Osmose} = RT \left[\frac{c_m}{M} + B' c_m^{\,2} + ... \right] \qquad (5.2)$$

ersetzt werden.

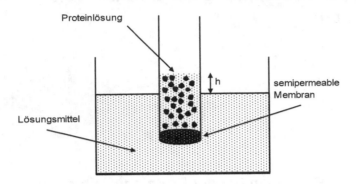

Abb. 5.1. Der osmotische Druck ist proportional zur Höhe der Proteinlösung *h*, die durch eine halbdurchlässige Membran mit dem Lösungsmittel verbunden ist (Winter u. Noll 1998)

Der Koeffizient B' berücksichtigt Wechselwirkungen zwischen den Lösungsmittelmolekülen und den gelösten Proteinen sowie Wechselwirkungen der Proteine untereinander. Der osmotische Druck lässt sich durch die Messung der Höhe *h* einer Proteinlösung, die mit Lösungsmittel über eine semipermeable Membran verbunden ist, bestimmen. Mit Hilfe der Dichte des Lösungsmittels ρ_L und unter der Bedingung von sehr verdünnten Proteinlösungen ($c_{H_2O} \ll c_{Protein}$) ergibt sich dann $p_{Osmose} = \rho_L g h$.

5.1.2 Sedimentation

In einer Proteinlösung wirkt zwar auch die Gravitationskraft auf die Proteine, aufgrund von Stößen mit Lösungsmittelmolekülen werden sich die Proteine aber nicht am Boden des Gefäßes absetzen. Anders verhält es sich mit Supensionen von Zellen oder Organellen: Wird eine solche Suspension von Teilchen der Masse M_T in einem Lösungsmittel der Dichte ρ_L eine gewisse Zeit im Reagenzglas stehen gelassen, so senken sich die im Vergleich zu den Lösungsmittelmolekülen um ein Vielfaches schwereren Teilchen langsam ab. Im ersten Moment des Absinkens ist dabei die auf ein Teilchen wirkende Kraft F gleich der Gewichtskraft $F_T = M_T g$ vermindert um die Auftriebskraft $F_A = \rho_L g V_T$. V_T ist das partielle spezifische Volumen des nicht hydratisierten Teilchens, das aus Messungen der Dichte ρ_T von lyophylisiertem Material oder mit einem Pyknometer gewonnen werden kann (s. Adam et al. 2003).

$$F_T = M_T g - \rho_L g V_T = M_T g - \rho_L g \frac{M_T}{\rho_T} = M_T g\left(1 - \frac{\rho_L}{\rho_T}\right). \tag{5.3}$$

Die Kraft F_T beschleunigt das Teilchen so lange, bis F_T gerade durch die Reibungskraft zwischen Teilchen und Lösungsmittel F_R aufgehoben wird. F_R lässt sich für kugelförmige Teilchen mit Radius r und der Viskosität η durch das Stokesche Gesetz

$$F_R = 6\pi r \eta_R v_T \tag{5.4}$$

berechnen. Dabei ist v_T die Geschwindigkeit, mit der sich das Teilchen durch die Flüssigkeit bewegt. Die Kraft F_T beschleunigt das Teilchen so lange, bis die Reibungskraft F_R genau so groß ist wie F_T. Dann sinkt das Teilchen mit konstanter Sinkgeschwindigkeit v_T. Durch Gleichsetzen von Gl. 5.3 und Gl. 5.4 und durch Auflösen nach v_T ergibt sich:

$$v_T = \frac{M_T g\left(1 - \dfrac{\rho_L}{\rho_T}\right)}{6\pi\eta_R r}. \tag{5.5}$$

Ist die Form und der Radius der Teilchen aus anderen Messungen bekannt, so erlaubt diese Methode also auch die Bestimmung der Masse von Organellen bzw. Zellen. Damit sich auch Proteine in Lösungen absetzen, muss die wirkende Kraft F_T bzw. die Beschleunigung g stark erhöht werden. Dies lässt sich durch Ultrazentrifugen erreichen, in denen leicht 10^5-fache Erdbeschleunigungen erreicht werden.

5.1.3 Ultrazentrifugation

In einer Zentrifuge können nicht nur Organellen, sondern auch Proteine getrennt und deren Masse bestimmt werden. Im Gegensatz zur Sedimentationsmethode wirkt in einer Ultrazentrifuge, die sich mit der Kreisfrequenz ω im Abstand r von der Drehachse der Zentrifuge dreht, nicht die Gewichtskraft auf ein Teilchen der Masse M_T, sondern die Zentrifugalkraft

$$F_Z = M_T \omega^2 r. \tag{5.6}$$

Die auf ein Teilchen wirkende Kraft F_T ergibt sich dann unter Berücksichtigung der Auftriebskorrektur. Wie auch im Fall der Sedimentationsmethode ist die auf das Teilchen wirkende Kraft nach Erreichen des Gleichgewichts gleich der Reibungskraft $F_R = f v_T$ (f ist der für das Teilchen charakteristische Reibungskoeffizient und für kugelförmige Teilchen gilt $f = 6\pi r \eta_R$, s. Gl. 5.4) und es gilt:

$$F_T = M_T \omega^2 r \left(1 - \frac{\rho_l}{\rho_T}\right) = f v_T \Leftrightarrow v_T = \frac{M_T \omega^2 r \left(1 - \frac{\rho_l}{\rho_T}\right)}{f}. \tag{5.7}$$

Svedberg hat den **Sedimentationskoeffizienten** s_k eingeführt, der nicht von der Drehgeschwindigkeit bzw. der Kreisfrequenz ω abhängt:

$$s_k = \frac{v_T}{\omega^2 r} = \frac{M_T \left(1 - \frac{\rho_l}{\rho_T}\right)}{f}. \tag{5.8}$$

Da die meisten biologischen Makromoleküle Sedimentationskoeffizienten in der Größenordnung von einigen 10^{-13} s^{-1} besitzen, wurde für s_k die Einheit Svedberg (1 S=10^{-13} s^{-1}) eingeführt. Bezeichnen wir den Abstand der Grenzlinie zwischen Teilchenlösung und überstehendem Lösungsmittel von der Achse der Zentrifuge mit r_G und schreiben wir für die **Sedimentationsgeschwindigkeit** $v_T = dr_G/dt$, so können wir Gl. 5.8 folgendermaßen formulieren:

$$s_k = \frac{1}{\omega^2 r_G} \left(\frac{dr_G}{dt}\right). \tag{5.9}$$

Um den Sedimentationskoeffizienten s_k zu bestimmen, muss die Differentialgleichung 5.9 gelöst werden:

$$s_k \omega^2 \int_{t_0}^{t} dt = \int_{t_0}^{t} \frac{1}{r_G} dt \Leftrightarrow s_k \omega^2 (t - t_0) = \ln r_G(t) - \ln r_G(t_0) = \ln\left(\frac{r_G(t)}{r_G(t_0)}\right). \tag{5.10}$$

Aus dieser Gleichung ist ersichtlich, dass sich s_k mit Hilfe einer graphischen Auftragung von $\ln r_G(t)$ gegen t bestimmen lässt. Einige repräsentative Werte von s_k sind in Tabelle 5.1 aufgeführt.

Tabelle 5.1. Sedimentationskoeffizienten s_k, Dichten ρ und Molmassen M_P einiger Proteine und Viren bei T=20 °C (nach Adam et al. 2003)

	s_k (10^{-13} s)	ρ (gcm^{-1})	M_P (gmol^{-1})
Lysozym	1,87	1,453	14 100
Hämoglobin	4,31	1,335	60 000
Myosin	6,4	1,374	570 000
Tabakmosaikvirus	170	1,370	50 000 000

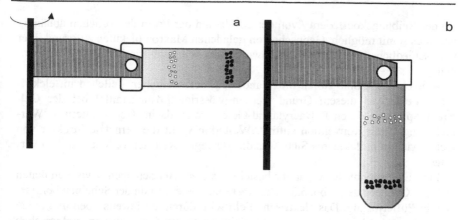

Abb. 5.2 a,b. Ist ein Dichtegradient im Lösungsmittel vorhanden, so sammeln sich zwei verschiedene Teilchenfraktionen während der Rotation (**a**) des Probengefäßes an genau den Stellen, wo die Dichte des Lösungsmittels gleich der Dichte der Teilchen ist. Nach der Zentrifugation (**b**) lassen sich die Fraktionen durch Anstechen des Probengefäßes mit einer feinen Spritze entnehmen

Die Messung von $r_G(t)$ ist mit Hilfe von optischen Methoden möglich. Dazu zählen die Bestimmung der Teilchenkonzentration in Abhängigkeit vom Abstand r mit Hilfe von Lichtabsorptionsmessungen, die Bestimmung von Konzentrationsunterschieden mit Hilfe von Lichtbrechung (Schlierenaufnahmen) oder durch Interferenz von Licht (Interferenzphotographie). Zentrifugen, die zusätzlich solche Messungen erlauben, bezeichnet man als analytische Ultrazentrifugen. Die Genauigkeit der Massenbestimmung durch Ultrazentrifugen kann noch erhöht werden, indem das Lösungsmittel einen Dichtegradienten besitzt. Durch Zugabe von Cäsiumchlorid oder Saccharose kann bei vorsichtiger Pipettierung ein Dichtegradient im Probengefäß aufrechterhalten werden. Solche **Dichtegradientenzentrifugation** erlaubt eine gegenüber der konventionellen Ultrazentrifugation bessere Trennung von Teilchenfraktionen, da sich die Teilchen während der Zentrifugation genau an dem Ort sammeln, wo die Dichte des Lösungsmittels der Dichte der Teilchen entspricht.

5.1.4 Elektrophorese

Elektrisch geladene Teilchen (z.B. DNA-Moleküle) mit der Ladung Q wandern in einem elektrischen Feld E aufgrund der auf die Teilchen wirkenden Coulomb-Kraft $F_e = qE$. Befinden sich die Teilchen in einem Medium, so werden sie so lange beschleunigt, bis die auf die Teilchen wirkende Coulombkraft F_e gleich der ihr entgegenwirkenden Reibungskraft $F_R = fv$ ist. Für die Teilchengeschwindigkeit v_T ergibt sich dann

$$v_T = \frac{qE}{f}. \tag{5.11}$$

Da der Reibungskoeffizient *f* von der Größe und der Form der Teilchen abhängig ist, ist es somit möglich, Gemische von geladenen Makromolekülen aufgrund ihrer unterschiedlichen Wanderungsgeschwindigkeit *v* im elektrischen Feld *E* zu trennen.

Konvektionsströme stören die Wanderung der geladenen Teilchen im elektrischen Feld. Aus diesem Grund werden wässrige Lösungsmittel bei der **Gel-Elektrophorese** durch Polyacrylamid-Gele ersetzt, da im Gel nur geringe Wärmeleitung durch Konvektion auftritt. Weiterhin wirkt die vernetzte Struktur von Gelen wie ein molekulares Sieb, was die Beweglichkeit der Teilchen im Gel verringert.

Eine Elektrophorese-Apparatur besteht aus zwei Glasscheiben, zwischen denen sich das Gel befindet (Abb. 5.3). Das obere und untere Ende der Scheiben befindet sich in Pufferlösung. Das elektrische Feld wird durch die jeweils oben und unten eintauchenden Elektroden verursacht. Bringt man ein Gemisch von biologischen Makromolekülen auf ein sich zwischen zwei Glasscheiben befindendes Gel, das sich in einem elektrischen Feld befindet, so bilden sich nach einigen Minuten **Proteinbanden** aus.

Pufferlösung mit Elektroden

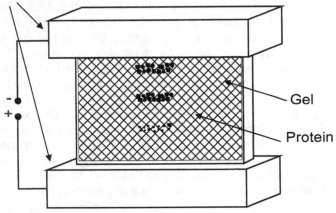

Abb. 5.3. Schematischer Aufbau einer Gel-Elektrophorese-Apparatur. Die Proteinbanden werden nach Entfernung des Gels entweder durch Anfärben (z.B. mit Coomassie-Blau) oder durch immunologische Methoden (Western Blot) sichtbar gemacht. Eine weitere Möglichkeit ist die radioaktive Markierung der Makromoleküle vor der Elektrophorese (s. Kap. 6.1). Die Detektion erfolgt dann nach Abschalten der Hochspannung, indem ein radioaktiv empfindlicher Film auf die Glasplatte gebracht und durch die radioaktive Strahlung der Banden belichtet wird

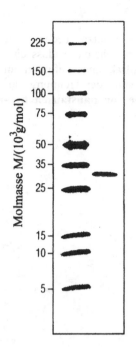

Abb. 5.4. Massenbestimmung mit Gel-Elektrophorese: Ein unbekanntes Protein läuft über ein Gel (*rechts*). Durch Vergleich mit Banden bekannter Proteine (*links*) lässt sich die Proteinmasse abschätzen (Adam et al. 2003)

Auch ungeladene Proteine können mit Gel-Elektrophorese untersucht werden. Nach Zugabe des anionischen Detergens Natriumdodecylsulfat (SDS) denaturieren die Proteine und werden von SDS-Molekülen umschlossen. Die so gebildeten negativ geladenen Mizellen wandern im elektrischen Feld. Diese Technik wird als **SDS-Gel-Elektrophorese** bezeichnet. Benutzt man Polyacrylamid als Gel, so ist diese Technik unter der Abkürzung **SDS-PAGE** bekannt. Sie ist so empfindlich, dass sich Proteinmengen von nur einigen Mikrogramm nachweisen lassen.

Wird der pH-Wert eines Proteinlösung verändert, so besitzt jedes Protein bei einem für das Protein charakteristischen pH-Wert die Ladung null. Damit verschwindet die elektrische Beweglichkeit, man spricht vom **isoelektrischen Punkt**. Stellt man im Elektrophorese-Gel einen pH-Gradienten ein, so ist es also möglich, Proteingemische zu trennen, indem die verschiedenen Proteine im elektrischen Feld wandern, bis sie im Gel ihren isoelektrischen Punkt erreichen. Legt man das Gel anschließend auf ein SDS-Polyacrylamid-Gel, so denaturieren die Proteine und werden von SDS umschlossen. Legt man nun ein elektrisches Feld an, das zum ursprünglichen elektrischen Feld senkrecht steht, so führt man eine vertikale Elektrophorese durch und erhält nach Anfärben ein zweidimensionales Proteinbandenmuster. Somit ist es möglich, aus einem Proteingemisch weit über hundert Proteine in einem einzigen Experiment zu isolieren und durch Vergleich mit Standardproteinen zu identifizieren (Nölting 2004).

5.1.5 Chromatographische Methoden

Säulenchromatographie stellt heutzutage die am meisten benutzte Technik zur Trennung von Proteingemischen dar. Das Grundprinzip besteht darin, dass eine fluide Phase, in der sich gelöst die zu trennenden Proteinfraktionen befinden, an einer stationären Phase vorbeiläuft. Je nach dem Mechanismus der Trennung unterscheidet man die **Gelausschlusschromatographie**, die **Ionenaustauschchromatographie** und die **Affinitätschromatographie**.

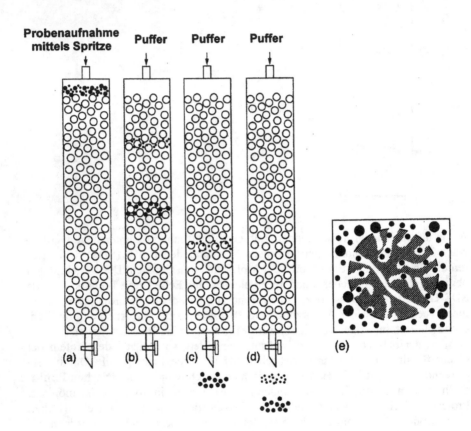

Abb. 5.5. a-e. Prinzip der Gelausschlusschromatographie: Proteine, die nicht in die Hohlräume des Säulenmaterials passen, durchlaufen die Säule schneller als solche, die in das Säulenmaterial hinein diffundieren können. Nach Durchlaufen der Säule wird die gereinigte Proteinfraktion aufgefangen. Die Art des Säulenmaterials und die Größe der Hohlräume werden an das aufzureinigende Protein angepasst (nach Nölting 2004)

Gelausschlusschromatographie

Für die Gelauschlusschromatogrphie (auch Gelpermeatations- oder Gelfiltration-
schromatographie genannt) werden wie bei der Gel-Elektrophorese mikroporöse
Materialien (Molekularsiebe wie z.B. Polyacrylamid, Dextran oder Agarose) allerdings hier in Form von ca. 100 μm großen Teilchen verwendet. Eine solche
Säule wird vom Lösungsmittel und allen Molekülen, die in die Kavitäten des
Säulenmaterials passen, langsamer durchlaufen als von den Biomolekülen, die
größer sind als die Kavitäten des Säulenmaterials.

Abb. 5.5 zeigt den schematischen Aufbau einer Gelfiltrationssäule. Nach dem
Laden der Säule mit Probenmaterial wird Pufferlösung auf die Säule gegeben, um
den Trennprozess zu ermöglichen. Mit Hilfe von Proteinen bekannter Masse können der Laufzeit von Molekülen Molekülmassen zugeordnet werden. Abb. 5.6
zeigt den Verlauf eines solchen Experiments.

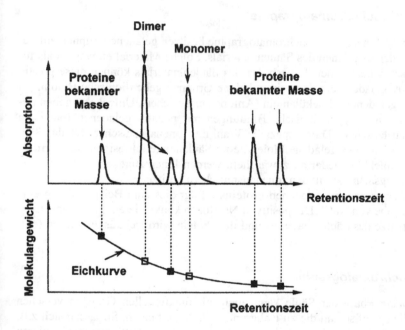

Abb. 5.6. Molekulare Markierungsproteine bekannter Massen erlauben die Abschätzung
von Proteinmassen bei der Gelausschlusschromatographie. Hier ist ein schematisches Beispiel der Trennung von monomeren und dimeren Einheiten eines Proteins und deren Mas-
senabschätzung mit Hilfe von 4 Markerproteinen gezeigt (nach Nölting 2004)

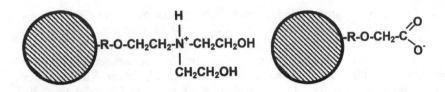

Abb. 5.7. Schematische Darstellung einer positiv geladenen Gruppe eines Kationenaustauschers (Diethylaminoethyl (DEAE) *rechts*) und einer negativ geladenen Gruppe eines Anionenaustauschers (Carboxymethyl (CM) *links*) (nach Nölting 2004)

Ionenaustauschchromatographie

Säulen für die Ionenaustauschchromatographie besitzen geladene Gruppen auf der Oberfläche der Kügelchen des Säulenmaterials. Solche Materialien werden als Ionenaustauscher bezeichnet. Je nach Art des Säulenmaterials können diese positiv oder negativ geladen sein. Negativ geladene Gruppen gehen ionische Bindungen mit positiv geladenen Molekülen ein (Anionenaustauscher). Umgekehrt gehen positiv geladenen Gruppen ionische Bindungen mit negativ geladenen Ionen ein (Kationenaustauscher). Durch spezielle Wahl des Ionenaustauschers für das Säulenmaterial können so geladene Moleküle im Säulenmaterial festgehalten werden. Um diese Moleküle wieder auszuwaschen, werden Ionen zugegeben, die eine erhöhte Bindungsaffinität mit den Ionenaustauschern besitzen.

Im Fall eines negativ geladenen Proteins erfolgt dies zum Beispiel durch eine erhöhte Zugabe von NaCl. Die positiven Na^+-Ionen konkurrieren um die negativen Bindungsplätze des Säulenmaterials und das Protein wird frei ausgewaschen (eluiert).

Affinitätschromatographie

Die stationäre Phase der Säule kann auch mit funktionellen Gruppen versehen werden, die spezifisch an die zu isolierenden Proteine binden. So lassen sich z.B. Antikörper, deren Antigen auf dem Säulenmaterial mit Hilfe von molekularen Linkern immobilisiert ist, auf folgende Art und Weise trennen: Nach dem Laden der Säule mit einem Gemisch von Antikörpern binden nur die Antikörper am Antigen, die eine hohe Bindungsaffinität zum Antigen besitzen, Antikörper mit niedrigerer Bindungsaffinität zum Antigen werden mit dem Puffer aus der Säule gewaschen. So verbleiben nur die zu isolierenden Antikörper in der Säule und können mit einer hohen Salzkonzentration ausgewaschen werden.

Eine weitere Anwendung der Affinitätschromatographie ist die Aufreinigung von Proteinen mit genetisch fabrizierten Histidingruppen (engl. *histidin tags*), die die Funktion und Struktur des Proteins allerdings nicht stören dürfen.

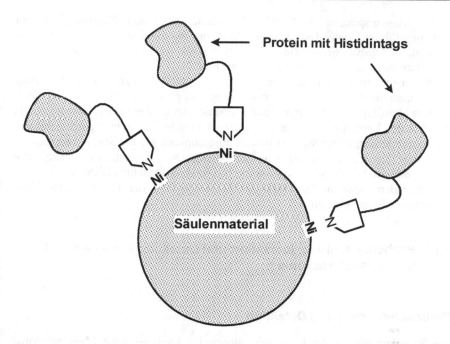

Abb. 5.8. Schematische Darstellung der Affinitätschromatographie: Die Ni-Ionen eines 100 μm großen Kügelchens wechselwirken mit den Histidintags eines Proteins, nur die Proteine, die einen Histidintag besitzen, werden in der Säule zurückgehalten und können später mit Salz-Puffern ausgewaschen werden

Diese Histidingruppen besitzten eine hohe Bindungsaffinität bzgl. Nickel, sodass für solche Experimente durch Ionenaustausch hergestellte Nickelharze verwendet werden.

5.2 Massenspektroskopie: Strukturaufklärung durch Fragmentierung von Proteinen bei minimalen Probenmengen

Massenspektroskopie wird heute zur Bestimmung der Massen von Atomen, Molekülen sowie in der letzten Dekade auch zur Bestimmung von Proteinmassen benutzt und hat sich zu einer der wichtigsten Analysemethoden in der Proteomforschung entwickelt (Nölting 2004; Budzikiewicz 1998) Die zu analysierenden Stoffe werden im Gerät ionisiert und dann im Hochvakuum mit Hilfe von elektrischen und magnetischen Feldern gemäß ihrem Ladungs- zu Massenverhältnis getrennt.

Ein Massenspektrometer besteht also immer aus einem **Einlasssystem** zur Probeneinführung, einer **Ionisationseinheit**, die die eingeführten Moleküle ionisiert, einem **Analysator**, der die so erzeugten Ionen nach ihrem Ladungs- zu Massenverhältnis trennt, und einer **Nachweiseinheit**.

Massenspektroskopie wird schon seit mehr als 60 Jahren zur Charakterisierung von kleinen Molekülen benutzt. Die Messung von großen Molekülen bzw. Proteinen war allerdings mit herkömmlichen Ionisationsmethoden nahezu unmöglich, da sich bei der Ionisation zu viele unspezifisch geladene Proteinfragmente bilden. Erst in den letzten Jahren wurden Ionisationstechniken wie die Matrix-unterstützte Ionisation durch Laserdesorption und die Elektrospray-Ionisation entwickelt, die einfach oder mehrfach geladene Proteine mit intakter Struktur liefern. Wir werden im Folgenden zuerst die Ionisationsverfahren und dann die Techniken zur Massentrennung kennen lernen.

5.2.1 Probeneinführung, Ionisation und Detektion von Ionen in der Massenspektroskopie

Probeneinführung und Detektion

Die Standardmethode der Probeneinführung für konventionelle Massenspektrometer besteht darin, die Probe vor der Ionisation zu verdampfen, über Ventilsysteme in eine Hochvakuumkammer zu leiten und dort durch Elektronenstoß zu ionisieren (Abb.5.9).

Eine gerade zur Charakterisierung von Proteinen angewandte Methode ist die Matrix-unterstützte Ionisation durch Laserdesorption (engl. *Matrix Assisted Laser Desorption Ionisation* (**MALDI**)). Die zu untersuchenden Moleküle werden in einer Matrix eingebettet. Durch Beschuss mit einem Laserpuls mit Wellenlängen, die gut von den Matrixmolekülen absorbiert werden (z. B. N_2-Laser, die Licht im ultravioletten Bereich (337 nm) aussenden oder Erbium:YAG Infrarotlaser mit 2940 nm Wellenlänge), werden Proteine und Matrixmoleküle desorbiert (Abb. 5.10). Die Matrixmoleküle schützen die Makromoleküle vor Defragmentierung, und es werden einfach oder mehrfach ionisierte Makromoleküle im Spektrometer erzeugt.

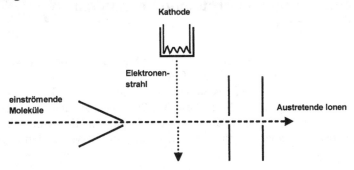

Abb. 5.9. Ionisation durch Elektronenbeschuss im Vakuum, eine Standardmethode in der Massenspektroskopie

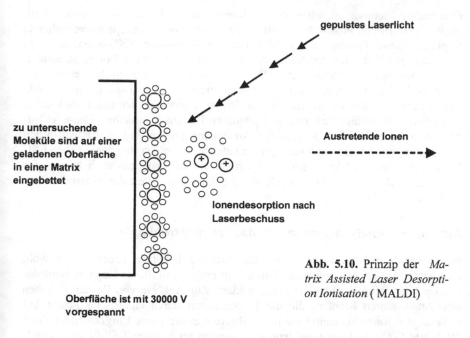

gepulstes Laserlicht

zu untersuchende Moleküle sind auf einer geladenen Oberfläche in einer Matrix eingebettet

Austretende Ionen

Ionendesorption nach Laserbeschuss

Oberfläche ist mit 30000 V vorgespannt

Abb. 5.10. Prinzip der *Matrix Assisted Laser Desorption Ionisation* (MALDI)

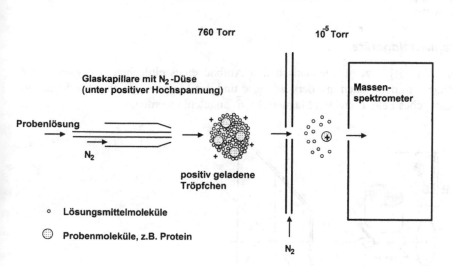

760 Torr

10^{-5} **Torr**

Glaskapillare mit N_2-Düse (unter positiver Hochspannung)

Massen-spektrometer

Probenlösung

N_2

positiv geladene Tröpfchen

○ **Lösungsmittelmoleküle**

⊛ **Probenmoleküle, z.B. Protein**

N_2

Abb. 5.11. Prinzip der Elektrospray-Ionisation (ESI)

Eine andere Methode, die ebenfalls zur Ionisation von Proteinen eingesetzt wird, ist das Sprühen von Proteinlösung durch eine feine unter Hochspannung stehende Kapillare. Dieser Prozess wird als **Elektrospray-Ionisation** (**ESI**) bezeichnet. Im Gegensatz zur Ionisation durch Elektronen und MALDI wird ESI unter atmosphärischen Bedingungen durchgeführt. Die Abb. 5.11 zeigt den Aufbau einer ESI-Ionenquelle. Bei Durchgang durch die hochfeine unter Hochspannung stehende Kapillare werden die Tröpfchen, die aus den zu untersuchenden Makromolekülen und Lösungsmolekülen bestehen, mit positiven Ladungen versehen. Diese Tröpfchen verdampfen auf dem Weg in den Analysator, und so sind bei Eintritt in den Analysator nur noch Moleküle in geladener Form vorhanden. Eine ESI-Ionenquelle liefert Makromoleküle, die nicht nur ein- sondern auch zwei- oder mehrfach geladen sind. Dadurch lässt sich die Genauigkeit der Massenbestimmung noch erhöhen.

Aufbau von Analysatoren in der Massenspektroskopie

Massenspektrometer für die chemische Analyse benutzen heutzutage sowohl elektrische wie auch magnetische Felder. Im ersten Teil dieses Kapitels wird das Prinzip eines Magnetfeldgeräts näher erklärt. Zur Analyse von Proteinen haben sich Analysatoren bewährt, die die Flugzeit von durch elektrische Felder beschleunigten Ionen in einem Feld-freien Raum messen. Diese **Flugzeit-** oder *Time Of Flight* (**TOF-**) **Massenspektrometer** werden im zweiten Teil dieses Kapitels erläutert.

Magnetfeldgeräte

Die Abb. 5.12 zeigt schematisch den Aufbau eines einfachen Analysators der Länge l, in dem Ionen mit der Ladung e und der Masse m gleichzeitig durch ein elektrisches Feld $\vec{E}$ und ein Magnetfeld $\vec{B}$ abgelenkt werden.

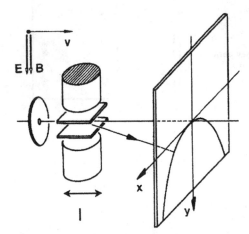

Abb. 5.12. Prinzipieller Aufbau eines Magnetfeldgerätes: Ionen mit der Geschwindigkeit v werden bei Durchgang durch die Strecke l durch ein elektrisches Feld E in y-Richtung und durch ein magnetisches Feld B in x-Richtung abgelenkt (Haken u. Wolf 2000)

Die Ablenkung in y- Richtung wird durch Ablenkung der geladenen Ionen im elektrischen Feld erzeugt. Die y-Koordinate auf dem Analysatorschirm ergibt sich zu:

$$y = \frac{e|\vec{E}|}{2m} \frac{l^2}{v^2} = \frac{e|\vec{E}|l^2}{4E_{Kin}}. \tag{5.12}$$

Die Ionen werden also laut Gl. 5.12 gemäß ihrer kinetischen Energie E_{kin} abgelenkt. Das elektrische Feld wirkt somit wie ein **Energiefilter**.

Die Ablenkung in x-Richtung erfolgt durch das magnetische Feld und ergibt sich mit der Geschwindigkeit der Ionen v zu

$$x = \frac{e|\vec{B}|}{2m} \frac{l^2}{v} = \frac{e|\vec{B}|l^2}{2p}. \tag{5.13}$$

Die Ablenkung durch das magnetische Feld wirkt also gemäß Gl. 5.13 wie ein **Impulsfilter** ($p=mv$).

Flugzeit- (Time of Flight, TOF)- Massenspektrometer

Flugzeitgeräte arbeiten gepulst. Die zu analysierenden Ionen werden durch Anlegen einer Spannung U beschleunigt und werden am Ende eines feldfreien Rohres nachgewiesen. So kann die Länge der Flugzeit t, die das Ion benötigt, um die Strecke s im feldfreien Rohr zurückzulegen, gemessen werden. Das Ladungs- zu Massenverhältnis ergibt sich zu

$$\frac{e}{m} = \frac{s^2}{2Ut^2}. \tag{5.14}$$

Schwere Ionen benötigen also eine längere Zeit t, um das Rohr zu durchlaufen, als leichtere Ionen, was eine Massentrennung möglich macht. Da auch eine MALDI-Ionenquelle gepulst arbeitet, lag es auf der Hand, diese mit TOF-Massenspektrometer zu kombinieren. Solche Geräte werden heute routinemäßig auch zur Bestimmung von Proteinmassen eingesetzt (Budzikiewicz 1998).

Quadrupolmassenspektrometer

Ein Quadrupolanalysator besteht aus vier parallelen, im Quadrat angeordneten Metallstäben, von denen kreuzweise jeweils zwei Stäbe miteinander leitend verbunden sind (s. Abb. 5.13). Die Ionentrennung erfolgt durch gleichzeitiges Anlegen von hochfrequenter Wechselspannung und einer Gleichspannung. Je nach Größe der Gleichspannung U, der Frequenz ω und der Amplitude der Wechselspannung V werden nur Ionen eines bestimmten Ladungs- zu Massenverhältnisses auf der Mittelachse des Quadrupols durchgelassen und im Detektor nachgewiesen.

5.2.2 Massenspektroskopie von Biomolekülen

Die Kombination von gepulsten MALDI-Ionenquellen und TOF-Massenanalysatoren (**MALDI-TOF-Massenspektrometer**) hat sich zu einer der wichtigsten Analysetechniken in der Proteomforschung entwickelt (Nölting 2004). Zur Analyse werden nur ca. 1 µl Proteinlösung benötigt. Die Empfindlichkeit dieser Technik reicht aus, um einzelne Protein-Spots eines zweidimensionalen Elektrophoresegels zu analysieren. Proteine können mit spezifischen Proteasen (z.B. Trypsin, das nur auf den Carbonylseiten von Lysin und Arginin spaltet) verdaut werden. Die Fragmente werden mit Hilfe von MALDI-TOF-Massenspektrometern vermessen und die so erhaltenen Massen mit Proteindatenbanken verglichen. Mit Hilfe eines solchen Gerätes lassen sich Proteine mit Massen von bis zu 500 kDa trennen. Die Präzision bei der Massenbestimmung liegt bei ca. 10 ppm. Ist die Masse eines Proteins bekannt, so können mit Hilfe der Massenspektroskopie Änderungen der Masse aufgrund von Bindungen von Cofaktoren und oder Metallionen erfasst werden. Auch ESI-Ionenquellen werden sowohl mit TOF-Massenspektrometern wie auch Quadrupolmassenspektrometern gekoppelt. Ein Ionenspray-Spektrum von Myoglobin ist als Beispiel in Abb. 5.14 gezeigt.

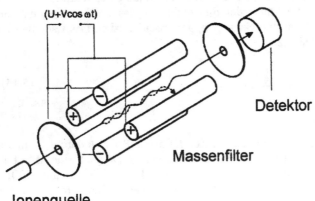

Abb. 5.13. Aufbau des Analysators eines Quadrupolmassenspektrometers (Erklärung siehe Text; Haken u. Wolf 2000)

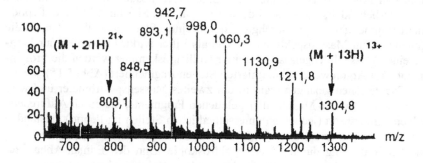

Abb. 5.14. Ionenspray-Massenspektrum von Myoglobin. Zu erkennen sind die Massen [Mb+21H]$^{21+}$ bis [Mb+13H]$^{13+}$ (Budzikiewicz 1998)

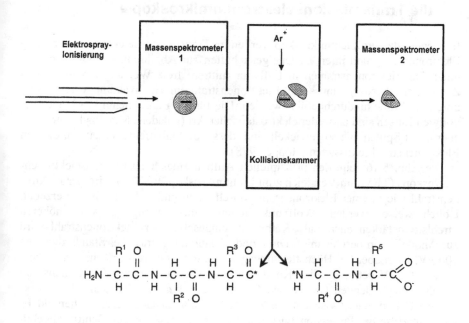

Abb. 5.15. Prinzip eines Tandem-Massenspektroskops (MS-MS) mit ESI-Ionenquelle. In der Kollisionskammer wird das im ersten Massenspektrometer selektierte Proteinfragment durch Beschuss mit Argon weiterhin definiert fragmentiert

Durch die Kopplung zweier Massenspektrometer in Verbindung mit einer ESI-Ionenquelle (**Tandem-Massenspektroskopie (MS-MS)**) lassen sich kurze Abschnitte von Polypeptiden sequenzieren. Eine Proteinlösung wird z.B. mit einer Protease vorbehandelt, und so wird das Protein in eine Mischung kürzerer Peptide definiert fragmentiert. Nach Durchgang durch eine ESI-Ionenquelle gelangen die Fragmente in ein Massenspektrometer, das als Filter wirkt. Es werden nur Fragmente einer Masse durchgelassen. In einer Kollisionskammer werden die Proteinfragmente mit Argon weiter an definierten Stellen fragmentiert (Abb. 5.15).

Die Tochterionen gelangen dann in ein zweites Massenspektrometer und werden dort analysiert. Die Massen aller geladenen Fragmente, die durch Aufbrechen derselben Bindungsart (jedoch an unterschiedlichen Stellen im Peptid) entstanden sind, werden so registriert.

Die Sequenzierung durch Massenspektroskopie kann den Edman-Abbau zur Sequenzierung langer Peptidketten sicher auch in Zukunft nicht ersetzen. Diese Methode ist aber ideal für die Proteomforschung, wenn es darum geht, hunderte von Zellproteinen zu charakterisieren, die auf einem zweidimensionalen Gel getrennt worden sind (Nelson u. Cox 2001).

5.3 Die Wellennatur von Elektronen ist die Grundlage für die Transmissionselektronenmikroskopie

Im Gegensatz zum Lichtmikroskop werden im Transmissionselektronenmikroskop Elektronen aufgrund ihrer Welleneigenschaften zur Abbildung von Objekten benutzt. Da Elektronenstrahlen in Luft nur mittlere freie Weglängen von einigen Zentimetern besitzen, muss der Elektronenstrahl im Hochvakuum erzeugt und durch die Probe hindurchgeführt werden. Die für die Elektronenmikroskopie benötigten Linsen sind entweder elektrostatischer Art (geladene Metallzylinder) oder aber meist Spulen, die so gewickelt sind, dass sie Magnetfelder erzeugen, die den Elektronenstrahl fokussieren (Hoppe 1978).

Die Abb. 5.16 zeigt den prinzipiellen Aufbau eines Transmissionselektronenmikroskops (TEM) im Vergleich zum Lichtmikroskop. Im TEM wird der Elektronenstrahl wie in einer Elektronenröhre durch einen glühenden Draht (E) erzeugt. Üblicherweise werden Wolframkathoden, zur Erzeugung von höheren Strahlstromstärken auch LaB_6-Kathoden, eingesetzt. Der Elektronenstrahl wird zur Anode A hin beschleunigt. Die Anodenspannung beträgt bei Standardgeräten 100 kV, kann aber bei Höchstleistungsgeräten, die atomare Auflösung erreichen, bis zu 500 kV betragen. Eine Kondensorlinse K fokussiert den Elektronenstrahl auf den abzubildenden Gegenstand G. Zur Abbildung werden dann die Objektivlinse O und eine Zwischenlinse Z benutzt. Das entstandene Zwischenbild B_2 wird mit Hilfe der Projektionslinse P auf einen fluoreszierenden Schirm abgebildet.

Die zu untersuchende Probe befindet sich im Hochvakuum und muss sehr dünn sein, damit Absorption von Elektronen und damit elektrostatische Aufladungen der Probe vermieden werden. Elektrische Aufladungen beeinflussen den Elektronenstrahl und damit die Bildqualität. Die Elektronenmikroskopie eignet sich nicht von vornherein für die Untersuchung von biologischem Material, das ja im Vakuum sofort denaturieren würde. Trotzdem ist es möglich, biologische Proben so zu modifizieren, dass eine Abbildung mit Hilfe eines TEMs möglich ist.

Wie in der Lichtmikroskopie gibt es auch in der Transmissionselektronenmikroskopie **Färbetechniken**. Der Kontrast im Transmissionselektronenmikroskop wird durch Streuung der Elektronen erzeugt. Je schwerer ein Atom, also je höher die Kernladungszahl, desto stärker werden Elektronen an diesem Atom gestreut. Deshalb färbt man die zu untersuchende Probe mit Schwermetallen an. Die Entwicklung von Fixiertechniken mit Schwermetallen leistete entscheidende Dienste bei der Strukturaufklärung von Membranen. Abb. 5.17 zeigt die mit Osmiumtetroxyd fixierte und mit Schwermetallen chemisch für TEM-Untersuchungen angereicherte Plasmamembran des Rattendarmepithels. Die dunkle Linie zeigt die Kopfgruppen der Lipide, während Fettsäureketten als heller Zwischenraum zu erkennen sind.

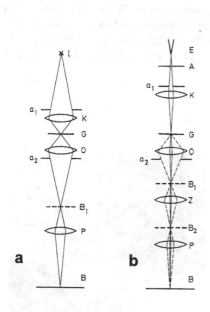

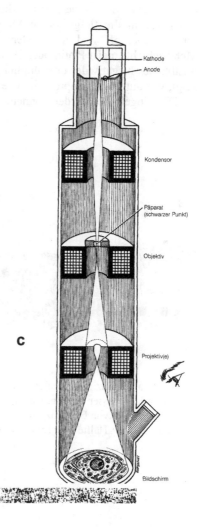

Abb. 5.16 a-c. Vergleich der Strahlengänge eines Lichtmikroskops (**a**) und eines Transmissionselektronenmikroskops (**b**) (nach Hoppe 1978). In Abb. (**c**) ist ein Querschnitt durch ein TEM gezeigt (Junqueira u. Carneiro 1991; Erklärung siehe Text)

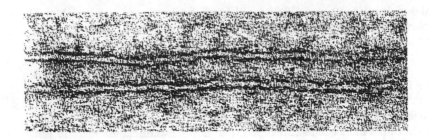

Abb. 5.17. Zwei Plasmamembranen des Rattendarmepithels. Die Probe wurde mit Osmiumtetroxyd fixiert und mit Schwermetallen angefärbt. Die Struktur der Membranen (dunkle Linie – heller Zwischenraum – dunkle Linie) zeigt deutlich die Lipiddoppelschicht (Hoppe 1978)

Eingefrorene Membrane können durch Gefrierbrechen gespalten werden (Abb. 5.18). Indem die tiefgefrorene Membran unter Hochvakuum mit einer Kohleschicht bedampft wird, die wiederum zur Erzeugung des Bildkontrasts mit einer Metallschicht (meist Platin oder Gold) schräg bedampft wird, erhält man ein kontrastreiches Negativ der ursprünglichen Membranoberfläche. Die Abbildung 5.19 zeigt, wie gut Membranproteine, wie hier die Citratlyase, mit Hilfe dieser Technik im TEM abgebildet werden können.

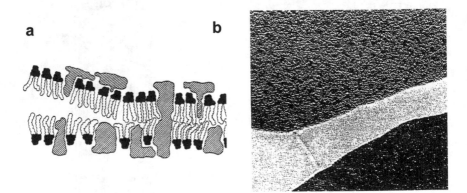

a

b

Abb. 5.18 a,b. Prinzip der Gefrierbruchtechnik. Die Membran wird eingefroren und mit einem scharfen Messer geschnitten (**a**). Dies ermöglicht die Aufnahme beider Seiten der Membranen, z.B. von Erythrozyten. Der Platin-Abdruck zeigt oben die innere „Hälfte" und unten die äußere „Hälfte" der Erythrozytenmembran (**b**) (Hoppe 1978)

Abb. 5.19. TEM-Aufnahme von Citratlyase negativ angefärbt mit Schwermetallsalzen (Hoppe 1978)

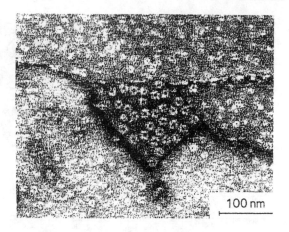

100 nm

Die wohl modernste Methode zur Charakterisierung von biologischen Präparaten für die Elektronenmikroskopie ist die Cryo-Elektronenmikroskopie. Das zu untersuchende Material wird dabei tiefgefroren und in diesem Zustand in das TEM transferiert. Die Probentemperatur wird im TEM auf Temperaturen im Bereich von 77 K oder sogar 4,2 K durch spezielle Kühlung mit flüssigen Gasen wie Stickstoff (77 K) oder Helium (4,2 K) gehalten. Der Elektronenstrahl wird stark gegenüber den konventionellen Aufnahmebedingungen abgeschwächt, und die Bildnahme erfolgt über eine hochempfindliche CCD-Kamera mit angeschlossenem Bildverstärker.

Um die so erhaltenen Aufnahmen zu entrauschen, werden spezielle Bildverarbeitungsprogramme benutzt. Mit Hilfe dieser Methode lassen sich auch Biomoleküle ohne Anfärbetechniken abbilden. Die Abb. 5.20 zeigt solche TEM-Aufnahmen von künstlichen Liposomen, die ein Modell von Organellen darstellen und sich mit Rezeptorproteinen präparieren lassen (Lambert et al. 1998). Dieses Experiment ermöglicht es, die Bindung eines Virus an Membranoberflächen zu studieren. Viren erkennen die Rezeptorstellen, binden an die künstliche Organelle und transferieren dann ihre DNA in das Innere der Organelle. Dadurch, dass viele Organell-Virus-Komplexe mit dem TEM abgebildet werden, können sogar einzelne Schnappschüsse dieses Transfers abgebildet werden. Die Abb. 5.20 zeigt eine Cryo-TEM Aufnahme von T5-Phagen, die an Proteoliposomen binden, die selbst wiederum mit dem Rezeptorprotein FHUA versehen sind. Der Phage überlistet das Rezeptorprotein FHUA, indem er mit einem Kanal an dieses Protein andockt. FHUA macht eine Konformationsänderung und öffnet dabei einen Kanal in das Innere des Liposoms (siehe 1 in Abb. 5.20). Der DNA-Transfer ist deutlich im TEM zu erkennen (siehe 2 in Abb. 5.20).

Durch die Aufnahme des Virus-Liposom-Komplexes unter verschiedenen Winkeln und anschließende Auswertung im Computer ist es sogar möglich, dreidimensionale Bilder zu erzeugen. Abb. 5.21 zeigt vier Aufnahmen eines solchen Komplexes und die dazugehörige, aus diesen Aufnahmen generierte 3D-Rekonstruktion.

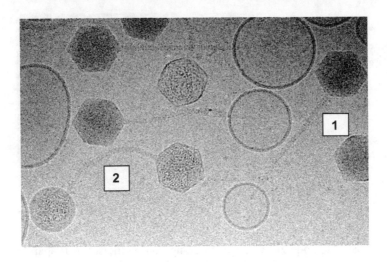

Abb. 5.20. Cryo-TEM-Charakterisierung der Bindung von T5-Phagen an Proteoliposomen, die mit dem Rezeptorprotein FHUA versehen sind (Lambert et al. 1998; mit freundlicher Genehmigung der Autoren)

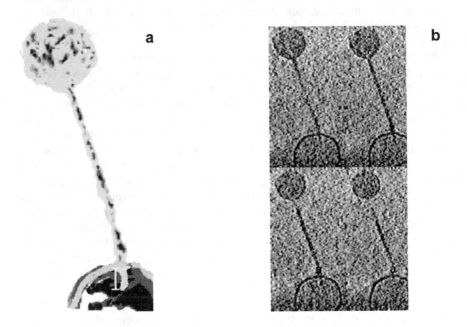

Abb. 5.21 a,b. 3D-Rekonstruktion der T5-Phage durch Cryo-TEM vor dem DNA-Transfer **(a)**. Das Computer-erzeugte 3D-Bild wird durch die Auswertung von mehreren TEM-Aufnahmen generiert **(b)** (Boehm et al. 2001; mit freundlicher Genehmigung der Autoren)

5.4 Röntgenabsorptionsspektroskopie gibt element-spezifische Strukturmerkmale von Metallzentren in Proteinen

Nicht nur Licht, sondern auch Röntgenstrahlung wird durch biologische Materialien absorbiert. Wird ein **Röntgenabsorptionsspektrum** in Abhängigkeit von der Energie aufgenommen, so beobachtet man Absorptionskanten im Spektrum, deren Lagen davon abhängig sind, welche Elemente, insbesondere welche Metalle, sich in der Probe befinden. Die **Röntgenabsorptionskanten** (Abb. 5.22) weisen eine Feinstruktur auf, die Informationen über den Valenzzustand von Metallen und über deren lokale Umgebung enthält.

In den 70er Jahren des 20. Jahrhunderts standen mit den **Elektronensynchrotrons** neuartige, intensive Röntgenstrahlungsquellen zur Verfügung, so dass sich Röntgenabsorptionsspektren auch an biologischen Proben, die im Vergleich zu Festkörpermaterialien weit geringere Konzentrationen an Metallen aufweisen, aufnehmen ließen. In der Zwischenzeit hat sich die Röntgensabsorptionsspektroskopie zu einer wertvollen Methode zur Charakterisierung von strukturellen und elektronischen Eigenschaften von Metallen in der Biologie entwickelt (Koningsberger u. Prins 1988)

5.4.1 Die Lage der Absorptionskante gibt Aufschluss über den Valenzzustand des Metalls

Wie in Abb. 5.22 dargestellt, verursacht im Absorptionsspektrum jedes Element in der Probe Absorptionskanten, sobald die Photonenenergie für die Ionisation von gebundenen Elektronen ausreicht. Diese Elektronen befinden sich auf diskreten Energieniveaus ($1s$, $2s$, $2p_{1/2}$, $2p_{3/2}$, ...). Die Absorptionskanten werden nach den Schalen des Bohrschen Atommodells benannt: An der K-Kante werden $1s$-Elektronen aus dem Atom herausgeschlagen und in das Kontinuum der Probe überführt. Entsprechend spricht man von L-Kante bei der Ionisation von Elektronen mit der Hauptquantenzahl $n=2$, bzw. von M-Kante bei Ionisation von Elektronen mit $n=3$ usw.). Die Ionisationsenergie hängt von dem Coulomb-Potential ab, in dem sich die Elektronen befinden. Dieses Potential ist für jedes Element charakteristisch und seine Tiefe steigt mit der Kernladung an. Daher ist auch die energetische Lage der Absorptionskanten elementspezifisch.

Weiterhin hängt die genaue Kantenposition von der Oxidationsstufe des beobachteten Elements ab. Ihre Form wiederum ist typisch für die jeweilige Metallkoordination, was zur Identifizierung von Metallzentren in Proteinen eingesetzt werden kann.

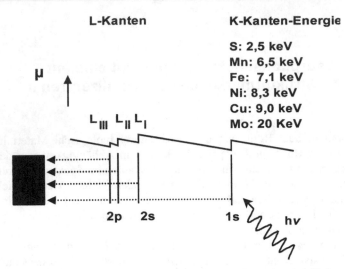

Abb. 5.22. Schematische Darstellung des Röntgenabsorptionskoeffizienten μ in Abhängigkeit von der Energie der Röntgenstrahlung und in Bezug zu atomaren Energieniveaus. Die absorbierte Energie des Photons (hv) ist im Diagramm durch einen geschlängelten Pfeil angedeutet. Dieses Photon liefert dem Elektron die notwendige Energie, um sich aus dem Atompotential zu lösen und ins Kontinuum (*geschwärzter Bereich*) zu gelangen. Einige Absorptionsenergien für K-Kanten sind im oberen Teil aufgelistet

5.4.2 Die Feinstruktur oberhalb der Kante enthält Informationen über Abstand, Art und Zahl der Liganden des Metalls

Im Bereich von bis zu 1000 eV oberhalb der Kante werden sinusförmige, gedämpfte Oszillationen des Röntgenabsorptionskoeffizienten beobachtet (Abb. 5.23). Diese werden EXAFS (engl. *Extended-X-ray-Absorption-Fine-Structure*) genannt. Aus diesem Grund spricht man bei Spektroskopie in diesem Energiebereich auch von **EXAFS-Spektroskopie**. EXAFS-Oszillationen werden nicht beobachtet, wenn die entsprechenden Absorberatome keine Nachbarn haben, wie z.B. in Edelgasen. Damit wird klar, dass EXAFS durch Eigenschaften von Nachbaratomen hervorgerufen werden muss.

Zur Entschlüsselung der sich an die Kante anschließenden Feinstruktur muss man die Quantenmechanik nutzen (s. Kap. 4.5). Fragen wir uns zunächst, was mit dem Elektron passiert, auf welches das Photon so viel Energie übertragen hat, dass es das Atompotential verlässt. Aus der Quantenmechanik wissen wir, dass man dieses Teilchen als Welle betrachten kann. Da keine Richtung bevorzugt ist, können wir erwarten, dass dieses Photoelektron sich als Kugelwelle ausbreitet[1]. Zum Vergleich kann man das Bild eines Steines, der in einen stillen Teich fällt, vor

---

[1] In Abb. 4.22, Kap. 5 kann der He-Strahl als eine ebene Welle aufgefasst werden, die durch einen Spalt durchtritt

Augen haben. Die Ausbreitung von Oberflächenwellen ist zwar zweidimensional und nicht dreidimensional, aber folgen wir dem Bild für einen Augenblick. Was passiert nun, wenn die Welle auf ein Hindernis stößt? Im Teich kann dies ein kleines Spielzeugboot sein, in der Probe ein Nachbaratom. Die Welle wird dann an diesem Potential gestreut. Ein gewisser Anteil der Welle wird auch um 180° gestreut, d.h. dieser Anteil bewegt sich in umgekehrter Richtung. Quantenmechanisch gesprochen, gibt es eine Wahrscheinlichkeit für die Rückstreuung der Photoelektronenwelle. An dieser Stelle müssen wir das klassische Bild verlassen. Quantenmechanische Prozesse sind mit einer Unschärfe verbunden. Daher fällt nicht nur kurz ein einzelner Stein ins Wasser, sondern das Absorberatom emittiert eine lange Welle. Daher kann sich die ausbreitende Welle mit der rückgestreuten Welle überlagern. Wichtig ist jetzt, ob diese Überlagerung am Absorberatom konstruktiv oder destruktiv ist. Bei konstruktiver Interferenz ist die Absorptionswahrscheinlichkeit für Photonen erhöht, bei destruktiver Interferenz erniedrigt. So entstehen in Abhängigkeit von der Energie der Photoelektronenwelle die Modulationen der Absorption, die in Abb. 5.23 dargestellt sind. Die Energie des Photoelektrons ist dabei gegeben durch die Differenz zwischen der Energie des einfallenden Photons und der Bindungsenergie des Elektrons.

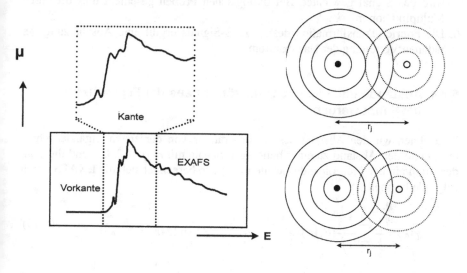

Abb. 5.23. *Links*: Röntgenabsorptionsspektrum aufgetragen als Absorptionskoeffizienten μ gegen die Energie E. Im oberen Bild ist der Kantenbereich vergrößert, während unten das gesamte Spektrum mit Vorkantenpeak, Kante und Feinstruktur (EXAFS) abgebildet ist. *Rechts*: Rückstreuung eines Photoelektrons vom Nachbaratom

5.4.3 Die Feinstruktur muss zur Analyse aus dem Röntgenabsorptionsspektrum extrahiert werden

Da die Absorption von Röntgenstrahlen durch Biomoleküle im Allgemeinen sehr gering ist, wird zur Aufnahme eines Röntgenabsorptionsspektrums die Intensität $I_f(E)$ der von der Probe fluoreszierenden Röntgenstrahlung aufgenommen. Die Feinstruktur (EXAFS) wird in mehreren Teilschritten aus dem gemessenen Spektrum $I_f(E)$ extrahiert (s. Abb. 5.24).

1. Der Absorptionsuntergrund vor der Kante wird extrapoliert.
2. Mit einer kubischen Spline-Funktion wird der Bereich oberhalb der Kante so geglättet, als würde ein isoliertes Atom betrachtet. Dann wird der Kantenhub (die Differenz zwischen Absorptionsuntergrund und Spline) auf eins normiert.
3. Jetzt kann man die normierte Feinstruktur oberhalb der Kante ausschneiden und erhält das EXAFS-Signal $\chi(E)$
4. Im nächsten Schritt wird $\chi(E)$ in Abhängigkeit vom Wellenvektor des Photoelektrons $k=(2m_e/(\hbar^2(E-E_0)))^{1/2}$ dargestellt, wobei E_0 die Kantenenergie ist (in der Abb. 5.24 ist $E_0 = 8960$ eV).
5. Um die Abnahme des Signals mit steigendem Wellenvektor k zu kompensieren, wird das Signal gewichtet. Bei biologischen Proben geschieht dies oft durch Multiplikation mit k^3.
6. Die Fourier-Transformation des EXAFS-Signals ergibt eine Abschätzung der radialen Verteilung der Nachbaratome.

5.4.4 Abstände und Ligandenzahl können aus der Feinstruktur bestimmt werden

Bezeichnen wir den Abstand des Absorberatoms von der ersten Ligandenschale mit r_1 und den Abstand zu einer beliebigen Schale mit r_J $(j=1,2,3...)$ und die Zahl der Atome in der j'ten Ligandenschale mit N_J, so berechnet sich die EXAFS durch folgende Formel:

$$\chi(k) = \frac{1}{k} \sum_j \frac{N_j}{r_j^2} \left| F_j(k) \right| \cdot e^{-2\sigma_j^2 k^2} \cdot e^{-2r_J/\lambda_J} \cdot sin\left(2kr_j + \Phi_j(k)\right) \qquad (5.15)$$

Dabei bezeichnet $|F_J(k)|$ die für jedes Element charakteristische Streuamplitude eines Rückstreuatoms in der j'ten Schale. Der Debye-Waller-Faktor $e^{-2\sigma_j^2 k^2}$ beschreibt die Beweglichkeit des j'ten Atoms, wobei σ_J^2 die mittlere quadratische Auslenkung aus der Ruhelage darstellt. Der Term e^{-2r_J/λ_J} bezeichnet den Energieverlust des Photoelektrons beim Streuprozess. Die Größe ϕ_J ist die Phasenverschiebung der Photoelektronenwelle nach der Streuung des Photoelektrons im Potential eines Atoms in der j'ten Schale. Das Auftreten einer Phasenverschiebung der Streuwelle ist der Grund dafür, dass die Bindungsabstände nicht direkt aus der Fourier-Transformierten der EXAFS (Abb. 5.24f) entnommen werden können.

Die Abstände vom Absorberatom zu den Liganden r_J gehen als Produkt mit der Wellenzahl k in das Argument der Sinusfunktion in Gl. 5.15 ein. Daher können besonders die Abstände zur ersten Ligandenschale r_l mit hohen Genauigkeiten von bis zu $\pm0,001$ nm bestimmt werden.

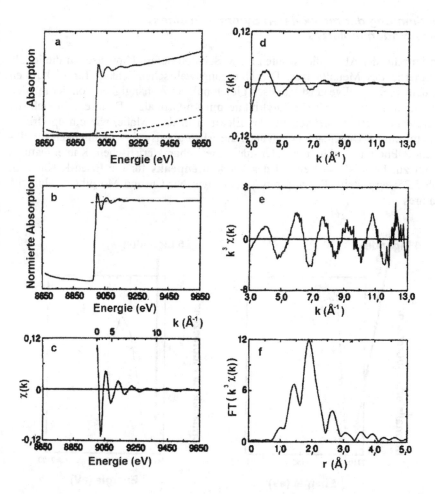

Abb. 5.24 a-f. Darstellung des Extrahierens der Feinstruktur (EXAFS) aus einem Röntgenabsorptionsspektrum (**a**). Nach der Normierung der Absorptionskante (**b**) und Abzug des Untergrundes (**c**) wird das EXAFS-Signal $\chi(k)$ (**d**) mit der dritten Potenz der Wellenzahl (k^3) gewichtet (**e**). Aus der Fourier-Transformation von $k^3\chi(k)$ ergeben sich die Abstände r von Absorberatom und Liganden (**f**)

5.4.5 Einige Anwendungen der Röntgenabsorptionsspektroskopie

Bestimmung der molekularen Symmetrie eines Metallbindungsplatzes

Die Struktur der Absorptionskanten für K-Schalen liefern Hinweise auf die lokale Symmetrie des Metallplatzes. Die Übergangswahrscheinlichkeit für Elektronen aus dem 1s→ 3d-Niveau ist klassisch gleich null. In Abhängigkeit von der lokalen Symmetrie mischen sich die 3d-Orbitale mit 4p-Orbitalen. Dann erhöht sich die Übergangswahrscheinlichkeit für das Elektron in dem Maße, wie ein 4p-Orbital beigemischt ist. Daher steigt dann auch die Absorptionswahrscheinlichkeit für einfallende Photonen, d.h. die Intensität eines charakteristischen Kantenfeatures nimmt zu. Dies ist am Beispiel des **Vorkantenpeaks** für die Eisen-K-Kante in Abb 5.25 dargestellt. Für anderen Metalle wie Ni, Cu und Mo gibt es ähnliche Features.

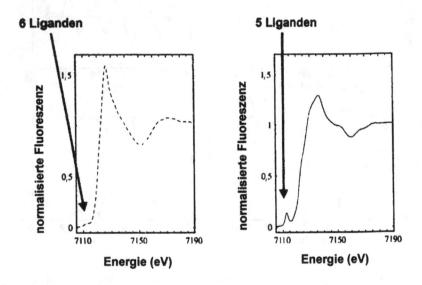

Abb. 5.25. Röntgenabsorptionsspektren der Fe-K-Kanten für Proben mit nahezu idealer, oktaedrischer Metallkoordination (geringe Beimischungen zum 3d-Orbital) und stark verzerrter oktaedrischer Metallkoordination (starke 4p-Beimischungen zum 3d-Orbital). Die Fläche des Vorkantenpeaks dient häufig als Kriterium für die Koordinationszahl (nach Meyer-Klaucke et al. 1996; Schünemann et al. 1999)

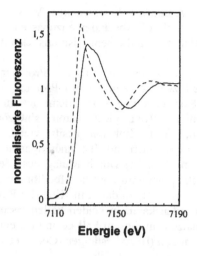

Abb. 5.26. Fe-K-Absorptionskanten der Tyrosinhydroxylase mit dem Eisenzentrum im Oxidationszustand 2+ (*durchgezogene Linie*) und im Oxidationszustand 3+ nach Zugabe von H_2O_2 (*gestrichelte Linie*) (nach Meyer-Klaucke et al. 1996; freundlicherweise von W. Meyer-Klaucke zur Verfügung gestellt)

Verändert eine bestimmte Probenbehandlung den Redoxzustand?

Röntgenabsorptionsspektroskopie kann an Proben in jedem Aggregatzustand durchgeführt werden. Bei biologischen Proben finden meist gefrorene Lösungen Verwendung. Dies bietet zwei Vorteile: Erstens werden unerwünschte Reaktionen verhindert bzw. verringert. Zweitens ist das Signal maximiert, da nur noch wenige Schwingungen für Abweichungen der Atompositionen von ihren Ruhelagen sorgen. Die Frage, ob ein Metall im Enzym durch Zugabe eines Kofaktors, Inhibitors oder einer anderen Substanz seinen Oxidationszustand ändert, kann bereits aus der Kantenposition beantwortet werden. Als Beispiel sind in Abb. 5.26 zwei Fe-Absorptionskanten der Tyrosinhydroxylase dargestellt. Das native Enzym (rechts) befindet sich im Oxidationszustand 2+, während die Zugabe von H_2O_2 die Probe oxidiert. Dies verschiebt die Absorptionskante um ca. 1 eV zu niedrigeren Energien. Also ist das Eisen im Oxidationszustand 3+ (Mayer-Klaucke et al. 1996).

Welche Atomarten koordinieren das Metall?

Auch wenn aus Form und Position der Absorptionskante Rückschlüsse auf die möglichen Metallliganden folgen können, so erlaubt erst eine eingehende Analyse der Feinstruktur, solche qualitativen Informationen zu quantifizieren. In vielen Fällen sind zusätzliche Informationen vorhanden, die die Möglichkeiten für potentielle Metallliganden einschränken. In Metalloproteinen sind die relevanten Liganden Stickstoff, Sauerstoff, Schwefel, Selen und eventuell Chlor. Am Beispiel eines DNA-bindenden Zinkproteins (Cohen et al. 2002) soll die Vorgehensweise kurz erläutert werden. Die Analyse der Aminosäuresequenz liefert einige Cysteine (d.h. potentielle Schwefelliganden) und einige Histidine (d.h. potentielle Stickstoffliganden). Typische Zn-S Abstände liegen im Bereich von 2,2 bis 2,4 Å, während die Zn-N Bindungslängen zwischen 1,9 Å und 2,1 Å schwanken. Versucht man jetzt verschiedene Zahlen von Liganden in diesen Abständen anzupassen, so ergibt sich eine Koordination von 3 Schwefelatomen und einem Histidinstickstoff als wahrscheinlichstes Modell.

Zusätzlich wurde noch der Metallgehalt der Probe quantifiziert. Protonen-induzierte Röntgenfluoreszenz (PIXE) liefert zwei Zinkatome pro Protein. Da Röntgenabsorptionsspektroskopie über alle Koordinationen eines Elementes mittelt, erlauben obige Resultate zwei Interpretationen: (a) Beide Zinkatome sind von drei Cysteinen und einem Histidin umgeben, (b) ein Zinkatom besitzt vier Cysteinliganden, während das andere von je zwei Cysteinen und Histidinen ligandiert wird. Dieses Rätsel lässt sich auf zwei Arten lösen: (i) Durch Mutagenese der Metall bindenden Aminosäuren für einen Metallplatz wird dort die Metallbindung verhindert. (ii) Die Kristallisation des Proteins gelingt, so dass mit Hilfe der Proteinkristallstruktur eine Antwort gefunden werden kann. In beiden Fällen lassen sich die Erfolgsaussichten nicht vorab abschätzen. In diesem Fall gelang es, eine Kristallstruktur des Proteins zu erhalten und Modell (b) zu bestätigen (Cohen et al. 2002).

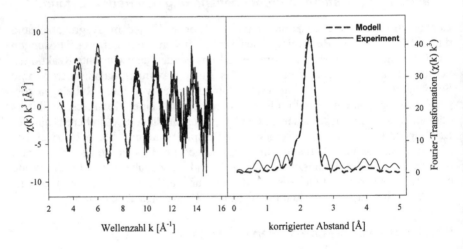

Abb. 5.27. *Links*: Extrahierte Feinstruktur (EXAFS). Wie bei biologischen Proben üblich ist das Signal mit k^3-gewichtet, um die Abnahme des EXAFS-Signals bei zunehmender Wellenzahl zu kompensieren. *Rechts*: Das Fourier-transformierte Signal zeigt neben einem Hauptpeak bei 2,31 Å, der 3 Schwefelatomen zugeordnet wird, noch eine Schulter bei 2,03 Å, die von der Rückstreuung vom Stickstoff eines Histidins stammt (nach Cohen et al. 2002; freundlicherweise von W. Meyer-Klaucke zur Verfügung gestellt)

5.5 Proteinkristallographie: Die Beugung von Röntgen- strahlen am Proteinkristall erlaubt die Aufklärung der atomaren Struktur von Proteinen

Die Beugung von Röntgenstrahlung an Biomolekülen ist lange Zeit die einzige Methode gewesen, die es erlaubt hat, Biomoleküle in atomarer Auflösung abzu- bilden. James Watson und Francis Crick lösten 1953 die Doppelhelix-Struktur von DNA aufgrund der Analyse von Röntgenbeugungsbildern. Im Jahre 1957 folgte dann der erste Strukturvorschlag eines Sauerstoffspeicherproteins, des Myoglobins, durch Kendrew und Perutz (Nobelpreis für Chemie im Jahre 1962). Erst diese und die darauffolgenden Arbeiten am Hämoglobin (Perutz 1964) er- laubten ein molekulares Verständnis des Sauerstofftransports und der Sauer- stoffspeicherung in der Natur. In den letzten zwanzig Jahren erlebte die Struktur- aufklärung von Proteinen mit Hilfe von Röntgenstrahlung durch die Entwicklung von immer stärkeren Röntgenstrahlungsquellen, den Elektronensynchrotrons, ei- nen drastischen Aufschwung. Mit der Entwicklung von neuartigen Kristallisation- stechniken wurde sogar Mitte der achtziger Jahre die atomare Struktur eines Membranproteins, ein bakterielles photosynthetisches Reaktionszentrum, durch Roland Huber, Hartmut Michel und Johann Deisenhofer (Nobelpreis für Chemie 1988; Huber 1992) gelöst. In der Folge stieg Anzahl und Bedeutung der ermittel- ten Proteinkristallstrukturen kontinuierlich, wie auch die Vergabe weiterer Che- mie-Nobelpreise für die Struktur der ATPase (Walker 2003) und für die Aufklä- rung der Struktur von Ionenkanälen an P. Agre und R. Mackinnon verdeutlicht.

Durch die Entwicklung von Kristallisationsrobotern und hoch automatisierten Experimenten an Synchrotronstrahlungsquellen werden heutzutage immer mehr Proteinstrukturen gelöst (Nölting 2004), und die Strukturbiologie hat sich als ei- genständiges Forschungsgebiet innerhalb der Biologie etabliert.

Für die Aufnahme von Röntgenstrukturdaten wird ein Proteinkristall in den Strahlengang eines Röntgenstrahls gebracht. Die abgelenkte Röntgenstrahlung er- zeugt auf einer Photoplatte (oder heutzutage einem elektronischen Detektor) ein Beugungsmuster. Warum man einen Kristall braucht und wie dieses Beugungsmu- ster zustande kommt und ausgewertet wird, soll in diesem Kapitel näher erläutert werden. Hierbei spielt die Mathematik der Fourier-Transformation eine wesentli- che Rolle, die im Anhang einführend erläutert wird. Eine vertiefte Einführung in die Proteinkristallographie geht über den Rahmen dieses Buches hinaus. Für den interessierten Leser sei deshalb auf einführende Spezialliteratur verwiesen (Nöl- ting 2004, Cantor u. Schimmel 1980).

5.5.1 Für die Röntgenstrukturanalyse sind Proteinkristalle nötig

Das Vorhandensein von **Proteinkristallen** ist eine Grundvoraussetzung für die Ermittlung der atomaren Struktur des zu untersuchenden Proteins.

> Ein Kristall ist ein Festkörper, in dem die Atome (oder in unserem Fall die Proteine) regelmäßig angeordnet sind.

Kristalle werden gemäß der Anordnung der Atome bzw. Proteine in denselben klassifiziert. Stellen wir uns vor, daß jeder erlaubte Platz in einem Kristall nur von einem Punkt eingenommen wird. Dann gibt es insgesamt 14 Möglichkeiten, diese Punkte regelmäßig anzuordnen (s. Abb. 5.28). Diese werden als **Punktgitter bzw. Raumgitter** oder auch Bravais-Gitter bezeichnet.

Die 14 Punktgitter sind mathematische Konstrukte von Punkten im Raum. Um das Raumgitter näher zu beschreiben, legt man die **kristallographischen Achsen** a, b und c fest. Die Vektoren $\vec{a}$, $\vec{b}$ und $\vec{c}$ bilden ein rechtshändiges Koordinatensystem und spannen die **Elementarzelle** auf (s. Abb. 5.29). Jede Elementarzelle besitzt 8 Ecken und 6 Flächen. Die Elementarzelle ist eine Art Legobaustein, aus der das gesamte Raumgitter aufgebaut werden kann, d.h. durch Translationen der Elementarzelle in Richtung der kristallographischen Achsen a, b und c ergibt sich das gesamte Raumgitter. Die Elementarzelle enthält damit die gesamte Information des Raumgitters. Die Längen der Elementarzelle werden mit sechs Größen beschrieben: Den Beträgen der Vektoren $\vec{a}$, $\vec{b}$ und $\vec{c}$ und den drei Winkeln α, β und γ zwischen ihnen (s. Tabelle 5.2).

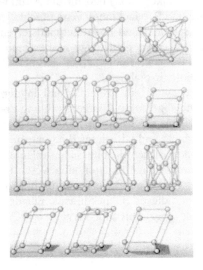

Raumgitter

$\alpha_1, \alpha_2, \alpha_3 \neq 90°$:	**triklin**
$\alpha_1 = \alpha_2 = 90°,$ $\alpha_3 \neq 90°$:	**monoklin**
$\alpha_1 = \alpha_2 = \alpha_3 = 90°,$ $a_0 \neq b_0 \neq c_0$:	**orthorhombisch**
$\alpha_2 = \alpha_3 = 90°,$ $\alpha_1 = 60°, b_0 = c_0$:	**hexagonal**
$\alpha_1 = \alpha_2 = \alpha_3 \neq 90°,$ $a_0 = b_0 = c_0$:	**trigonal (rhomboedrisch)**
$\alpha_1 = \alpha_2 = \alpha_3 = 90°,$ $a_0 = b_0 \neq c_0$:	**tetragonal**
$\alpha_1 = \alpha_2 = \alpha_3 = 90°,$ $a_0 = b_0 = c_0$:	**kubisch**

Abb. 5.28. Die 14 Raumgitter (Meschede 2002)

Tabelle 5.2. Drei Gitterkonstanten und drei Winkel beschreiben eine Elementarzelle (s. Abb. 5.29)

Gitterkonstanten	Winkel
$\|\vec{a}\| = a_0$	$\angle \vec{a}, \vec{b} = \gamma$
$\|\vec{b}\| = b_0$	$\angle \vec{a}, \vec{c} = \beta$
$\|\vec{c}\| = c_0$	$\angle \vec{b}, \vec{c} = \alpha$

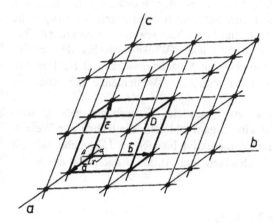

Abb.5.29. Die Einheitszelle eines Kristalls mit den in Tab. 5.2 aufgeführten Größen (Borchardt-Ott 1997)

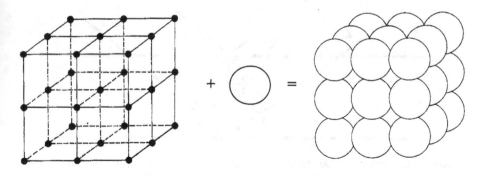

Abb. 5.30. Die Summe aus Punktgitter und Basis definiert das Kristallgitter (Raumgitter) (nach Borchardt-Ott 1997)

Um aus einem Raumgitter ein Kristallgitter zu erzeugen, setzen wir Atome oder Moleküle in die Elementarzelle. Die jeweiligen Atome oder Moleküle bezeichnet man als **Basis**. Erst die Summe aus Punktgitter und Basis definiert das **Kristallgitter**.

5.5.2 Röntgenstrahlen werden an verschiedenen Gitterebenen im Kristall gebeugt

Konstruktive Interferenz von Röntgenstrahlen erhält man durch Beugung an allen jeweils parallelen Ebenen im Kristall, den **Gitter- oder Netzebenen**. Die Beugung von Röntgenstrahlen an dieser Schar von Netzebenen wird durch das **Braggsche Gesetz** beschrieben. Eine Netzebenenschar bezeichnet jeweils alle parallelen Ebenen im Kristall. Im Folgenden bezeichnen wir den Winkel zwischen dem einfallenden Röntgenstrahl und der entsprechenden Netzebenenschar mit θ_B. Der Abstand der einzelnen Gitterebenen sei d und λ die Wellenlänge der Röntgenstrahlung.

Besitzen zwei Wellenzüge, die an zwei parallelen Gitterebenen gebeugt werden, einen Gangunterschied $2l$, der einem ganzzahligem Vielfachen der Wellenlänge entspricht ($l=n\cdot\lambda/2$), so herrscht konstruktive Interferenz. l kann ebenfalls als $l=d\cdot sin\theta_B$ ausgedrückt werden. Gleichsetzen und Auflösen nach $n\cdot\lambda$ ergibt das Braggsche Gesetz

$$n\lambda = 2d\,sin\theta_B. \qquad (5.16)$$

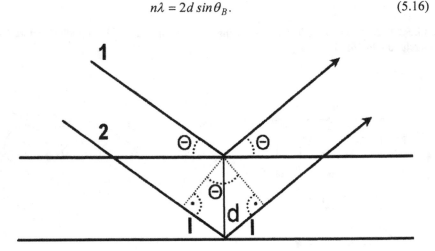

Abb. 5.31. Schematische Darstellung zur Röntgenbeugung an zwei parallelen Gitterebenen im Abstand d voneinander. Für einen Gangunterschied $2l=n\lambda$ überlagern sich die Wellenzüge 1 und 2 konstruktiv

Bei fester Wellenlänge λ tritt konstruktive Interferenz an Netzebenen mit dem Abstand d also nur dann auf, wenn der Winkel zwischen den Netzebenen und dem einfallenden bzw. ausfallenden Röntgenstrahl mit dem Bragg-Winkel θ_B identisch ist. Der ganzzahlige Index n=1,2,3...bezeichnet die Ordnung der Reflexion.

5.5.3 Ebenen im Kristallgitter werden durch die Millerschen Indizes beschrieben

Die **Millerschen Indizes** charakterisieren eine Netzebenenschar und bilden ein Zahlentripel, das folgendermaßen bestimmt werden kann:
– Bestimme die Schnittpunkte der Ebene mit den Achsen a,b und c und drücke das Ergebnis in Einheiten der jeweiligen Gitterkonstanten aus.
– Bilde die Kehrwerte dieser Zahlen und suche dann die drei ganzen Zahlen, die im gleichen Verhältnis wie die drei Kehrwerte stehen. Das Ergebnis wird in Klammern gesetzt. Man erhält so die Millerschen Indizes (h,k,l).
Verläuft eine Netzebenenschar parallel zu einer Achse, so liegt der Schnittpunkt dieser Ebenen mit der Achse im Unendlichen. Der entsprechende Millersche Index ist 0. Zum Beispiel besitzt eine zur ab-Ebene parallele Ebene, die die c-Achse bei c_0 schneidet, die Millerschen Indizes (0,0,1).
Die Abstände zwischen zwei Netzebenen einer Netzebenenschar, die durch die Millerschen Indizes (h,k,l) beschrieben wird, wird mit d_{hkl} bezeichnet. Für ein **kubisches Gitter** mit a_0=b_0=c_0 ergibt sich

$$\frac{1}{d_{hkl}} = \frac{h^2 + k^2 + l^2}{a_0{}^2}.$$ (5.17)

Für ein **rhombisches Gitter** mit $a_0 \neq b_0 \neq c_0$ gilt

$$\frac{1}{d_{hkl}} = \frac{h^2}{a_0{}^2} + \frac{k^2}{b_0{}^2} + \frac{l^2}{c_0{}^2}.$$ (5.18)

5.5.4 Das reziproke Gitter ist eine äquivalente Beschreibung eines Gitters und erleichtert die Interpretation von Röntgenbeugung an Kristallen

Das **reziproke Gitter** ist genau wie das reale Gitter mit den primitiven Vektoren $\vec{a}, \vec{b}$ und $\vec{c}$ eine formale Beschreibung des Kristalls. Die primitiven Vektoren $\vec{A}, \vec{B}, \vec{C}$ des reziproken Gitters sind folgendermaßen definiert:

$$\vec{A} = 2\pi \frac{\vec{b} \times \vec{c}}{\vec{a} \cdot \vec{b} \times \vec{c}}, \quad \vec{B} = 2\pi \frac{\vec{c} \times \vec{a}}{\vec{a} \cdot \vec{b} \times \vec{c}}, \quad \vec{C} = 2\pi \frac{\vec{a} \times \vec{b}}{\vec{a} \cdot \vec{b} \times \vec{c}}. \quad (5.19)$$

Mit Hilfe der ganzzahligen Millerschen Indizes ergibt sich ein Vektor $\vec{G}$ im reziproken Gitter aus den Vektoren $\vec{A}$, $\vec{B}$, $\vec{C}$ gemäß

$$\vec{G} = h\vec{A} + k\vec{B} + l\vec{C}. \quad (5.20)$$

Eine ganze Netzebenenschar im realen Gitter mit den Millerschen Indizes h,k,l wird also im reziproken Gitter nur durch einen Gittervektor, den reziproken Gittervektor $\vec{G}$, repräsentiert. Das Braggsche Gesetz lässt sich mit Hilfe des reziproken Gittervektors $\vec{G}$ und dem Wellenvektor des einfallenden Röntgenstrahls $\vec{k}$ und des ausfallenden Röntgenstrahls $\vec{k}'$ in in einer einfachen Form ausdrücken. Der Differenzvektor der Wellenvektoren zwischen einfallendem und ausfallendem Röntgenstrahl ist genau ein reziproker Gittervektor (Meschede 2002):

$$\Delta\vec{k} = \vec{k}' - \vec{k} = \vec{G}. \quad (5.21)$$

5.5.5 Das Beugungsbild eines Kristalls stellt das reziproke Gitter dar

Um ein Beugungsbild eines Kristalls aufzunehmen, wird dieser von einem kollimierten Röntgenstrahl durchstrahlt (s. Abb. 5.32). Hinter dem Kristall befindet sich eine Photoplatte oder ein elektronischer Detektor, der das Röntgenbild registriert. Die Abb. 5.33 zeigt ein solches Beugungsdiagramm mit einer Vielzahl von Beugungsreflexen. Jeder **Reflex** auf der Photoplatte entspricht der Beugung des Röntgenstrahls an einer Netzebenenschar (h,k,l) mit dem Netzebenenabstand d_{hkl}. Man kann Beugungsbilder also als „Photographien" des reziproken Gitters auffassen. Da jeder Reflex von einem an der Netzebene (h,k,l) gebeugten Röntgenstrahl mit dem Wellenvektor $\vec{k}'$ herrührt, werden die Reflexe durch die Millerschen Indizes gekennzeichnet. Dies bezeichnet man als Indizieren der Reflexe eines Röntgenbeugungsbildes.

5.5.6 Die Information über die Molekülstruktur steckt in den Intensitäten der Beugungsreflexe

Die Art des Kristallgitters bestimmt das Beugungsmuster, also die Lage der mit (h,k,l) indizierten Reflexe. Die **Intensitäten** der Beugungsreflexe im Beugungsmuster werden durch die molekulare Strukturen der Moleküle bestimmt, die sich in der Elementarzelle des Kristalls befinden. Die Beugung der Röntgenstrahlung erfolgt an der Elektronenhülle der Moleküle. Die physikalische Größe, die hier die entscheidende Rolle spielt, ist die **elektronische Ladungsdichte** $\rho_e(\vec{r}\,)$.

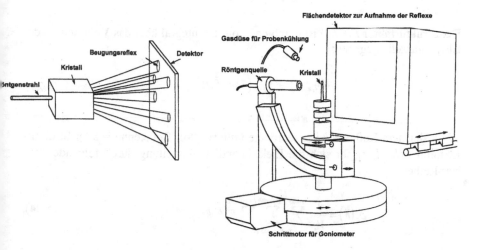

Abb. 5.32. Ein Beugungsdiagramm wird mit Hilfe eines Röntgenstrahls erzeugt, der einen Proteinkristall durchstrahlt und dabei gemäß Gl. 5.16 abgelenkt wird (*links*). Das Beugungsdiagramm wird mit Hilfe eines ortsempfindlichen Detektors aufgenommen. Der Röntgenstrahl wird entweder wie hier gezeigt durch eine Röntgenröhre oder durch ein Elektronensynchrotron erzeugt (Nölting 2004)

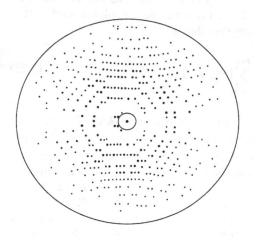

Abb. 5.33. Beugungsdiagramm eines Proteinkristalls (Nölting 2004)

Das Betragsquadrat des Streu- oder Strukturfaktors der Elektronen in einer Einheitszelle ist proportional zur Intensität $I(h,k,l)$ eines Reflexes im Beugungsbild (Cantor u. Schimmel 1980; Winter u. Noll 1998; Nölting 2004:

$$I(h,k,l) \propto |F(h,k,l)|^2.$$ (5.22)

Der Strukturfaktor $F(h,k,l)$ ist durch das Fourier-Integral über das Volumen V_z der Elementarzelle gegeben:

$$F(h,k,l) = \int_{V_z} \rho_e(\vec{r}) e^{i\vec{G}\cdot\vec{r}} \, dV.$$ (5.23)

$\vec{G}$ ist der dem Reflex h,k,l zugeordnete Gittervektor. Bei Kenntnis aller Strukturfaktoren $F(h,k,l)$ ergibt sich die Elektronendichteverteilung durch folgende Fourier-Reihe:

$$\rho_e(\vec{r}) = \frac{1}{V_z} \sum_{h=-\infty}^{h=\infty} \sum_{k=-\infty}^{k=\infty} \sum_{l=-\infty}^{l=\infty} F(h,k,l) e^{-i\vec{G}\cdot\vec{r}}.$$ (5.24)

Die Elektronendichteverteilung $\rho_e(\vec{r})$ ergibt sich also aus den Streufaktoren $F(h,k,l)$. Das Problem bei der Röntgenstrukturanalyse ist, dass sich aus Messung der Intensität der Reflexe eines Beugungsdiagramms gemäß Gl. 5.22 die $|F(h,k,l)|^2$, also nur die Beträge der komplexen Größen $F(h,k,l)$ bestimmen lassen. Da eine komplexe Zahl durch Betrag und Phasenwinkel in der Gaußschen Zahlenebene bestimmt ist, sich dieser Phasenwinkel aber durch Messungen nicht direkt bestimmen lässt, stoßen wir auf das **Phasenproblem** der Röntgenstrukturanalyse.

Eine Methode, das Phasenproblem zu lösen, ist die Berechnung der FourierTransformierten von $|F(h,k,l)|^2$. Die so resultierende Funktion wird **Patterson-Funktion** $P(\vec{r}')$ genannt. Sie ist gegeben durch

$$P(\vec{r}') = \frac{1}{V_z} \sum_{h=-\infty}^{h=\infty} \sum_{k=-\infty}^{k=\infty} \sum_{l=-\infty}^{l=\infty} |F(h,k,l)|^2 e^{-i\vec{G}\cdot\vec{r}'}.$$ (5.25)

Die Patterson-Funktion wird maximal, wenn der Abstandsvektor $\vec{r}'$ einem Abstand von zwei Atomen in der Einheitszelle entspricht. Weiterhin ist $P(\vec{r}')$ proportional zum Produkt der Ordnungszahl dieser Atome. Die Positionen von Metallatomen in Proteinen sind also anhand ihrer Maxima in der Patterson-Funktion auszumachen. Dies macht man sich bei der **Schweratommethode** zur Bestimmung der Streuphasen zu Nutze: Es werden schwere Atome (z.B. Br^-, I^- oder Hg^{2+}) an definierte Bindungsstellen im Protein angelagert und deren Lage anhand ihrer Maxima in der Patterson-Funktion registriert. Ist die Lage der Schweratome in der Elementarzelle bekannt, so benutzt man zur Bestimmung der Lagen der übrigen Atome die Streuphasen der Schweratome, da diese die Streufaktoren der Einheitszelle dominieren. So erhält man über Gl. 5.24 eine Elektronendichteverteilung des zu untersuchenden Proteins. In diese Elektronendichteverteilung wird dann am Computer ein Strukturmodell eingepasst (Abb. 5.34). Aus dem so erhaltenen Strukturmodell werden dann wieder Streufaktoren berechnet und die Struktur wird verfeinert (engl. *refinement*). Der **R-Wert** liefert eine Aussage über die Güte des so erhaltenen Strukturmodells:

$$R = \frac{1}{V_z} \frac{\sum\limits_{h,k,l} \left| \left| F(hkl) \right|_{beob} - \left| F(hkl) \right|_{ber} \right|}{\left| F(hkl) \right|_{ber}} \cdot 100 \left[\% \right]$$

(5.26)

Die Ermittlung von Strukturdaten aus Röntgenbeugungsbildern sowie die Datennahme ist heute weitgehend automatisiert. Auch die Herstellung von Proteinkristallen, bis vor einigen Jahren noch eine Kunst für sich, wird immer mehr von Robotern übernommen (Nölting 2004). Es existieren Software-Pakete, die in Zusammenarbeit mit dem Diffraktometer schon die Indizierung der Reflexe von Röntgenbeugungsaufnahmen vornehmen. Die Aufgabe des Wissenschaftlers besteht heutzutage vielmals darin, die automatisch berechneten Strukturfragmente zu vervollständigen, zu überprüfen und auf ihre Funktion hin zu untersuchen.

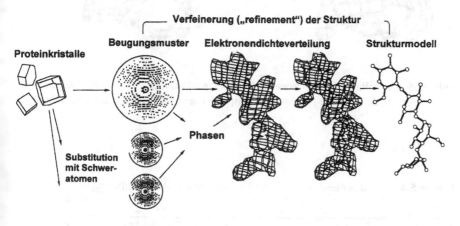

Abb. 5.34. Aus den Streufaktoren $F(h,k,l)$ erhält man die Elektronendichte $\rho_e(\vec{r})$ des Moleküls. Die in der Abbildung gezeigten Linien entsprechen Orten gleicher Elektronendichte. In dieses Bild wird dann ein Strukturmodel eingepasst (nach Nölting 2004)

5.5.7 Die Anzahl der vermessenen Reflexe bestimmt die Auflösung einer Röntgenstruktur

Unter der **Auflösung** einer Röntgenstruktur versteht man den Abstand $d=\lambda/2sin$ θ_a, den man für den Ablenkwinkel θ_a erhält, innerhalb dessen 50 % aller Reflexe eine Intensität besitzen, die mindestens der doppelten Fehlerbreite ($I \geq 2\sigma(I)$) entspricht. Abb. 5.35 zeigt die Elektronendichten eines Tryptophanrests mit 0,1, 0,2 , 0,3 und 0,4 nm Auflösung. Es ist deutlich zu erkennen, wie die atomare Struktur des Tryptophans erst bei einer Auflösung von 0,2 nm und besser zu erkennen ist.

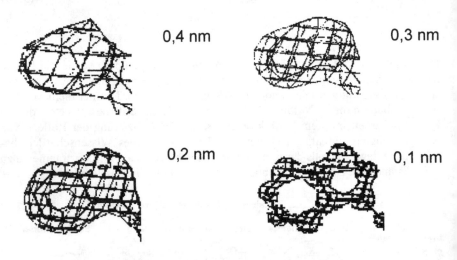

Abb. 5.35. Darstellung der Elektronendichten bei Auflösungen von 0,4, 0,3, 0,2 und 0,1 nm. Die Anzahl der für diese Auflösungen nötigen Reflexe ist in Tabelle 5.3 aufgeführt.

Tabelle 5.3. Anzahl der beobachtbaren Reflexe bei verschiedenen Auflösungen

Wellenlänge λ (nm)	Auflösung d (nm)	θ (°)	Anzahl der theoretisch beobachtbaren Reflexe $V_z=6,45\cdot10^2$ nm^3
1,5418	0,3	14,9	13350
	0,2	22,7	43800
	0,1	50,4	340750

5.6 Nukleare Magnetische Resonanz (NMR): Absorption von Radiowellen durch Atomkerne erlaubt Strukturaufklärung im atomaren Maßstab

Die Nukleare Magnetische Resonanz (NMR) beruht auf der Tatsache, dass sich Atomkerne mit einem Eigendrehimpuls (Spin, s. Kap. 4.5.8) in einem Magnetfeld gemäß dem Zeeman-Effekt ausrichten und damit Radiowellen geeigneter Frequenz absorbieren können. Diese spektroskopische Methode wurde Ende der 40er Jahre des letzten Jahrhunderts entwickelt und wurde aber bis in die 70er Jahre vorwiegend zur Analyse von niedermolekularen Verbindungen eingesetzt. Mit fortschreitender Entwicklung sowohl in der NMR-Technik (Nobelpreis für Chemie an R.R. Ernst im Jahre 1991 für die Entwicklung der zeitlich gepulsten NMR-Spektroskopie) als auch in der Auswertung und Anwendung von NMR-Spektren (Nobelpreis für die Strukturaufklärung von Proteinen mit NMR-Spektroskopie an K. Wüthrich im Jahre 2002) hat sich diese Methode neben der Röntgenkristallographie zu einer der wichtigsten Methoden zur Bestimmung von atomar aufgelösten Strukturen von Proteinen und biologischen Makromolekülen entwickelt (Wüthrich 1986, 2003; Claridge 1999; James 2002).

5.6.1 NMR ist eine Spektroskopie, die auf der Absorption von elektromagnetischer Strahlung im Radiowellenbereich beruht

In Kap. 4.5.8 haben wir gelernt, dass Elektronen einen durch die Spinquantenzahl $S=1/2$ gekennzeichneten Eigendrehimpuls und damit ein magnetisches Moment besitzen. Auch Protonen besitzen einen Spin, der durch die **Kernspinquantenzahl** $I=1/2$ gekennzeichnet ist. Andere biologisch relevante Kerne mit $I=1/2$ sind ^{13}C, ^{15}N, ^{19}F und ^{31}P. Im Folgenden wollen wir uns allerdings auf die NMR an Protonen, die ^1H-NMR, beschränken.

Aufgrund ihrer Ladung erzeugen Protonen genau wie Elektronen magnetische Felder und können ihrerseits wieder durch magnetische Felder beeinflusst werden. Ein Proton mit dem Spin $I=1/2$ kann zwei Zustände mit $m_I=+1/2$ und $m_I=-1/2$ einnehmen. Ohne ein äußeres magnetisches Feld besitzen diese zwei Zustände die gleiche Energie. Die Zustände sind energetisch entartet. Legen wir aber ein magnetisches Feld an, so spalten die Energieniveaus gemäß dem Zeeman-Effekt auf (Abb. 5.36).

In der klassischen Betrachtungsweise würde man sagen, dass durch Anlegen eines magnetischen Feldes das magnetische Moment der Protonen ausgerichtet wird. Die z-Komponente des magnetischen Moments eines Protons in Richtung eines angelegten Felds B berechnet sich aus dem Kernmagneton $\mu_N = 5 \cdot 10^{-27}$ JT^{-1} und dem g-Faktor des Kerns g_N gemäß

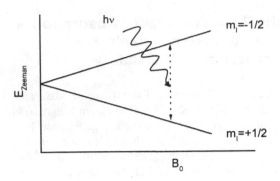

Abb. 5.36. Durch ein magnetisches Feld B werden die Spinzustände eines Protons mit $m_I=+1/2$ und $m_I=-1/2$ energetisch aufgespalten. Ein Radiowellenquant mit der Energie $h\nu$ wird dann absorbiert, wenn die Resonanzbedingung Gl. 5.29 erfüllt ist

$$\mu_z = g_N \mu_N m_I.$$ (5.27)

Die Energie des Protons E_{Zeeman} im magnetischen Feld B ist dann

$$E_{Zeeman} = -g_N \mu_N m_I B.$$ (5.28)

Im Gegensatz zur optischen Spektroskopie, wo Elektronen den Energieunterschied vom Grundzustand in vorhandene angeregte Zustände (Orbitale) durch Absorption von Licht überwinden, müssen die zur Absorption von Mikrowellen (ESR) bzw. Radiowellen (NMR) benötigten Energieunterschiede durch das Anlegen eines Magnetfeldes B erst erzeugt werden. Die Energieniveaus von Protonen spalten genau wie die Energieniveaus von Elektronen gemäß dem Zeeman-Effekt in einem Magnetfeld auf (Abb. 5.36). Der Trick beim NMR-Experiment besteht wie beim ESR-Experiment darin, die Probe in einem Magnetfeld B mit elektromagnetischer Strahlung der Frequenz ν zu bestrahlen und dabei die Frequenz dieser Strahlung so zu wählen, dass diese durch einen Energieübergang des Protons vom Grundzustand mit $m_I=+1/2$ in den angeregten Zustand $m_I=+1/2$ absorbiert werden kann. Durch **Einstrahlen von Radiowellenstrahlung** der Energie $h\nu$ tritt also bei geeigneter Wahl des Magnetfeldes B_0 Resonanzabsorption auf. Die Energie wird gebraucht, um die Spins der Protonen in der Probe umzuklappen und damit in einen angeregten Zustand zu überführen. Wir erhalten also die Resonanzbedingung

$$\Delta E = g_N \mu_N B_0 = h\nu.$$ (5.29)

Die Resonanz von Radiowellen kann auch im klassischen Physikbild verstanden werden. Die zeitliche Änderung eines magnetischen Moments $\vec{\mu}$ in einem externen Magnetfeld $\vec{B}$ wird durch folgende Differentialgleichung beschrieben:

$$\frac{d\vec{\mu}}{dt} = -\gamma\left(\vec{\mu} \times \vec{B}\right) \tag{5.30}$$

Dabei ist $\gamma = g_N \mu_N/\hbar$ das gyromagnetische Verhältnis des Protons. Sind $\vec{\mu}$ und $\vec{B}$ parallel, so ist die zeitliche Änderung von $\vec{\mu}$ gleich null. Spannen $\vec{\mu}$ und B_0 dagegen den Winkel θ auf, so ergibt die Lösung von Gl. 5.30, dass $\vec{\mu}$ mit der Präzisionsfrequenz $\omega = 2\pi\nu$ um B_0 präzediert:

$$\omega = 2\pi\nu = \frac{2\pi g_N \mu_N B_0}{h} = \gamma \cdot B_0. \tag{5.31}$$

Die Frequenz ν ist also klassisch die Präzisionsfrequenz von $\vec{\mu}$ um die z-Achse. Wird nun Radiowellenstrahlung, die genau diese Frequenz ν besitzt, eingestrahlt, tritt Resonanz auf und die Radiowellenstrahlung wird absorbiert. Wird dabei die in der Probe absorbierte Intensität in Abhängigkeit von der Resonanzfrequenz gemessen, so erhält man ein NMR-Spektrum.

Um ein NMR-Signal zu erhalten, ist ein Unterschied in den Besetzungszahlen der beiden in Abb. 5.36 gezeigten Zeeman-Niveaus nötig. Sind beide Niveaus gleich besetzt, so ist die Wahrscheinlichkeit für Absorption genau so groß wie die für spontane Emission von Quanten. Dies wiederum bedeutet, dass netto kein NMR-Signal gemessen werden kann. Bezeichnen wir die Zahl der Protonen in der Probe, die sich im $m_I = +1/2$ Zustand befinden, mit N^+ und die Zahl der Protonen, die sich im $m_I = -1/2$ befinden, mit N^-, so ergibt sich aus der statistischen Mechanik für den Quotienten der Besetzungszahlen N^+ und N^- der beiden in Abb. 5.36 gezeigten Zustände:

$$\frac{N^-}{N^+} = e^{-\frac{g_N \mu_N B_0}{k_B T}}. \tag{5.32}$$

Der Energieunterschied $\Delta E = g_N \mu_N B_0$ ist für Protonen um ca. 3 Größenordnungen geringer als für Elektronen. In einem ^{1}H-Experiment bei $B = 1$ T erhält man aus Gl. 5.32 für N^-/N^+ den Wert 1,0000001, d.h. bei einem System von 10^6 Protonen findet sich nur 1 Proton mehr im $m_I = +1/2$ Zustand als im im $m_I = -1/2$ Zustand. Im Fall der Gleichbesetzung gilt $N^+ = N^-$ und damit kann kein NMR-Signal gemessen werden. Eine Gleichbesetzung der Zeeman-Levels erhält man durch die Einstrahlung von hoher Radiowellenleistung. Dieses bezeichnet man – wie übrigens auch in der Elektonenspinresonanz (ESR) – als **Sättigung** des NMR-Signals.

Atomkerne können Ihre Energie durch Spin-Gitter-Relaxation an die Umgebung abgeben

Nach dem Absorptionsprozess wird die aufgenommene Energie auch in Form von kinetischer Energie wieder an die umgebenden Atome abgegeben: Die Feldparallel ausgerichteten Kernspins klappen wieder um, sie relaxieren in den Grundzustand.

> Die dabei frei werdende Energie wird in Form von kinetischer Energie an die umgebenden Atome (z.B. in einem Kristall an die umgebenden Gitteratome) abgegeben. Die charakteristische Zeit für diesen Prozess wird als **Spin-Gitter-Relaxationszeit T_1** bezeichnet.

Bezeichnen wir die Differenz $N^+ - N^-$ als den Besetzungszahlunterschied ΔN und ΔN_{eq} als den Besetzungszahlunterschied im Gleichgewicht, so ergibt sich für die zeitliche Änderung von ΔN:

$$\frac{d\Delta N}{dt} = K_1 (\Delta N_{eq} - \Delta N) = \frac{\Delta N_{eq} - \Delta N}{T_1}. \tag{5.33}$$

$K_1 = 1/T_1$ ist eine für die Spin-Gitter-Relaxationszeit T_1 typische Rate. Aus Gl. 5.33 kann bestimmt werden, wie schnell sich ein NMR-Signal nach Sättigung wieder aufbaut. Setzen wir zum Zeitpunkt $t=0$ den Besetzungsunterschied $\Delta N=0$, also Sättigung an, dann zeigt die folgende Lösung von Gl. 5.33 den zeitlichen Verlauf von ΔN, wenn das Spinsystem sich selbst überlassen wird:

$$\Delta N = \Delta N_{eq} \left(1 - e^{-t/T_1} \right). \tag{5.34}$$

Da die Linienintensität im NMR-Spektrum proportional zu ΔN ist, können so mit Hilfe von zeitabhängigen NMR-Messungen nach erfolgter Sättigung der Übergänge Spin-Gitter-Relaxationszeiten bestimmt werden. Typische Werte von T_1 liegen im Bereich von 0,1 bis 10 s.

Atomkerne tauschen durch Spin-Spin-Relaxation Energie aus

Ein einzelner Kern kann aber seine Energie auch verlieren, indem diese von einem zweiten Kern in der Nähe aufgenommen wird. Dabei klappen die Spins beider Kerne um.

> Bei diesem Prozess wird keine Energie an die Umgebung abgegeben, es wird vielmehr Energie zwischen den Atomkernen ausgetauscht. Diesen Vorgang nennt man Spin-Spin-Relaxation, die charakteristische Zeit ist die **Spin-Spin-Relaxationszeit T_2**. Sie ist vom Abstand der beiden Kernspins abhängig.

NMR-Geräte können mit kontinuierlichen und mit gepulsten Radiowellen betrieben werden

In den meisten heutigen NMR-Geräten wird das magnetische Feld durch supraleitende Spulen erzeugt. Solche z.B. aus Niob-Titan-Legierungen gefertigte Spulen können Felder mehr als 20 T erzeugen. Die zur Zeit größten NMR-Geräte arbeiten bei magnetischen Feldern von bis zu 21 T. Die Resonanzfrequenz für Protonen beträgt bei solchen Geräten 900 MHz.

Nahezu alle NMR-Geräte arbeiten bei einer festen Feldstärke B. Die absorbierte Radiowellenintensität wird als Funktion der Radiowellenfrequenz gemessen. Die Aufnahme eines solchen einfachen NMR-Spektrums, im Folgenden mit $I(\nu)$ bezeichnet, dauert einige Minuten und ist im Wesentlichen durch die Geschwindigkeit der Datennahme bei einer festen Frequenz gegeben. Diese Art von Experiment wird als engl. *Continous-Wave-* oder auch **CW-NMR-Spektroskopie** bezeichnet.

Um eine schnellere Datenaquisition zu ermöglichen, wurde die **gepulste NMR-Spektroskopie** entwickelt. Die Idee dabei ist, dass ein Radiowellenpuls mit einer Frequenz ν_0 und einer Länge t_{rw} gemäß der Theorie der Fourier-Synthese als eine Überlagerung von Radiowellen verschiedener Frequenzen im Frequenzintervall

$$\nu = \nu_0 \pm \frac{1}{t_{rw}} \tag{5.35}$$

angesehen werden kann. Ein 100 µs langer Rechteckpuls einer Radiowelle mit der Frequenz $\nu_0 = 100$ MHz enthält also gemäß Gl. 5.35 ein Frequenzband von $\nu = 100$ MHz ± 10 kHz. Durch Absorption eines solchen Pulses werden alle Kerne mit Resonanzfrequenzen in diesem Frequenzband angeregt. Dadurch lässt sich eine wesentlich schnellere Datennahme erreichen.

Gemäß der Theorie der **Fourier-Transformation** (s. Anhang) lässt sich ein als Funktion der Frequenz aufgenommenes Spektrum $I(\nu)$ durch Anwenden der Fourier-Transformation in ein zeitabhängiges Signal $F(t)$ umwandeln. $F(t)$ lässt sich wiederum in $I(\nu)$ zurücktransformieren. Mathematisch ausgedrückt bedeutet dies

$$F(t) = \int_{-\infty}^{\infty} e^{2\pi i \nu} I(\nu) d\nu. \tag{5.36}$$

und

$$I(\nu) = \int_{-\infty}^{\infty} e^{-2\pi i \nu} F(t) dt. \tag{5.37}$$

> Die Messung von $F(t)$ kann nun innerhalb einiger Sekunden erfolgen. $F(t)$ ist die Fourier-Transformierte von $I(\nu)$ und wird in der NMR als freier Induktionszerfall, engl. *free induction decay* oder **FID**, bezeichnet.

Wie wird nun ein gepulstes NMR Spektrum aufgenommen? Die Probe befindet sich in einem starken Magnetfeld B_0. Die Richtung von B_0 bestimmt die Quantisierungsachse, die z-Richtung unseres Koordinatensystems. Die Kernspins in der Probe bevölkern die Energieniveaus E_1 und E_2 gemäß Gl. 5.32 (Abb. 5.37). Da sich im Falle von Protonen mehr Spins parallel zum Feld ausrichten als antiparallell, gilt $N^+ > N^-$. Die Summe aller von den Protonenspins erzeugten magnetischen Momente ist die Magnetisierung M_0 der Probe. Durch Anlegen eines kurzzeitig wirkenden Hochfrequenz-Pulses B_1 in x-Richtung wird die Magnetisierung M_0 aus der z-Richtung heraus in die x-y-Ebene geklappt (Abb. 5.38). Solch ein Hochfrequenzpuls wird als 90°-Puls bezeichnet. Endet der Puls, wird B_1 also abgeschaltet, relaxiert die Magnetisierung wieder in die Gleichgewichtslage zurück. Dabei präzediert M_0 allerdings um die z-Achse.

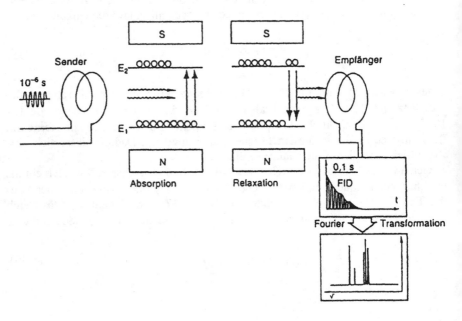

Abb. 5.37. Schematische Darstellung eines gepulsten NMR-Experiments. Ein 10^{-6} s andauernder Mikrowellenpuls bewirkt Population aus dem Grundzustand mit der Energie E_1 in den angeregten Kernspinzustand E_2. Durch Relaxation geht das System wieder in den Grundzustand über und die Intensität der abgestrahlten Strahlung wird als freier Induktionszerfall (engl. *free induction decay* (FID)) als Funktion der Zeit t mit einer Empfangsspule gemessen. Die Fourier-Transformation des FIDs ergibt das NMR-Spektrum mit der Resonanzfrequenz ν als Abszisse (Breckow u. Greinert 1994)

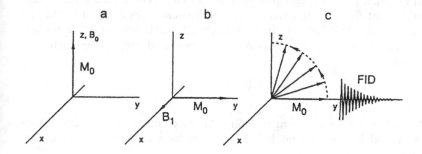

Abb. 5.38 a-c. Relaxation nach einem 90°-Puls in einem um die z-Achse rotierenden Koordinatensystem. Die Magnetisierung der Probe M_0 (bzw. das magnetische Moment eines Kerns) ist parallel zum Magnetfeld B_0 ausgerichtet **(a)**. Wird ein Radiowellenpuls mit der Amplitude B_1 senkrecht zu B_0 angelegt, so wird M_0 in die y-Richtung geklappt **(b)**. Wird der Puls abgeschaltet, so relaxiert M_0 wieder in Richtung B_0. Die zeitliche und räumliche Änderung von M_0 induziert in der Empfangsspule eine gedämpfte Wechselspannung, den FID **(c)** (Breckow u. Greinert 1994)

Befindet sich eine Empfänger-Spule in der x-y-Ebene, so induziert die präzedierende Magnetisierung der Probe in der Empfängerspule eine Wechselspannung der Frequenz ν_S. Diese Wechselspannung nimmt mit der Zeit ab und verschwindet, wenn die Gleichgewichtslage ($M_0 \parallel z$) erreicht ist. Die zeitlich abnehmende Wechselspannung wird als *free induction decay* (FID) bezeichnet und ist die gesuchte Funktion $F(t)$, die durch Fourier-Transformation (Gl. 5.37) mit Hilfe eines Computers in das gesuchte NMR-Spektrum $I(\nu)$ überführt werden kann.

5.6.2 Strukturbestimmung von Biomolekülen mit NMR-Spektroskopie

Die zur Strukturbestimmung von kleinen Molekülen notwendigen spektralen Parameter sind die chemischen Verschiebungen, die skalaren Spin-Spin-Kopplungskonstanten und die Intensitäten. Zur Strukturbestimmung von Proteinen ist zusätzlich die Ausnutzung des Kern-Overhauser-Effekts unerlässlich. Er gibt Aussagen über Kerne, die sich innerhalb von 0,5 nm Abstand befinden und nicht über skalare Spin-Spin-Kopplung wechselwirken.

Die Chemische Verschiebung ist charakteristisch für die Art der chemischen Bindung

Unterschiedlich gebundene Atomkerne unterscheiden sich in ihren Resonanzfrequenzen, denn das externe Feld wird durch die Elektronen in Kernnähe im Allgemeinen abgeschirmt. Das Feld B_0 induziert Kreisströme in den Elektronenwolken, und diese induzieren wiederum ein Feld am Kernort. Dieses Feld ist im Allgemeinen dem externen Feld entgegengesetzt, was zu einer Verminderung des Feldes B_{lokal} am Kernort führt. Man spricht von **Abschirmung** des äußeren Feldes. Es gibt aber auch die Möglichkeit einer Erhöhung des äußeren Feldes, **Entschirmung** genannt. Bezeichnen wir σ als Abschirmungskonstante, so lässt sich B_{lokal} schreiben als

$$B_{lokal} = B_0\left(1 - \sigma\right). \tag{5.38}$$

Für $\sigma > 0$ erhalten wir Abschirmung und für $\sigma < 0$ Entschirmung. Die Abschirmkonstante ist sehr klein und liegt im 10^{-6} Bereich, sie kann aber zu 1 % genau bestimmt werden.

Die Verschiebung der Resonanzfrequenzen ist abhängig vom externen Feld B_0, und deshalb wurde die feldunabhängige relative **chemische Verschiebung** δ (engl. *chemical shift*) eingeführt. Bezeichnen wir die Resonanzfrequenz des Standards als $v_{Standard}$ und die Resonanzfrequenz der Probe als v_{Probe}, so ergibt sich die chemische Verschiebung als

$$\delta = \frac{v_{Standard} - v_{Probe}}{v_{Standard}}. \tag{5.39}$$

δ ist eine dimensionslose Größe und wird üblicherweise in Einheiten von 10^{-6} (ppm, *parts per million*) angegeben.

Die Intensität einer Resonanz im NMR-Spektrum ist proportional zur Zahl der Kerne

Betrachten wir als Beispiel das ^{1}H-NMR-Spektrum von Methanol (Abb. 5.39). Das Spektrum besteht aus zwei Resonanzen (auch *peaks* genannt). Das Verhältnis der Flächen unter diesen Resonanzen beträgt 1:3. Es liegen also 3-mal so viel Protonen mit einer chemischen Verschiebung von ca. 3 ppm, der Resonanz der CH_3-Protonen, vor wie solche mit ca. 10 ppm, der chemischen Verschiebung der OH-Protonen. Durch Integration von Resonanzen ist es also möglich, die Anzahl der H-Atome in den jeweiligen chemischen Gruppen zu bestimmen, denn H-Atome in einer chemischen Gruppe besitzen identische Bindungseigenschaften und damit identische chemische Verschiebungen.

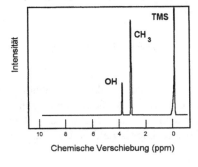

Abb. 5.39. Schematische Darstellung eines ^{1}H-NMR-Spektrums von Methanol. Die im Verhältnis 3:1 stehenden Flächen unter den beiden Resonanzen repräsentieren die Anzahl der H-Atome in der CH_3- und in der OH-Gruppe. Als interner Standard ist Tetramethylsilan (TMS) bei 0 ppm gezeigt

Kernspins koppeln durch Austauschwechselwirkung entlang von chemischen Bindungen

Das magnetische Moment eines Kerns kann die Bindungselektronen seines Atoms polarisieren. Dies wiederum führt dazu, dass auch die Elektronenhülle des Nachbarkerns polarisiert wird, was eine Änderung des Magnetfelds am Nachbarkern verursacht. Dieses Phänomen wird **skalare Spin-Spin-Kopplung** genannt. Sie führt zu einer Aufspaltung der Resonanz in Multipletts, und zwar abhängig von der Zahl der wechselwirkenden Kerne und deren Kernspins (Abb. 4.40).

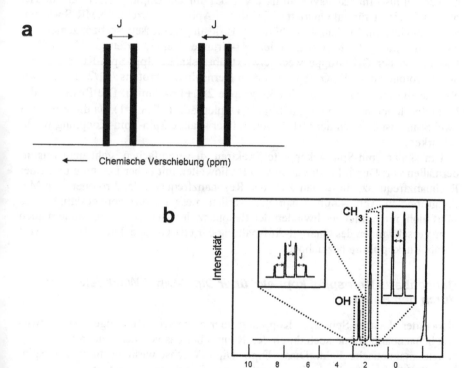

Abb. 5.40 a,b. Zwei Protonen koppeln über direkte skalare Spin-Spin-Kopplung. Es wird eine Aufspaltung der Resonanzen in Dupletts beobachtet. Die Aufspaltung wird als Kopplungskonstante J bezeichnet **(a)**. Werden alle Spuren von Wasser im Methanol (Abb. 5.39) entfernt und das ^{1}H-NMR-Spektrum in hoher Auflösung gemessen, beobachtet man eine Aufspaltung der Resonanzen in Multipletts (Erklärung siehe Text). Das durch die CH_3-Gruppe verursachte Duplett verschwindet in Anwesenheit von Spuren von Wasser, da die Protonen der CH_3-Gruppe mit den Protonen des Wassers austauschen **(b)**

Die skalare Spin-Spin-Kopplung führt zu einer Aufspaltung der NMR-Resonanz in $2nI+1$ Linien, wobei I der Kernspin des NMR-Isotops und n die Anzahl der mit dem Kernspin I wechselwirkenden Kerne angibt. Die Aufspaltung zwischen zwei benachbarten Linien in einem Multiplett ist gerade gleich der **Spin-Spin-Kopplungskonstante** J, die in der Einheit Hertz angegeben wird. Diese Aufspaltung ist unabhängig von der magnetischen Feldstärke.

Ein Proton mit $I=1/2$, das über Spin-Spin-Kopplung mit einer benachbarten Methylgruppe wechselwirkt, zeigt im NMR-Spektrum ein Quartett. Die relativen Intensitäten dieses Multipletts sind durch die Binomialkoeffizienten gegeben. Man beobachtet also Intensitätsverhältnisse von 1:1 für ein Duplett, 1:2:1 für ein Triplett und 1:3:3:1 für ein Quartett. Wird das in Abb. 5.39 gezeigte NMR-Spektrum von getrocknetem Methanol mit höherer Auflösung gemessen, so beobachtet man eine Aufspaltung der Resonanzen der OH-Gruppe in ein Quartett (s. Abb. 4.40b). Das Proton der OH-Gruppe wechselwirkt über skalare Spin-Spin-Kopplung mit den 3 Protonen der CH_3-Gruppe. Mit dem Kernspin des Protons $I=1/2$ erhalten wir also für die drei Protonen der Methylgruppe $2I \cdot 3+1=4$ Linien. Die Resonanz der Methylprotonen bei 3 ppm spaltet in ein Duplett auf $(2I \cdot 1+1=1)$, da diese nur mit zwei Spineinstellungen der OH-Protonen über skalare Spin-Spin-Kopplung wechselwirken.

Um skalar Spin-Spin-gekoppelte Spektren zu vereinfachen, geht man folgendermaßen vor: Durch Einstrahlung von Radiowellen mit hoher Leistung und einer Resonanzfrequenz, die genau z.B. der Resonanzfrequenz der Protonen der Methylgruppe in Abb. 4.40b entspricht, werden diese Resonanzen gesättigt. Dies führt nicht nur zum Verschwinden der Resonanz der Methylgruppe, sondern auch zum Verschwinden des Quartett-Aufspaltung der OH-Gruppe. Diese Technik wird als als **Entkopplung** bezeichnet.

Benachbarte Kernspins koppeln über Dipol-Dipol-Wechselwirkung durch den Raum

Neben der skalaren Spin-Spin-Kopplung über chemische Bindungen wechselwirken benachbarte Kerne auch durch den Raum über das von den beiden Kernen erzeugte magnetische Feld. Diese Dipol-Dipol-Wechselwirkung führt zur Spin-Spin-Relaxation, die durch die Relaxationszeit T_2 gekennzeichnet ist.

Sind die beiden Kerne nicht über skalare Spin-Spin-Kopplung gekoppelt, aber doch in einem Abstand von $r<0,5$ nm voneinander, so verursacht die Spin-Spin-Relaxation einen Effekt, der eine Schlüsselrolle bei der Aufklärung von Proteinstrukturen einnimmt. Wird die Resonanz des Kerns S durch Einstrahlung von Radiowellen der Resonanzfrequenz von S gesättigt, so kann die NMR-Intensität eines sich in der Nähe befindenen Kerns I_n zu- oder auch abnehmen. Dieser Effekt wird als **Nuklearer Overhauser-Effekt (NOE)** bezeichnet.

Wir bezeichnen die Intensität des vom Kern I_n verursachten NMR-Peaks mit I_0. Nach der Störung des Besetzungszahlverhältnisses des sich in Nachbarschaft befindenen Kerns S ändert sich I_0 auf den Wert I. Der für den Spin I_n beobachtete NOE ist dann definiert als

$$\eta_{I_n}(S) = \frac{I - I_0}{I_0} \times 100. \tag{5.40}$$

Der NOE zwischen zwei Kernspins ist abstandsabhängig. Bezeichnen wir den Abstand der über Dipol-Dipol-Wechselwirkung miteinander wechselwirkenden Kerne mit r, so ergibt sich

$$\eta_{I_n}(S) = f(\tau_c)\frac{1}{r^6}. \tag{5.41}$$

Die Funktion $f(\tau_c)$ beschreibt die Modulation der Dipol-Dipol-Kopplung durch zufällige Prozesse innerhalb einer Korrelationszeit τ_c. Der Wert von $f(\tau_c)$ ist charakteristisch für eine Kernsorte, aber theoretisch schwer zu bestimmen. Aus diesem Grund wird $f(\tau_c)$ durch Eichexperimente an Kernen mit bekannten Abständen bestimmt.

In der Strukturaufklärung wird der NOE dazu benutzt, um zu entscheiden, wie groß der Abstand zweier Kerne i und s zu einem dritten Kern t der gleichen Sorte ist. Wird bei einer Frequenz ν_i bzw. ν_s eingestrahlt und die Änderung der Intensität der Resonanz des Kerns t gemessen, so ergibt sich für das Verhältnis der NOEs für den Fall, dass sowohl das Kernpaar it und st gleiche Korrelationsfunktionen besitzt als auch zwischen i und s kein NOE vorliegt:

$$\frac{\eta_{it}}{\eta_{st}} = \left(\frac{r_{st}}{r_{it}}\right)^6. \tag{5.42}$$

In Gl. 5.42 ist strukturelle Information enthalten. Ist z.B. der Abstand r_{st} aus Eichmessungen bekannt, so kann mit Hilfe von Gl. 5.42 der Abstand der Kerne i und t bestimmt werden. Sind wiederum andere Kerne mit Kern i über NOEs verknüpft, so ergibt sich ein Netz von Atomabständen. Jede z.B. durch Energieminimierung gefundene Struktur des untersuchten Moleküls muss dieses Netz von Atomabständen aufweisen. Diese Bedingungen werden bei der Strukturermittlung *constraints* genannt.

Strukturaufklärung mit mehrdimensionaler NMR-Spektroskopie: Hochfrequenzpulse detektieren Wechselwirkungen zwischen dicht benachbarten Kernen

Ein Protein mit mehr als 100 Atomen zeigt eine Vielzahl von Signalen im ^{1}H-NMR Spektrum. Es ist nahezu unmöglich, Abstände zwischen Protonen aus solch einem Spektrum abzuleiten. Die Arbeiten von Ernst führten zur Entwicklung der mehrdimensionalen NMR-Spektroskopie, die auf den ersten Blick wesentlich komplizierter erscheint als die eindimensionale NMR, aber den Vorteil hat, dass skalare Kopplungen und NOEs von dicht benachbarten Atomen direkt aus den Spektren entnommen werden können.

Zweidimensionale NMR-Spektren besitzen zwei Frequenzachsen mit ω_1 und ω_2. Das NMR-Signal $I(\omega_1; \omega_2)$ wird in der dritten Dimension aufgetragen. Ein **COSY-** (*Correlated spectroscopy*) Experiment z.B. wird mit Hilfe von zwei 90° – Pulsen erzeugt. Bei der Aufnahme eines COSY-Spektrums wird für jede Zeit zwischen den Pulsen t_1 ein von der Zeit t_2 abhängiger FID beobachtet. Man erhält also eine zweidimensionale Matrix $G(t_1; t_2)$. Durch eine zweidimensionale Fourier-Transformation, die per Computer durchgeführt wird, erhält man das zweidimensionale NMR-Spektrum:

$$I(\omega_1, \omega_2) = \int\limits_{-\infty}^{\infty} \int\limits_{-\infty}^{\infty} G(t_1, t_2) e^{-i\omega_1 t} e^{-i\omega_2 t} \, dt_2 \, dt_1 . \qquad (5.43)$$

Die Hauptdiagonale eines ^{1}H-COSY-Spektrums entspricht der eines konventionellen ^{1}H-NMR-Spektrums. Es finden sich aber auch Signale außerhalb dieser

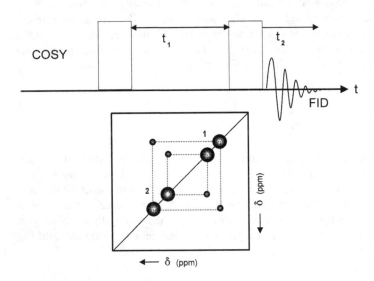

Abb. 5.41. Schematische Pulsfolge eines COSY-^{1}H-NMR-Experiments und Darstellung eines COSY-Spektrums. Die chemische Verschiebung ist mit δ bezeichnet (s. S. 188). Nach dem ersten 90°-Radiowellenpuls erfolgt ein zweiter 90°-Puls, Detektionspuls genannt, nach der Zeit t_1. In Abhängigkeit von der Zeit t_2 wird der FID beobachtet. Die Diagonale des so erhaltenen 2-dimensionalen COSY-Spektrums entspricht dem 1-dimensionalen Spektrum aus Abb. 5.40. Da die Protonen 1 und 2 über skalare Spin-Spin-Kopplung wechselwirken, sind Kreuzresonanzen zu beobachten

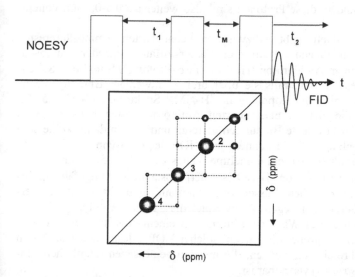

Abb. 5.42. Schematische Pulsfolge eines NOESY-^{1}H-NMR-Experiments und Darstellung des entsprechenden NOESY-Spektrums. Die chemische Verschiebung ist mit δ bezeichnet (s. S. 188). Nach dem ersten 90°-Radiowellenpuls erfolgt ein zweiter 90°-Puls, der die Magnetisierung wieder in die ursprüngliche Richtung zurückklappt. Nach der Mischzeit t_m wird ein Detektionspuls angelegt und in Abhängigkeit von der Zeit t_2 wird der FID beobachtet. Die Diagonale des so erhaltenen 2-dimensionalen NOESY-Spektrums entspricht einem 1-dimensionalen Spektrum, das von 4 Protonen mit unterschiedlicher chemischer Verschiebung verursacht wird. Die Intensitäten der Kreuzpeaks sind proportional zum NOE zwischen den Protonen, die nicht weiter als ca. 0,6 nm voneinander entfernt sind und nicht über direkter Spin-Spin-Wechselwirkung koppeln (siehe Text)

Diagonalen. Diese symmetrisch zur Diagonale liegenden Signale werden Kreuzsignale oder Kreuzpeaks genannt und geben Aufschluss darüber, welche Kerne miteinander durch skalare Spin-Spin-Wechselwirkung miteinander koppeln. Es sind genau die Kerne, die Resonanzen auf den durch die Kreuzpeaks gehenden Horizontalen und Vertikalen besitzen (Abb. 5.41).

Ein **NOESY-Spektrum** erhält man durch ein drei-Puls-Experiment. Der erste 90°-Puls rotiert die Magnetisierung in die x-y-Ebene. Ein zweiter 90°-Puls rotiert die Magnetisierung wieder in die z-Richtung. Jetzt erfolgt eine Umbesetzung der Kernniveaus durch Kreuzrelaxation während der Mischzeit t_m. Ein dritter 90°-Puls rotiert die Magnetisierung wieder in die x-y-Ebene und dann wird in Abhängigkeit von der Zeit t_2 der FID detektiert. Genau wie im COSY-Spektrum zeigen Kreuzpeaks Korrelationen zwischen den Kernen an: Die Dichte der Höhenlinien in einem 2D-NOESY-Spektrum in Abb. 5.42 ist proportional zum NOE zwischen den jeweiligen Kernen. Die die Signale 1 und 2 erzeugenden Protonen sind unmittelbar benachbart. Die geringere Intensität der Kreuzpeaks von Proton 2 und 3 zeigt, dass diese beiden Protonen weiter entfernt sind. Zwischen 2 und 4 sind keine Kreuzpeaks zu finden, diese Protonen sind also weiter als 0,5-0,6 nm voneinander entfernt.

In einer Polypeptidkette gibt es zwischen benachbarten Aminosäureresten räumlich eng zusammenliegende Paare von Wasserstoffatomen. Jeder Aminosäurerest besteht aus einem Amidproton (H^N), einem α-Proton (H^α) und den Seitenkettenprotonen. Diese weisen, falls sie über drei oder weniger Bindungen verknüpft sind, direkte Spin-Spin-Kopplung im ^{1}H-NMR-Spektrum auf (Abb. 5.43). Wasserstoffatome, die sich in benachbarten Aminosäureresten befinden, sind durch wenigstens vier kovalente Bindungen getrennt und weisen damit keine skalare Spin-Spin-Kopplung auf. Sie können aber NOE zeigen, wenn sie einen Abstand d von weniger als 0,5-0,6 nm einnehmen. Dies ist in Abb. 5.43 für d_{NN} und $d_{\alpha N}$ gezeigt. Die Auswertung von ^{1}H-NOEs liefert Abstände von ungefähr 0,2 bis 0,6 nm. Treten NOEs zwischen Wasserstoffatomen auf, die nicht in aufeinanderfolgenden Aminosäureketten liegen, so bedeutet dies, dass die Polypeptidketten sich genau zwischen diesen Wasserstoffatomen in einem Abstand von maximal 0,6 nm nahekommen. Je größer die Anzahl solcher NOEs, desto besser lässt sich die Struktur eines Proteins eingrenzen, die mit den gemessenen räumlichen Einschränkungen (*constraints*) vertretbar ist.

Um die Struktur eines Proteins mit Hilfe von NMR zu lösen, werden diese Einschränkungen zusammen mit der Sequenz des Proteins mit Hilfe von Computerprogrammen ausgewertet. Allerdings reichen COSY- und NOESY-Spektren allein nicht aus, um alle nötigen Abstände zu ermitteln, dazu müssen noch weitere auch heteronukleare mehrdimensionale NMR-Spektren gemessen und ausgewertet werden (Wüthrich 1986, 2003). Ein unverzichtbares Hilfsmittel ist dabei die in Kap. 4.2.1 und 4.2.2 erläuterte Energieminimierung der durch NMR erhaltenen Strukturen.

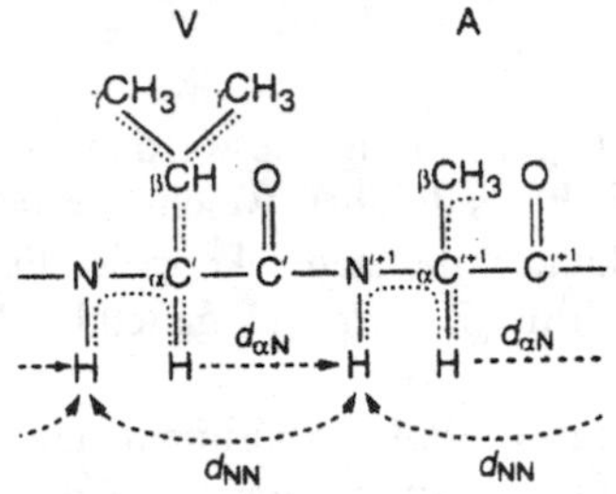

Abb. 5.43. Zuordnung der 1H-NMR-Signale von Proteinen. Die gepunkteten Linien in der Strukturformel eines Valin(V)-Alanin(A)-Dipeptidsegment in einer Polypeptidkette verbinden Wasserstoffatome, die durch maximal drei Bindungen getrennt sind und daher über skalare Spin-Spin-Kopplung wechselwirken. Die gestrichelten Pfeile verbinden Paare von Wasserstoffatomen in benachbarten Aminosäureresten, die weniger als 0,6 nm voneinander entfernt sind und deshalb NOEs zeigen (Wüthrich 2003)

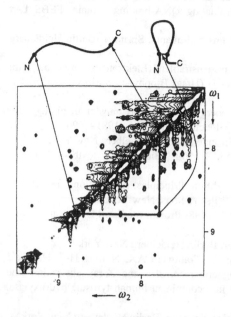

Abb. 5.44. Illustration zur Ableitung von Strukturinformationen aus NOE-Abstands-informationen. Die schematisch dargestellte Polypeptidkette mit den durch N und C markierten Enden liefert das abgebildete 2D-[1H,1H]-NOESY-Spektrum. Die Signale der beiden durch Kreise markierten Wasserstoffatome sind auf der Diagonalen gekennzeichnet. Die Tatsache, dass sie ein verknüpfendes NOESY-Kreuzsignal aufweisen, bedeutet, dass0 diese Wasserstoffatome räumlich benachbart sein müssen (Wüthrich 2003)

Literatur

Adam G, Läuger P, Stark G (2003) Physikalische Chemie und Biophysik. Springer, Berlin Heidelberg New York
Bohm J, Lambert O, Frangakis AS, Letellier L, Baumeister W, Rigaud J-L (2001) FhuA-mediated phage genome transfer into liposomes: A cryo-electron tomography study. Curr Biol 11: 1168–75
Borchardt-Ott W (1997) Kristallographie. Springer, Berlin Heidelberg New York
Breckow J, Greinert R (1994) Biophysik. Walter de Gruyter, Berlin New York
Budzikiewicz (1998) Massenspektrometrie. Wiley-VCH, Weinheim
Cantor CR, Schimmel PR (1980) Biophysical Chemistry, Part II, Techniques for the Study of Biological Structure and Function. Freeman, San Francisco
Claridge TDW (1999) High-Resolution NMR Techniques in Organic Chemistry. Pergamon, Amsterdam

Cohen S, Moulin M, Schilling O, Meyer-Klaucke W, Schreiber J, Wegner M, Müller C (2002) The GCM domain is a Zn-coordinating DNA-binding domain. FEBS Lett 528(1-3): 95–100.

Haken H, Wolf HC (2000) The physics of atoms and quanta. Springer, Berlin Heidelberg New York

Hoppe W (1978) Strukturanalyse mit Elektronenstrahlen (Elektronenmikroskopie). In: Hoppe W, Lohmann W, Markl H, Ziegler H (Hrsg) Biophysik. Springer, Berlin Heidelberg New York, S 67–87

Huber R (1992) A structural basis of light energy and electron transfer in biology. In: Frängsmyr T, Malmström BG (Hrsg) Nobel lectures Chemistry 1981–1990

Junqueira LC, Carneiro J (1991) Histologie. Springer, Berlin Heidelberg New York

James TL (2002) Fundamentals of NMR. In: Biophysics textbooks online (http://www.biophysics.org/btol)

Koningsberger DC, Prins R (1988) X-ray absorbtion: Principles, Applications, Techniques of EXAFS, SEXAFS and XANES. John Wiley & Sons, New York

Lambert O, Plançon L, Rigaud J-L, Letellier L (1998) Protein-mediated DNA transfer into liposomes. Mol Microbiol 30: 761–765

Meschede D (2002) Gerthsen Physik. Springer, Berlin Heidelberg New York

Meyer-Klaucke W, Winkler H, Schünemann V, Trautwein AX, Nolting H-F, Haavik J (1996) A Mössbauer, electron paramagnetic resonance and X-ray absorption fine structure study of the iron environment in recombinant human tyrosine hydroxylase. Eur J Biochem 241: 432–439

Nölting B (2004) Methods in modern biophysics. Springer, Berlin Heidelberg New York

Perutz MF (1964) X-ray analysis of haemoglobin. In: Nobel Lectures, Chemistry 1942–1962. Elsevier, Amsterdam

Schünemann V, Meier C, Meyer-Klaucke W, Winkler H, Trautwein AX, Knappskog PM, Toska K, Haavik J (1999) Iron coordination geometry in full-length, truncated and dehydrated forms of human tyrosine hydroxylase studied by Mössbauer and X-ray absorption spectroscopy. JBIC 4(2):223–231

Walker JE (2003) ATP synthesis by rotary catalysis. In: Grenthe I (Hrsg) Nobel lectures, Chemistry 1996–2000 World Scientific Publishing Co, Singapore

Winter R, Noll F (1998) Methoden der Biophysikalischen Chemie. B.G. Teubner, Stuttgart

Wüthrich K (1986) NMR of proteins and nucleic acids. John Wiley & Sons, New York

Wüthrich K (2003) NMR-Untersuchungen von Struktur und Funktion biologischer Makromoleküle. Angew Chem 115: 3462–3486

6 Anwendungen von kernphysikalischen Methoden in der Biologie

Unsere heutigen Kenntnisse über die Reaktionszyklen der Zellatmung und der Photosynthese stützen sich zum großen Teil auf Arbeiten, die in den fünfziger und sechziger Jahren des letzten Jahrhunderts mit Hilfe von radioaktiv markierten Molekülen durchgeführt wurden (Simon 1978). Für die Markierung von Substanzen werden zwar in den letzten Jahren vermehrt fluoreszierende Moleküle eingesetzt, die Anwendung von radioaktiv markierten Substanzen spielt in der biochemischen Grundlagenforschung, z.B. in der Chromatographie oder der Sequenzierung von DNA, aber nach wie vor eine wichtige Rolle. Mit Hilfe von kernspektroskopischen Methoden lassen sich ebenfalls biologische Fragestellungen beantworten. Streng genommen ist auch die in Kap. 5.7 behandelte NMR eine kernspektroskopische Methode. In diesem Kapitel wollen wir uns auf eine kurze Darstellung der Mößbauer-Spektroskopie beschränken, die speziell für die Untersuchung von Eisen in der Biologie hervorragend geeignet ist.

6.1 Radioaktive Tracer: Kontrolliertes Markieren von Substraten mit Isotopen ergibt Informationen über Reaktionsmechanismen

Isotope eines Elements besitzen die gleiche **Kernladungszahl**, unterscheiden sich aber in der **Massenzahl** voneinander. Alle Isotope eines Elements besitzen also dieselbe Anzahl von Protonen im Kern und damit auch dieselbe Anzahl von Elektronen in der Atomhülle. Es gibt stabile und radioaktive Isotope; beide Arten von Isotopen werden dazu eingesetzt, Moleküle zu markieren. Somit lassen sich Reaktionswege von mit Isotopen markierten Atomen, Atomgruppen oder Molekülen verfolgen.

Der Nachweis von stabilen Isotopen erfolgt mit Massenspektroskopie und z.T. auch mit Ultrazentrifugation. Die beim Zerfall von radioaktiven Isotopen auftretende α-, β- oder γ-**Strahlung** kann sehr leicht mit Detektoren wie Zählrohren und Szintillatoren nachgewiesen werden. Die Markierung mit radioaktiven Isotopen ist eine der empfindlichsten Messmethoden überhaupt, es können noch radioaktiv markierte Substanzen im Bereich von bis zu 10^{-15} g nachgewiesen werden.

6.1.1 Mit Hilfe des stabilen Sauerstoffisotops ^{18}O wurde die Wasserspaltung in der Photosynthese bewiesen

Zwanzig Jahre, nachdem van Niel die Hypothese aufgestellt hatte, dass Pflanzen Wasser als Wasserstoffquelle spalten und dabei als Nebenprodukt Sauerstoff freisetzen, konnte diese Aussage mit Hilfe von Markierungsexperimenten mit dem stabilen Sauerstoffisotop ^{18}O verifiziert werden. Sauerstoff kommt mit der relativen Häufigkeit von 99,7587% in der Natur als ^{16}O vor. Die Sauerstoffisotope ^{17}O und ^{18}O kommen nur zu 0,0374 bzw. 0,0239% vor. Erst die Entwicklungen von Ultrazentrifugen machte es möglich, Isotopengemische zu trennen und Isotope in gewünschter Art und Weise anzureichern.

Um den Reaktionsweg des Sauerstoffwassers bei der **Photosynthese** zu verfolgen, wurden Pflanzen mit $H_2^{18}O$ versorgt. Eine anschließende massenspektroskopische Analyse zeigte, dass sich ^{18}O nur im molekularen Sauerstoff nachweisen ließ:

$$CO_2 + 2H_2^{18}O \rightarrow CH_2O + H_2O + {}^{18}O_2$$

Weitere Experimente bewiesen, dass ein Sauerstoffatom des Kohlendioxids in Zucker und das andere in ein Wassermolekül eingebaut wird.

$$C^{18}O_2 + 2H_2O \rightarrow CH_2^{18}O + H_2^{18}O + O_2$$

Damit war die Hypothese von van Niel bewiesen. Weitere Versuche mit Isotopen des Wasserstoffs und des Kohlenstoffs konnten das Schicksal aller beteiligten Atome aufklären (Abb. 6.1).

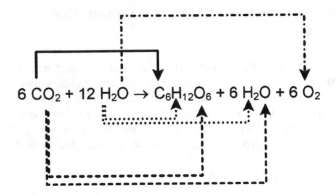

$$6\ CO_2 + 12\ H_2O \rightarrow C_6H_{12}O_6 + 6\ H_2O + 6\ O_2$$

Abb. 6.1. Der Sauerstoff des Kohlendioxids wird bei der Photosynthese zur Hälfte in Zukker und zur Hälfte in Wasser eingebaut. Der bei der Wasserspaltung frei werdende Sauerstoff wird in molekularen Sauerstoff umgewandelt

6.1.2 Mit Hilfe des radioaktiven Kohlenstoffisotops ^{14}C wurde die CO_2-Fixierung in der Photosynthese grüner Pflanzen untersucht

Der zeitliche Verlauf der Anzahl der radioaktiven Kerne $N(t)$ berechnet sich aus der Anzahl der radioaktiven Kerne N_0 zum Zeitpunkt $t=0$ nach

$$N(t) = N_0 e^{-\lambda t}. \tag{6.1}$$

Dabei ist λ die **Zerfallskonstante**, die mit der **Halbwertszeit** $T_{1/2}$, der Zeit, nach der die Hälfte der radioaktiven Kerne zerfallen ist, über

$$T_{1/2} = \frac{ln\,2}{\lambda} \tag{6.2}$$

verknüpft ist. Melvin Calvin und seine Mitarbeiter setzten grüne Algen radioaktivem Kohlendioxid ($^{14}CO_2$) aus, belichteten die Algen einige Sekunden lang, töteten dann die Zellen ab und suchten mit chromatographischen Methoden nach Metaboliten, die radioaktives ^{14}C enthielten (Calvin 1964). Das Isotop ^{14}C besitzt eine Halbwertszeit von 5760 Jahren, verliert also während eines Experimentes von einigen Tagen nur einen sehr kleinen Teil seiner Aktivität. Das radioaktive Kohlenstoffisotop ^{14}C ist ein β-Strahler. Überraschenderweise fanden sie nur eine radioaktive markierte Verbindung, 3-Phosphoglycerat. Damit hatten Calvin und Mitarbeiter den ersten Schritt der Dunkelreaktion der Photosynthese, die **Kohlenstofffixierung**, gefunden. Das Enzym, das den Einbau von CO_2 in 3-Phosphoglycerat katalysiert, ist die Ribulose-1,5-biphophat-Carboxylase auch Rubisco genannt. Rubisco in den Chloroplasten von Pflanzen und photosynthetisierenden Bakterien ist das häufigste Enzym in der Biosphäre.

6.1.3 Audioradiographische Verfahren erlauben die Lokalisation von radioaktiv markierten Bereichen

Das Aufbringen eines Films mit einer Photoemulsion und die anschließende Schwärzung der radioaktiv bestrahlten Bereiche erlaubt es, z.B. radioaktive Bezirke in Geweben zu erkennen.

Mit dieser Methode können Orte von radioaktiv markierten Proteinen, Hormonen oder auch radioaktiven Metallen innerhalb von Zellgewebe ermittelt werden. Aber auch der Nachweis von radioaktiv markierten Substanzen bei der Anwendung von chromatographischen Methoden lässt sich mit Hilfe von audioradiographischen Methoden durchführen. Um radioaktiv markierte Substanzen in einem Chromatogramm nachzuweisen, wird ein Film auf eine chromatographische Platte gelegt. Eine Schwärzung des Films tritt nur bei radioaktiv markierten Banden auf.

Dieses Verfahren wurde auch von Melvin Calvin und seinen Mitarbeitern in den oben beschriebenen Experimenten angewendet. Wurden die Algen nicht nur einige Sekunden, sondern ca. 20 Sekunden mit Licht bestrahlt, so ergab die Untersuchung des Algenextrakts mit zweidimensionaler Papierchromatographie und Autoradiographie, dass bereits mehr als 20 Verbindungen radioaktiv markiert waren. Der Reaktionszyklus der **Dunkelreaktion** der Photosynthese beginnt also im Zeitbereich von einigen wenigen Sekunden mit der Fixierung von CO_2 durch Rubisco und läuft dann im nach Melvin Calvin benannten **Calvin-Zyklus** im Zeitbereich von einigen 10 s ab.

6.1.4 Radioimmunoessays dienen zum Nachweis von geringsten Mengen biologischer Substanzen

Organismen bilden für körperfremde oder auch körpereigene Substanzen wie z.B. Hormone Antikörper aus. Antikörper sind Proteine, die hochspezifische Bindungsstellen für eine bestimmte Substanz, das Antigen, besitzen. Mit Hilfe des **Radioimmunoessays** ist es möglich, geringste Mengen von Antigenen zu detektieren. Oestrogene im Blut lassen sich so noch nachweisen, selbst wenn sie in Spuren von wenigen Nanogramm auftreten. Auch zum Nachweis von Amphetaminen im Urin ist diese Methode geeignet (Winter u. Noll 1989).

Ein Radioimmunoessay enthält eine Lösung mit radioaktiv markierten Antigenen. Bei einem kompetetiven Radioimmunoessay befinden sich in der zu messenden Probe und in einer Referenzprobe eine bekannte Anzahl von radioaktiv markierten Antigen. Gibt man nun zu beiden Proben eine bekannte Anzahl von Antikörpern hinzu, so bilden sich in der Referenzprobe nur radioaktive Antigen-Antikörper-Komplexe, da keine nicht-radioaktiven Antigene vorhanden sind. Befinden sich in der zu messenden Probe nicht-radioaktiv markierte Antigene, so konkurrieren diese mit den radioaktiv markierten Antigenen um die Bindungsstellen der zugegebenen Antikörper. Sind also in der zu messenden Probe ursprünglich nicht-radioaktive Antigene vorhanden gewesen, so ist die Anzahl der radioaktiv-markierten Antigen-Antikörper-Komplexe in der zu messenden Probe geringer als in der Referenzprobe. Trennt man die Antigen-Antikörper-Komplexe von den Proben ab, so ergibt die Differenz der Radioaktivität der Fraktionen aus der zu messenden und der Referenzprobe ein Maß für die Zahl der ursprünglich vorhandenen Antigene. Durch Vergleich mit Proben bekannter Antigen-Konzentrationen kann so die Konzentration der Antigene in der zu messenden Probe ermittelt werden.

6.2 Mößbauer-Spektroskopie: Eine kernphysikalische Methode zur Ermittlung des dynamischen Verhaltens, der Spinzustände und der Valenzen von Eisenzentren in Biomolekülen

Die Mößbauer-Spektroskopie ist eine **Kernspektroskopie**, die Anwendungen in den Materialwissenschaften, der Chemie und nicht zuletzt in der Biologie gefunden hat (Gütlich et al. 1978; Kalvius u. Parak 1978). Zur Charakterisierung von Eisenzentren in Proteinen (wie z.B. Myo- oder Hämoglobin) bietet die **Mößbauer-Spektroskopie** die Möglichkeit, sowohl die elektronischen (Schünemann u. Winkler 2000) wie auch die dynamischen Eigenschaften (Parak 2003) des Eisenzentrums zu studieren. Die Energie des Kernübergangs des Isotops ^{57}Fe vom Grundzustand mit Kernspin $I=1/2$ zum ersten angeregten Zustand mit $I=3/2$ beträgt 14,4 keV. Durch die Hyperfeinwechselwirkung des Eisenkerns mit der Elektronenhülle wird dieser Energieunterschied beeinflusst, und zwar in einem typischen Energiebereich von 10^{-4} eV. Der Eisenkern wird also wie in der NMR als Sonde für Veränderungen in der Elektronenhülle benutzt. Das Problem ist allerdings: Wie soll man einen so geringen Energieunterschied im Bereich von 10^{-4} eV bei einem Energieübergang von 14,4 keV messen?

6.2.1 Mößbauer-Spektroskopie beruht auf rückstoßfreier Resonanz von γ-Quanten an Kernen

Betrachten wir einen freien ^{57}Fe-Kern, der ein γ-Quant aussendet (Abb. 6.2). Die Energie E^0, die durch den Übergang vom angeregten Kernzustand E^e in den Grundzustand E^g zur Verfügung steht, steht nicht voll dem γ-Quant zur Verfügung, da neben der Energieerhaltung auch die Impulserhaltung erfüllt sein muss.

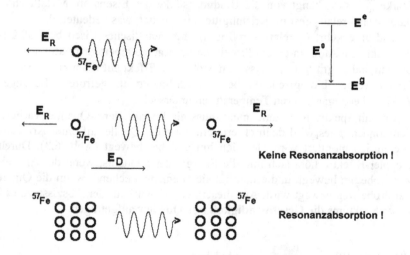

Abb. 6.2. Ein energetisch angeregter ^{57}Fe-Kern sendet ein γ-Quant aus. Der Impulserhaltungssatz verlangt, dass die beim Übergang zur Verfügung stehende Energie E^0 nicht ganz auf das γ-Quant, sondern teilweise als Rückstoßenergie auf den Kern übertragen wird. Dasselbe gilt bei Absorption. Ist das Eisenatom aber fest in ein Kristallgitter eingebaut, so ist die Rückstoßenergie nahezu null und Resonanzabsorption kann erfolgen

Der ^{57}Fe-Kern erleidet einen Rückstoß und damit wird ein Teil der Energie E^0 in kinetische Rückstoßenergie des Kerns E_R umgewandelt. Dieser Vorgang ist mit dem Abschuss einer Kanone vergleichbar. Hier dient eine Lafette dazu, die Rückstoßenergie der Kanone aufzunehmen. Wenn das ausgesendete γ-Quant mit der Energie E_D nun auf einen anderen ^{57}Fe-Kern trifft, so kann es nicht absorbiert werden, da die Energie des γ-Quants E_D kleiner ist als die zum Übergang benötigte Energie E^0. Es findet keine **Resonanzabsorption** statt.

Sind das Eisenatom und damit auch der Eisenkern aber in einem Gitter eingebaut, so wird der gesamte Rückstoß von dem das Eisenatom umgebenden Gitter aufgenommen, die Rückstoßenergie E_R ist nahezu null. Damit ist die Energie des γ-Quants gleich E^0. Trifft das γ-Quant nun auf einen ^{57}Fe-Kern, der sich ebenfalls in einem Gitter befindet, so findet Resonanzabsorption statt.

Dieser Effekt wurde von R.L. Mößbauer 1953 entdeckt. Die Wahrscheinlichkeit für Resonanzabsorption ist durch den **Mößbauer-Lamb-Faktor** f_L gegeben:

$$f_L = e^{-K^2 \langle x^2 \rangle}.$$

(6.3)

Dabei bezeichnet $<x^2>$ das mittlere Quadrat der Auslenkung des Kerns parallel zur Ausbreitungsrichtung des γ-Quants. Die Größe K ist der Betrag des Wellenvektors $|\vec{K}|=2\pi/\lambda$ des γ-Quants, wobei λ die Wellenlänge des γ-Quants bezeichnet. Die Stärke von $<x^2>$ hängt von der Bindungsstärke des Eisens ab. Metallische Eisenatome sind relativ fest im Kristallgitter eingebettet, was bedeutet, dass $<x^2>$ klein ist und umgekehrt f_L relativ groß ist (f_L für metallisches Eisen bei 300K ist ca. 0,7). Ein ^{57}Fe Atom in einem Protein ist bei Raumtemperatur relativ schwach gebunden und es gilt $f_L \approx 0$, so dass kein Mößbauer-Effekt auftreten kann. Aus diesem Grund werden biologische Proben standardmäßig als gefrorene Lösungen bei $T=77$K oder sogar tieferen Temperaturen untersucht.

Um ein Spektrum aufzunehmen, muss die Energie der γ-Quanten variiert werden können. Dies wird dadurch erreicht, dass die Quelle auf einer Art Lautsprecherantrieb montiert wird, der sich hin und her bewegt (Abb. 6.3). Durch den Doppler-Effekt erhöht sich nun die Energie des γ-Quants, wenn der Antrieb sich zur Probe hin bewegt, und erniedrigt sich dementsprechend, wenn die Quelle von der Probe weg bewegt wird. Aus diesem Grund wird auf der Abszisse eines Mößbauer-Spektrums die **Geschwindigkeit der Quelle** v aufgetragen.

Antrieb mit   Detektor
Quelle

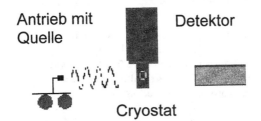

Cryostat

Abb. 6.3. Prinzip eines Mößbauer-Spektrometers

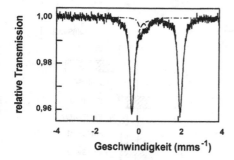

Abb. 6.4. Mößbauer-Spektrum von deoxygeniertem Myoglobin. Das Eisen liegt als Fe(II) im Spinzustand S=2 vor. Die Minoritätskomponente repräsentiert eine Verunreinigung der Probe mit CO-ligandiertem Myoglobin

Die Abb. 6.4 zeigt das Mößbauer-Spektrum von deoxygeniertem Myoglobin. Bewegt sich die Quelle von der Probe weg (negative Geschwindigkeit), so beobachtet man keine Absorption von γ-Quanten, die relative Transmission ist eins. Bei einer Geschwindigkeit von $v_1 \approx -0,2$ mms^{-1} beobachten wir die Absorption von γ-Quanten, die relative Transmission nimmt ab. Wird v weiter zu positiven Geschwindigkeiten erhöht, so erfolgt erneut keine Absorption. Bei einer positiven Geschwindigkeit von $v_2 \approx +2,0$ mms^{-1} beobachten wir eine zweite Resonanz. Solch ein Spektrum mit zwei Resonanzen wird auch als Duplett-Spektrum bezeichnet. Es ist durch zwei Parameter gekennzeichnet: Die **Isomerieverschiebung** δ ist der Wert der Geschwindigkeit an der Spiegelachse des Dupletts ($\delta=(v_2+v_1)/2$). Die **Quadrupolaufspaltung** ΔE_Q ist gleich der Differenz der Geschwindigkeiten der Resonanzen ($\Delta E_Q = v_2 - v_1$).

6.2.2 Die Parameter Isomerieverschiebung, Quadrupolaufspaltung und magnetisches Hyperfeinfeld sind charakteristisch für Valenz- und Spin-Zustand des Mößbauer-Atoms

Isomerieverschiebung

Die physikalische Ursache für die Beobachtung der Isomerieverschiebung ist die elektrische Monopolwechselwirkung zwischen Kern und Elektronenhülle. Diese Wechselwirkung beeinflusst die Energieniveaus des Kerns nur im Bereich von ca. 10^{-4} eV wie in Abb. 6.3 gezeigt wird. Trotzdem ist dieser Einfluss durch den Mößbauereffekt messbar. Die Isomerieverschiebung bietet insbesondere die Möglichkeit, Oxidationszustände von Eisenzentren in Biomolekülen zu bestimmen (Abb. 6.5).

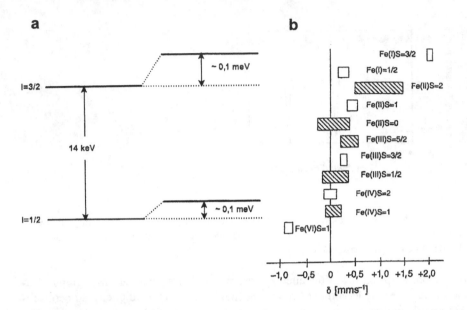

Abb. 6.5 a,b. Die Isomerieverschiebung erklärt sich durch die Anwesenheit von elektrischer Monopolwechselwirkung mit den kernnahen s-Elektronen und die daraus resultierenden Verschiebungen der Energieniveaus des ^{57}Fe-Kerns (**a**). Anhand der Isomerieverschiebung lässt sich der Oxidationszustand des Eisenatoms bestimmen (**b**) (Gütlich et al. 1978)

In Kap. 3 haben wir gezeigt, dass es eine gewisse Wahrscheinlichkeit dafür gibt, dass sich s-Elektronen am Kernort aufhalten können. Bezeichnen wir die Elektronendichte am Kernort der Mößbauer-Quelle mit $|\psi_{Quelle}(0)|^2$ und die Elektronendichte am Kernort der Probe mit $|\psi_{Probe}(0)|^2$, so gilt:

$$\delta \sim \frac{\Delta r_{Kern}}{r_{Kern}}\left(\left|\psi_{Quelle}(0)\right|^2 - \left|\psi_{Probe}(0)\right|^2\right) \tag{6.4}$$

r_{Kern} ist dabei der Radius des Kerns im Grundzustand und Δr_{Kern} ist die Differenz der Kernradien im Grund- und im angeregten Zustand.

Die Quadrupolaufspaltung

Der Grund für die Quadrupolaufspaltung liegt in der elektrischen Quadrupolwechselwirkung zwischen Kern und Elektronenhülle. Der Grundzustand des ^{57}Fe-Kerns mit $I=1/2$ wird durch diese Wechselwirkung nicht beeinflusst. Der angeregte Kernzustand mit $I=3/2$ allerdings spaltet in Anwesenheit eines Gradienten des elektrischen Feldes am Kernort in zwei Energiezustände mit $m_I=\pm1/2$ und $m_I=\pm3/2$ auf (s. Abb. 6.6). Der Energieunterschied ist die Quadrupolaufspaltung:

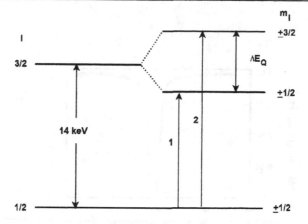

Abb. 6.6. In Anwesenheit eines elektrischen Feldgradienten spaltet der angeregte ^{57}Fe-Kernzustand mit I=3/2 in zwei Zustände mit den magnetischen Quantenzahlen m_I=±3/2 und m_I=±1/2 auf. Die Energiedifferenz dieser beiden Zustände ist die Quadrupolaufspaltung ΔE_Q

$$\Delta E_Q = \tfrac{1}{2} e Q V_{zz} \left(1 + \eta^2 / 3\right)^{1/2}. \tag{6.5}$$

Dabei ist Q das Quadrupolmoment des Kerns und e die Elementarladung. V_{zz} ist die z-Komponente des elektrischen Feldgradienten, der sich aus der Elektronendichte berechnen lässt:

$$V_{zz} = \int \left|\psi(r)\right|^2 r^3 \left(3\cos^2\theta - 1\right) dv. \tag{6.6}$$

Der elektrische Feldgradient setzt sich mehreren Beiträgen zusammen: Der Beitrag der umgebenden Liganden (auch Gitterbeitrag genannt) enthält Informationen über die Geometrie des Eisenplatzes. Der elektronische Beitrag setzt sich aus Valenzanteil und einen kovalenten Anteil der Elektronenhülle zusammen.

CO-gebundenes Eisen im Myoglobin zeigt z.B. eine sehr geringe Quadrupolaufspaltung von ΔE_Q=0,60 mms^{-1} (Abb. 6.7). Das Eisenzentrum ist im zweiwertigem Oxidationszustand und besitzt die elektronische Konfiguration 3d^6. Die t_{2g}-Orbitale sind voll besetzt und damit ist der elektronische Beitrag zum elektrischen Feldgradienten vernachlässigbar.

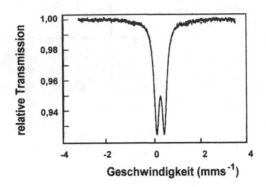

Abb. 6.7. Mößbauer-Spektrum von CO-ligandiertem Myoglobin. Das Eisen liegt wie im Fall von Deoxymyoglobin als Fe(II) vor (s. Abb. 6.3), allerdings hier im $S=0$-Zustand

Auch das Eisen des Deoxymyoglobins befindet sich im zweiwertigen Oxidationszustand mit der elektronischen Konfiguration $3d^6$. Allerdings ist die sechste Koordinationsstelle des Eisens frei, was wiederum zu einer Erniedrigung des elektrischen Ligandenfeldes in axialer Richtung führt. Damit wird die Ligandenfeldaufspaltung der t_{2g}- und e_g-Orbitale erniedrigt. Das führt zur Ausbildung eines S=2-Grundzustandes. Nur ein Orbital ist doppelt besetzt. Eine halbgefüllte 3d-Schale ist symmetrisch, hätte also keinen Beitrag zu V_{zz}. Abb. 6.4 zeigt das Mößbauer-Spektrum von Deoxymyoglobin mit einer Quadrupolaufspaltung von $\Delta E_Q \approx 2$mms^{-1}. Das Elektron im doppelt besetzten 3d-Orbital trägt also den Hauptbeitrag für die Quadrupolaufspaltung von ca. 2 mms^{-1}.

Das magnetische Hyperfeinfeld

Was passiert, wenn der ^{57}Fe-Kern ein magnetisches Feld spürt? Abb. 6.8 zeigt die Aufspaltung der Energieniveaus von Grund- und angeregtem Zustand. Durch die Auswahlregeln $\Delta I=1$ und $\Delta m_I=0,\pm1$ ergeben sich sechs erlaubte Übergänge bei der Absorption von γ-Quanten und damit sechs Linien im Mößbauer-Spektrum. Abbildung 6.9 zeigt dies anhand einer Reihe von Eisenverbindungen. Das magnetische Hyperfeinfeld setzt sich aus mehreren Beiträgen zusammen. Es gilt:

$$B_0 = B_{FC} + B_{SB} + B_{Dipol} + B_{Gitter}. \tag{6.7}$$

Dabei bezeichnet B_{FC} den Beitrag aufgrund der Fermi-Kontakt-Wechselwirkung, B_{SB} den der Spin-Bahn-Wechselwirkung, B_{Dipol} berücksichtigt die dipolare Wechselwirkung mit den Hüllenelektronen und B_{Gitter} den Gitteranteil. Abbildung 6.10 zeigt temperaturabhängige Mößbauer-Spektren des Eisenspeicherproteins Ferritin. Hier liegt das Eisen in Form von Eisenhydroxid-artigen Teilchen vor, die bei Temperaturen von $T<30K$ eine magnetische Ordnung aufweisen. Dadurch wird ein magnetisches Hyperfeinfeld B_0 am Kernort erzeugt, und man beobachtet ein 6-Linien-Muster.

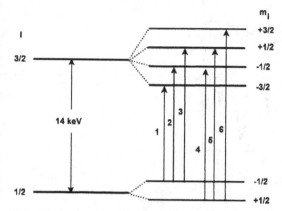

Abb. 6.8. In Anwesenheit eines magnetischen Feldes spaltet der Grundzustand des ^{57}Fe-Kerns mit $I=1/2$ in zwei Zustände mit den magnetischen Quantenzahlen $m_I=+1/2$ und $m_I=-1/2$ auf. Der angeregte Zustand mit $I=3/2$ spaltet entsprechend in vier Zustände auf. Entsprechend der Auswahlregeln $\Delta I=1$ und $\Delta m_I=0,\pm1$ ergeben sich sechs erlaubte Übergänge und damit sechs Linien im Mößbauer-Spektrum.

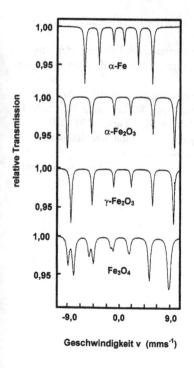

Abb. 6.9. Beispiele für Mößbauer-Spektren von magnetisch geordneten Eisenphasen. Magnetit Fe_3O_4 besitzt zwei magnetische Untergitter und zeigt deshalb zwei Sextetts

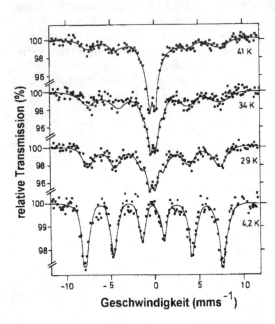

Abb. 6.10 Temperaturabhängige Mößbauer-Spektren des Eisenspeicherproteins Ferritin aus der Pferdemilz (Gütlich et al. 1976)

Literatur

Calvin M (1964) The path of carbon in photosynthesis. In: Nobel lectures, Chemistry 1942-1962. Elsevier, Amsterdam

Gütlich P, Link R, Trautwein A (1978) Mössbauer spectroscopy and transition metal chemistry. Springer, Berlin Heidelberg New York

Kalvius GM, Parak F (1978) Anwendung des Mößbauereffekts auf Probleme der Biophysik. In: Hoppe W, Lohmann W, Markl H, Ziegler H (Hrsg) Biophysik. Springer, Berlin Heidelberg New York, S 112–126

Parak F (2003) Physical aspects of protein dynamics. Rep Prog Phys 66: 103–129

Simon H (1978) Tracer-Methoden in der Biologie. In: Hoppe W, Lohmann W, Markl H, Ziegler H (Hrsg) Biophysik. Springer, Berlin Heidelberg New York, S 235–249

Schünemann V, Winkler H (2000) Structure and dynamics of biomolecules studied by Mössbauer spectroscopy. Rep Prog Phys 63: 263–354

Winter R, Noll F (1998) Methoden der Biophysikalischen Chemie. B.G. Teubner, Stuttgart

7 Von einzelnen Puzzleteilen zum Verständnis des Ganzen: Wie funktioniert die Lichtreaktion des Photosyntheseprozesses

Ökosysteme sind offene Systeme. Das bedeutet, dass kontinuierlich Energie aufgenommen und abgegeben wird. Auch das Ökosystem Erde und damit alles Leben hängt von einer Energiequelle ab, der Sonne. Ein Teil der eingestrahlten **Energie** des Sonnenlichts wird im **Photosyntheseprozess** von Pflanzen und photosynthetisierenden Bakterien dazu verwendet, energiereiche chemische Substanzen wie z.B. Glukose aufzubauen (Renger 1978). Die in den Pflanzen gespeicherte chemische Energie wird von Tieren während der Zellatmung umgesetzt und letztendlich in Form von Wärmeenergie an die Umgebung abgegeben. Pilze und Bakterien wiederum zersetzen organische Abfälle und geben ebenfalls Wärmeenergie an die Umgebung ab. Anhand der Untersuchungen zur Aufklärung der **Lichtreaktion** des Photosyntheseprozesses soll in diesem Kapitel gezeigt werden, wie biophysikalische Konzepte und Methoden dazu geeignet sind, Prozesse in der Natur aufzuklären.

Beim Photosyntheseprozess in Pflanzen und Bakterien werden Kohlendioxid und Wasser in Zucker umgesetzt, die dazu benötigte Energie wird durch Lichteinstrahlung bereitgestellt:

$$6\ CO_2 + 6\ H_2O + \text{Lichtenergie} \rightarrow C_6H_{12}O_6 + 6\ O_2.$$

Die Enzymkomplexe zum Einfang des Sonnenlichts in den grünen Thylakoidmembranen stellen eine komplexe molekulare Maschinerie dar, die Licht einfangen, Wasser spalten und die Bildung von NADPH und ATP katalysieren muss, was letztendlich die Bildung von Glukose ermöglicht.

Der Photosyntheseprozess ist in zwei Prozesse unterteilt, die miteinander gekoppelt sind. Die Membran-gebundenen Proteine, die während der Lichtreaktion Lichtenergie für die Synthese von ATP und NADPH benutzen, bezeichnet man als Photosysteme. In Thylakoidmembranen existieren zwei solcher Systeme: Das **Photosystem I** (PS I) und das **Photosystem II** (PS II). Diese Bezeichnungen haben historische Gründe, denn das PS I wurde vor dem PS II entdeckt. In der Lichtreaktion wird Wasser gespalten, und bei der Bildung von NADPH werden 2 Elektronen sowie ein Proton auf ein $NADP^+$-Molekül übertragen. Weiterhin wird die aufgefangene Energie bei der Synthese von ATP aus ADP gespeichert. In der **Dunkelreaktion**, die kein Licht benötigt, werden ATP und NADPH zur Synthese von Zucker aus CO_2 gebraucht. Für diese Reaktion, nach ihrem Entdecker **Calvin-**

Zyklus genannt, sind nur ATP, NADPH und CO_2 nötig. Im Folgenden wollen wir uns allerdings mit der Aufklärung der Lichtreaktionen in der Photosynthese befassen.

Auf die einfache Frage „Wie funktioniert die Lichtreaktion in der Photosynthese?" gibt es keine einfache Antwort. In den vergangenen Jahrzehnten wurden vielmehr eine Vielzahl von chemischen, physikalischen und biologischen Methoden angewendet, um dieser Frage auf den Grund zu gehen (s. Golbeck 2003). Der Schlüssel hierzu liegt in der Kombination von Techniken zur Charakterisierung des Photosyntheseprozesses. Dazu wurde zunächst ein möglichst einfaches Photosynthesesystem ausgewählt, eine erfolgversprechene Strategie. Im Fall der Photosynthese ist dies das Photosystem von photosynthetisch aktiven Bakterien (Abb. 7.1).

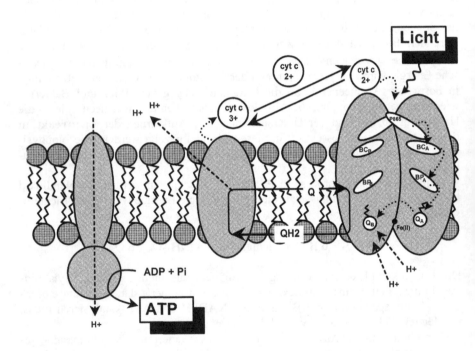

Abb. 7.1. Schematische Darstellung der Photosynthese in Bakterien: Die Energie des vom Photosystem I eingefangen Lichts wird letztendlich dazu benutzt, ATP zu synthetisieren. Dies ist möglich durch den Aufbau eines Protonengradienten. Protonenflüsse (----) und Elektronenflüsse (......) sind miteinander gekoppelt. Elektronen und Protonen fließen vom Photosystem I (PS I) in Form von Hydrochinon zum cyt bc_1-Komplex. Von dort fließen die Elektronen zum PS I zurück, während die Protonen in das Medium abgegeben werden (weitere Erklärungen siehe Text). P_{865} ist der primäre Donor, der den Elektronentransfer in den B-Zweig induziert. BC bezeichnet verbrückendes Bakteriochlorophyll a und BP Bakteriopheophtin a und Q Ubichinon

7.1 Untersuchungen am Photosystem von photosynthetisch aktiven Bakterien bilden die Grundlage zum Verständnis der Photosynthese in grünen Pflanzen

Im **bakteriellen Reaktionszentrum** wird Lichtenergie letztendlich zur Synthese des Energieträgermoleküls ATP benutzt. Damit Lichtenergie in chemische Energie umgewandelt werden kann, muss das Licht durch Antennenmoleküle eingefangen werden. Diese Rolle spielen die Chlorophylle, die durch Lichtabsorption (s. Kap. 4.6) in einen angeregten Zustand versetzt werden. Wären die Chlorophyllmoleküle isoliert und nicht im Photosynthesekomplex gebunden, so würde die eingefangene Energie durch Fluoreszenz nach nur einigen Nanosekunden wieder abgegeben. Genau dies darf während des Photosyntheseprozesses nicht stattfinden, die eingefangene Energie soll ja zur ATP-Synthese benutzt werden.

Im Antennensystem wird der angeregte Zustand eines Chlorophylls auf ein anderes übertragen. Diese Zustände bezeichnet man auch als schwach gebundene Elektronen-Loch-Paare oder **Exzitonen**. Das Elektron befindet sich in einem hochenergetischen Orbitalzustand und hinterlässt dabei ein Loch in seinem ursprünglichen Orbital. Solche Elektronen-Loch-Paare oder Exzitonen können in dicht gepackten Chlorophyllmolekülen wandern bis sie den **primären Donor** des Photosystems erreichen.

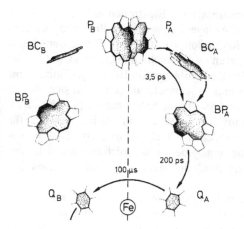

Abb. 7.2. Ladungstrennung im bakteriellen Photosystem von *Rhodobacter sphaeroides*. P_A und P_B bilden den primären Donor P_{865}. Elektronentransfer erfolgt nicht über den B-, sondern nur über den A-Zweig: BC ist ein verbrückendes Bacteriochlorophyll a, BP ein Bakteriopheophtin a und Q ein Ubichinon. Das Elektron landet nach 303,5 ps am primären Akzeptor Q_B (Haken u. Wolf 2003)

Im bakteriellen Photosystem wird diese Rolle von einem Bakteriochlorophyll a-Dimer übernommen, das als P_{865} bezeichnet wird. Das Elektron im angeregten Zustand des P_{865} muss also durch einen schnellen Elektronentransferprozess (s. Kap. 3.3.3) auf ein anderes Molekül des Photosynthesekomplexes übertragen werden. Die von Deisenhofer, Michels und Huber aufgedeckte Struktur (Deisenhofer et al. 1985) des bakteriellen Photosystems zeigt, dass sich zwischen dem Akzeptormolekül des Elektrons, dem Bakteriopheophtin a (BP_A), und dem P_{865} ein verbrückendes Bakteriochlorophyll a (BC_A) befindet (Abb. 7.2). Das BC_A ist ca. 0,6 nm vom P_{865} und 0,5 nm vom BP_A entfernt. Aus optischen Messungen mit Hilfe von Laserblitzen weiß man, dass dieser erste Schritt der Photoreaktion in nur 2,8 ps abläuft (Holzapfel et al. 1989). Dies ist die schnellste in der Natur beobachtete Reaktion. Im nächsten Elektronentransferschritt werden ca. 1 nm zum Ubichinon Q_A in ca. 200 ps überwunden und das Elektron landet schließlich nach 100 µs und einem Transferweg von 1,5 nm auf dem Ubichinon Q_B, dem **primären Akzeptor**. Dieser Prozess wird in der Literatur als **Ladungstrennung** („*charge separation*") und der so erhaltene Zustand als ladungs-getrennter Zustand („*charge separated state*") bezeichnet. Einmal weg, ist die Rekombination des Elektrons nicht mehr möglich.

Aber wie können Elektronen in einem Protein-Lipidkomplex räumliche Distanzen von bis zu 1,5 nm überwinden? Die Antwort liefert die Marcus-Theorie (s. Kap. 3.3.3), die voraussagt, dass Elektronen Distanzen bis zu 2 nm mit einer gewissen Wahrscheinlichkeit überwinden können. Die Struktur des Photosystems zeigt, dass der Elektronentransferweg innerhalb des Photosystems erfolgt. Die Struktur ist dicht gepackt, was die Reorganisationsenergie λ_R minimiert und damit die Elektronentransferrate k_{ET} maximiert.

Insgesamt werden durch den Photoprozess zwei Elektronen auf den primären Akzeptor Q_A übertragen. Dies führt zur Anlagerung von zwei Protonen aus dem Inneren der Membran und damit zur Reduktion von Q_A zum Dihydroubichinol QH_2. Im bakteriellen Photosystem existieren zwei Ubichinone Q_A und Q_B. Es wird aber nur Q_B zu QH_2 reduziert. Nach der Reduktion ist die Bindungsaffinität zum restlichen Enzymkomplex des Photosystems geschwächt, das QH_2 löst sich ab und diffundiert innerhalb der Membran zum Cytochrom-bc_1-Komplex (s. Abb. 7.1). Der Cytochrom-bc_1-Komplex besitzt eine Bindungsstelle mit hoher Affinität für QH_2. Dort wird das Dihydroubichinol wieder zu Ubichinol oxidiert: Zwei Protonen werden dabei in das äußere Medium abgegeben. Das Ubichinol löst sich vom Cytochrom-bc_1-Komplex und diffundiert durch die Membran zu einem freien Q_B-Platz des Photosystems zurück.

Bei der Oxidation des Dihydroubichinols werden zwei Elektronen frei, die dazu dienen, über den Cytochrom-bc_1-Komplex lösliches Cytochrom c zu reduzieren, das sich an der Außenseite der Membran befindet. Das reduzierte Cytochrom c diffundiert wieder an den primären Elektronenakzeptor P_{865}, reduziert diesen und bei Einfang eines Photons beginnt das Spiel von neuem.

7.2 Im Photosystem II grüner Pflanzen wird Wasser durch ein Metall-Zentrum mit vier Manganionen gespalten

Im Photosystem I in den Thylakoidmembranen der Chloroplasten wird analog zum bakteriellen Photosystem nach Lichteinfall Plastochinon PQ_B zu Hydroplastochinon PQ_BH_2 reduziert (Abb. 7.3). Die Elektronen für diese Reaktion werden dabei aber nicht von einem Elektronentransferprotein wie dem Cytochrom c, sondern von einem proteinständigen Metallzentrum bestehend aus 4 Mn-Ionen (Abb. 7.4) zur Verfügung gestellt, das zu diesem Zweck Wasser spaltet und dabei Sauerstoff freisetzt. Die Freisetzung von Sauerstoff durch **Wasserspaltung** in grünen Pflanzen ist die Grundvoraussetzung für aerobes Leben auf unserem Planeten. Die vom Mn-Zentrum katalysierte Reaktion

$$2H_2O \rightarrow O_2 + 4H^+ + 4e^-$$

ist lichtgetrieben.

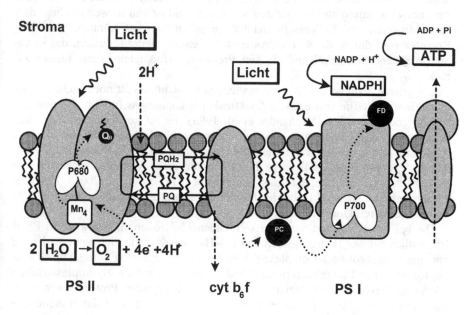

Abb. 7.3. Schematische Darstellung der Photosynthese in Pflanzen (weitere Erklärungen siehe Text)

Mit Hilfe von gepulsten Lichtblitzen lässt sich das Mn-Zentrum des Photosystem II (PS II) in vier Zustände versetzen. Das Mn_4-Zentrum im S_0-Zustand ist ESR-aktiv und zeigt ein kompliziertes durch Hyperfeinaufspaltung aufgespaltenes ESR-Spektrum, das charakteristisch für mehrkernige Mn-Zentren ist (Messinger et al. 1997). Ein Lichtpuls versetzt die PS I-Partikel vom S_0- in den S_1-Zustand. Dieser Zustand ist nicht ESR-aktiv, Untersuchungen mit Röntgenabsorptionsspektroskopie haben gezeigt, dass das Mn-Zentrum im S_0-Zustand nach Lichteinfang oxidiert wird. Dies lässt sich erklären, indem man annimmt, dass nach dem Lichteinfang ein Elektron vom **primären Donor P680** zum **primären Akzeptor Q_B** befördert wird. Das oxidierte P680 wird danach von einem Elektron des Mn_4-Zentrums, das Elektronentransfer über ein Tyrosin-Rest macht, reduziert.

Wird ein zweites Mal geblitzt, so taucht wieder ein ESR-Signal auf, der Cluster besitzt also nun einen Zustand S_2 mit halbzahligem Spin. Ein dritter Lichtblitz führt zum Verschwinden des ESR-Signals (S_3). Ein vierter Lichtblitz führt zum S_4-Zustand, der aber aufgrund seiner kurzen Lebensdauer noch nicht mit ESR charakterisiert werden konnte. Jeder Lichtblitz führt also offensichtlich zu einer Einelektronen-Oxidation des Mn_4-Zentrums. Im S_4-Zustand befindet sich das Mn-Zentrum 4 Oxidationsstufen über den S_0-Zustand und ist nun so weit oxidiert, dass vom Mn_4-Zentrum 2 Wassermoleküle gespalten werden können. Der Mn-Komplex wird durch die 4 Elektronen des Wassers wieder reduziert, das so gebildete Sauerstoffmolekül und die vier Protonen diffundieren in das Lumen zurück.

Die genaue Struktur des Wasser spaltenden Mn-Clusters ist noch nicht eindeutig geklärt. Mit Hilfe von EXAFS-Spektroskopie konnte das in Abb. 7.4 gezeigte Modell erstellt werden (Yachandra et al. 1993). Es ist konsistent mit Kristallstrukturdaten des Photosystem II von *Synechococcus elongatus*, die mit 0,38 nm Auflösung erhalten werden konnten. Die Oberfläche des PS II-Homodimers ist in Abb. 7.5 gezeigt. Das PS II ist in die ca. 5,5 nm dicke Membran eingebaut und ragt um den gleiche Länge in das Lumen hinein (Zouni et al. 2001). Der Mn-Cluster befindet sich auf Höhe der Membranebene in einer Entfernung von 1,85 nm vom primären Donor P680.

Die bei der Wasserspaltung frei werdenden Elektronen fließen also im PS II letztendlich auf das Hydroplastochinon PQ_BH_2. Dieses diffundiert vom PS II weg hin zum Cytochrom-b_6f-Komplex, der in der Funktion analog zum Cythochrom-bc_1-Komplex des Purpurbakteriums *Rhodobacter sphaeroides*, Hydroplastochinon wieder zu Plastochinon reduziert. Die dabei frei werdenden Protonen werden in das Lumen abgegeben, der so erhaltene Protonengradient wird durch membranständige ATP-Synthasen analog zum bakteriellen Photosystem zur Synthese von

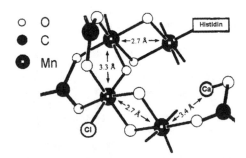

Abb. 7.4. Aufgrund von EXAFS-Untersuchungen ermitteltes Modell des wasserspaltenden Mn_4-Zentrums im Photosystem II von *Synechococcus elongatus* (nach Yachandra et al. 1993; freundlicherweise von H. Hummel zur Verfügung gestellt)

ATP aus ADP und P_i benutzt. Die Elektronen werden auf das kupferhaltige, wasserlösliche Elektronentransferprotein Plastocyanin (PC) übertragen. Das Plastocyanin überträgt Elektronen auf das PS I, das dann ebenfalls in einer Lichtreaktion diese Elektronen von seinem primären Donor P700 über eine Reihe von Cofaktoren an ein Ferredoxin, ein Fe-S-Protein, weitergibt, das letztendlich NADPH gemäß

$$NADPH^+ + H^+ + 2e^- \rightarrow NADPH$$

synthetisiert. Es ist gelungen, mit Hilfe von Röntgenkristallographie ein Modell des Photosystem II von *Synechococcus elongatus* mit einer Auflösung von 0,25 nm zu erhalten (Abb. 7.5). Auch für das Photosystem I von *Synechococcus elongatus* konnte mit dieser Methode ein atomar aufgelöstes Strukturmodel ermittelt werden (Jordan et al. 2001).

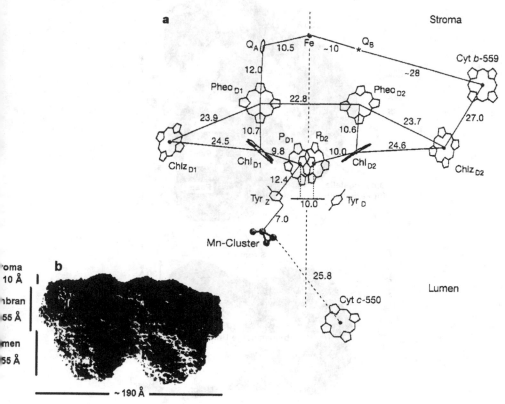

Abb. 7.5. Aus röntgenkristallographischen Untersuchungen ermittelte Kristallstruktur des Photosystems II von Synechoccus elongatus. *Links* ist die Lage der Cofaktoren sowie deren Abstände in Ångström (1 Å=1 nm) gezeigt. Der Thylakoidinnenraum ist mit Lumen bezeichnet (nach Zouni et al. 2001, mit freundlicher Genehmigung von Nature, © Macmillan Magazines Limited)

Diese Untersuchungen konnten auf hochauflösende transmissionselektronenmikroskopische Untersuchungen des Photosystem I aus Zyanobakterien aufbauen. Die Abb. 7.6 zeigt ein aus 1970 Ansichten von oben und 457 Seitenansichten rekonstruiertes Bild des PS I des Zyanobakteriums *Synechococcus sp.*
Mit fortschreitenden Techniken in der Proteinkristallographie, wie verbesserte Detektortechnik und höhere Brillianz von Röntgenstrahlen werden sicher in nächster Zeit Proteinstrukturen mit noch höheren Auflösungen von 0,1 nm möglich sein. Die gepulste Struktur von Synchrotronstrahlung wird es vielleicht sogar ermöglichen, zeitabhängige Vorgänge in der Photosynthese auf atomarer Ebene zu verfolgen. Man darf auf die Zukunft gespannt sein.

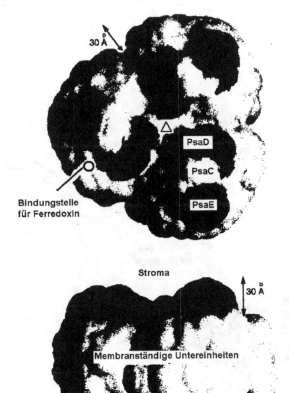

Abb. 7.6. Das PS I des thermophilen Zyanobakteriums *Synechococcus sp.* ist in der Membran als Trimer vorhanden. PsaD, PsaC u. PsaE sind Untereinheiten, die in das Stroma ragen. Die Abbildung repräsentiert die Summe aus insgesamt 2437 transmissionselektronenmikroskopischen Aufnahmen (nach Golbeck 2003; Boekema et al. 1989)

Literatur

Boekema EJ, Dekker JP, Rögner M, Witt I, Witt HAT, Van Heel M (1989) Refined analysis of the trimeric complex of the isolated photosystem I complex from the thermophylic cyanobacterium Synechococcus sp. Biochim Biophys Acta 974: 81–87

Deisenhofer J, Epp O, Miki K, Huber R, Michel H (1985) Structure of the protein subunits in the photosynthetic reaction centre of Rhodopseudomonas viridis at 3Å resolution. Nature 318: 618–624

Golbeck JH (2003) Photosynthetic reaction centers: So little time, so much to do. In: Biophysics textbooks online (http://www.biophysics.org/btol)

Haken H, Wolf HC (2003) Molekülphysik und Quantenchemie. Springer, Berlin Heidelberg New York

Holzapfel W, Finkele U, Kaiser W, Oesterhelt D, Scheer H, Stilz HU, Zinth W (1989) Observation of a bacteriochlorophyll anion radical during the primary charge separation in a reaction center. Chem. Phys. Lett. 160(1): 1–7

Hummel H (1998) Bioanorganische Modellverbindungen für die aktiven Zentren eisen- und manganhaltiger Metalloproteine. Chem. Dissertation, Ruhr-Universität Bochum

Jordan P, Fromme P, Witt HT, Klukas O, Saenger W, Krauß N (2001) Nature 411: 909–917

Messinger J, Robble JH, Yo WO, Sauer K, Yachandra VK, Klein MP (1997) The S_0 state of the oxygen-evolving complex in photosystem II is paramagnetic: detection of an EPR Multiline signal. J. Am. Chem. Soc. 119: 11349–11350

Renger G (1978) Photosynthese. In: Hoppe W, Lohmann W, Markl H, Ziegler H (Hrsg) Biophysik. Springer, Berlin Heidelberg New York, S 415–441

Yachandra VK, DeRose VJ, Latimer MJ, Mukerji I, Sauer K, Klein MP (1993) Where plants make oxygen: A structural model for the photosynthetic oxygen-evolving manganese cluster. Science 260: 675–679.

Zouni A, Witt H-T, Kern J, Fromme P, Krauß N, Saenger W, Orth P (2001) Crystal structure of photosystem II from Synechococcus elongatus at 3.8 Å resolution. Nature 409: 739–743

Anhang

Anhang 1: Sauerstoff Diffusion im Gewebe am Beispiel des Kroghschen Zylinders

Zur Lösung von Gl. (3.30) für das Problem einer zentralen Kapillare wählen wir aufgrund der Symmetrie unseres Problems Zylinderkoordinaten anstatt kartesischer Koordinaten:

$$x = r \cdot \cos\varphi \qquad y = r \cdot \sin\varphi \qquad\qquad z = z. \qquad (3.31)$$

Für unser Problem benötigen wir den Laplace-Operator $\nabla^2 U = div(grad U)$ in Zylinderkoordinaten. Dieser lässt sich mathematischen Nachschlagewerken (z.B. Bronstein u. Semendjajew 1991) entnehmen:

$$\nabla^2 p = \frac{1}{r}\frac{\partial}{\partial r}\left(r\frac{\partial p}{\partial r}\right) + \frac{1}{r^2}\frac{\partial^2 p}{\partial\varphi^2} + \frac{\partial^2 p}{\partial z^2} = \frac{A_V}{K_D}. \qquad (3.32)$$

Es liegt ein axialsymmetrisches Problem vor, d.h. es gilt

$$\frac{\partial p}{\partial\varphi} = 0 \;\; \text{und} \;\; \frac{\partial^2 p}{\partial^2\varphi} = 0.$$

Der erste Term in Gl. 3.32 lässt sich mit Hilfe der Produkt-Regel für die Differentiation folgendermaßen vereinfachen:

$$\frac{\partial}{\partial r}\left(r\frac{\partial p}{\partial r}\right) = \frac{\partial r}{\partial r}\frac{\partial p}{\partial r} + r\frac{\partial^2 p}{\partial^2 r} = \frac{\partial p}{\partial r} + r\frac{\partial^2 p}{\partial^2 r}. \qquad (3.33)$$

Einsetzen von (3.33) in Gl. (3.32) ergibt:

$$\nabla^2 p = \frac{1}{r}\left(\frac{\partial p}{\partial r} + r\frac{\partial^2 p}{\partial^2 r}\right) + \frac{\partial^2 p}{\partial z^2} = \frac{A_V}{K_D} \Leftrightarrow \qquad (3.34)$$

$$\nabla^2 P = \frac{\partial^2 p}{\partial^2 r} + \frac{1}{r}\frac{\partial p}{\partial r} + \frac{\partial^2 p}{\partial z^2} = \frac{A_V}{K_D}.$$

Zur Lösung dieser Differentialgleichung müssen wir die Randbedingungen des Problems ausnutzen. Gemäß Randbedingung (i) vernachlässigen wir Sauerstoff-diffusion in z-Richtung längs der Kapillaren. Damit gilt für alle z:

$$\frac{\partial p}{\partial z} = 0 \Rightarrow \frac{\partial^2 P}{\partial^2 z} = 0. \qquad (3.35)$$

Durch Einsetzen von (3.35) vereinfacht sich Gleichung 3.34 nun zu

$$\frac{d^2 p}{dr^2} + \frac{1}{r}\frac{dp}{dr} = \frac{A_V}{K_D}. \qquad (3.36)$$

Wir benutzen nun einen Trick: Gl. (3.36) wird mit r multipliziert und anschließend integriert:

$$r\frac{d^2 p}{dr^2} + \frac{dp}{dr} = \frac{A_V}{K_D}r \qquad (3.37)$$

$$\Leftrightarrow \int r\frac{d^2 p}{dr^2}dr + \int \frac{dp}{dr}dr = \int \frac{A_V}{K_D}rdr$$

$$\Leftrightarrow \int r\frac{d^2 p}{dr^2}dr + p = \frac{1}{2}\frac{A_V}{K_D}r^2 + C.$$

Die Integrationskonstante C wird später durch Nebenbedingungen bestimmt. Wir erinnern uns an die partielle Integrationsregel $\int r\frac{d^2 p}{dr^2}dr = r\frac{dp}{dr} - \int \frac{dp}{dr}dr$ und vereinfachen damit (3.37) zu:

$$r\frac{dp}{dr} - \int \frac{dp}{dr}dr + p = \frac{1}{2}\frac{A_V}{K_D}r^2 + C \qquad (3.38)$$

$$\Leftrightarrow r\frac{dp}{dr} - p + p = \frac{1}{2}\frac{A_V}{K_D}r^2 + C'$$

$$\Leftrightarrow \frac{dp}{dr} = \frac{1}{2}\frac{A_V}{K_D}r + \frac{C'}{r}$$

$$\Leftrightarrow \int dp = \int \frac{1}{2} \frac{A_V}{K_D} r dr + \int \frac{C'}{r} dr + C'' \tag{3.39}$$

$$\Leftrightarrow p = \frac{1}{4} \frac{A_V}{K_D} r^2 + C' \ln r + C''.$$

Wir haben damit die allgemeine Lösung von Gl. (3.12) gefunden. Durch Einsetzen von Gl. (3.39) können wir dies verifizieren. Allerdings kennen wir noch nicht die Konstanten C' und C''. Um diese zu bestimmen, setzen wir nun unsere Randbedingungen ein. Der Sauerstoffpartialdruck soll dort ein Minimum haben, wo die Kroghschen Zylinder aneinanderstoßen, also genau in der Mitte zwischen zwei Kapillaren. Dort besitzen die Kroghschen Zylinder den Radius r_z. Mathematisch heißt dies:

$$\frac{\partial p}{\partial r} = 0 \ \text{für} \ r = r_z \tag{3.40}$$

Einsetzen von Gl. 3.40 in Gl. 3.38 und Auflösen nach C' ergibt:

$$0 = \frac{1}{2} \frac{A_V}{K_D} r_Z + \frac{C'}{r_z} \Leftrightarrow C' = -\frac{1}{2} \frac{A_V}{K_D} r_Z^2 \tag{3.41}$$

Wir benennen den O_2-Partialdruck am Kapillarrand r_1 mit p_1 und damit gilt $p(r_1) = p_1$. Dieser Ausdruck wird zusammen mit Gl. 3.41 in Gl. 3.20 eingesetzt und wir lösen nach C'' auf:

$$p_1 = \frac{1}{4} \frac{A_V}{K_D} r_1^2 - \frac{1}{2} \frac{A_V}{K_D} r_z^2 \ln r_1 + C'' \tag{3.42}$$

$$\Leftrightarrow C'' = p_1 - \frac{1}{4} \frac{A_V}{K_D} r_1^2 + \frac{1}{2} \frac{A_V}{K_D} r_z^2 \ln r_1$$

Einsetzen von Gl. (3.41) und (3.42) in (3.39) ergibt dann unser Endergebnis:

$$p(r) = p_1 + \frac{1}{4} \frac{A_V}{K_D} \left(r^2 - r_1^2 \right) - \frac{1}{2} \frac{A_V}{K_D} r_z^2 \ln \frac{r}{r_1} \tag{3.43}$$

Anhang 2: Herleitung der Goldman-Gleichung

Um die Nernst-Planck-Gleichung zu vereinfachen, setzen wir $\frac{z_i \cdot F}{R \cdot T} = \frac{z_i \cdot F}{k_B \cdot L \cdot T} = \frac{z_i \cdot e}{k_B T}$.
Zur Vereinfachung lassen wir im Folgenden den Index i weg und erhalten

$$j = -D\left(\frac{dc}{dx} + c \cdot \frac{ze}{k_B T} \cdot \frac{d\varphi}{dx}\right). \tag{3.60}$$

Durch die geschickte Variablensubstitution $Y = \frac{e \cdot z \varphi(x)}{k_B T}$ lässt sich Gl. (3.60) ver-
kürzt schreiben, denn es gilt

$$\frac{dY}{dx} = \frac{d}{dx} \cdot \frac{e \cdot z}{k_B T} \cdot \varphi(x) = \frac{e_0 \cdot z}{k_B T} \cdot \frac{d\varphi(x)}{dx}. \tag{3.61}$$

und somit folgt:

$$j = -D\left(\frac{dc}{dx} + c \cdot \frac{dY}{dx}\right). \tag{3.62}$$

Division durch $-D$ und anschließende Multiplikation mit e^Y ergibt:

$$\frac{j}{-D} \cdot e^Y = \left(\frac{dc}{dx} + c \cdot \frac{dY}{dx}\right) \cdot e^Y. \tag{3.63}$$

Erinnern wir uns an die Produktregel für die Differentiation, so folgt

$$\frac{j}{-D} \cdot e^Y = \frac{dc}{dx} \cdot e^Y + c \cdot e^Y \cdot \frac{dY}{dx} = \frac{d}{dx}\left(c \cdot e^Y\right). \tag{3.64}$$

Diese Differentialgleichung lässt sich durch Integration auf beiden Seiten lösen:

$$\int -\frac{j}{D} \cdot e^Y \, dx = \int \frac{d}{dx}\left(c \cdot e^Y\right) dx. \tag{3.64a}$$

Gemäß Randbedingung 1 ist die Membran im stationären Zustand, d.h. die Flussdichte j ist konstant und kann deshalb aus dem Integral herausgezogen werden.
Auch der Diffusionskoeffizient D ist konstant und wir erhalten

$$-\frac{j}{D}\int e^Y dx = \int \frac{d}{dx}\Big(c \cdot e^Y\Big)dx. \qquad (3.64b)$$

Die rechte Seite lässt sich einfach integrieren und wir erhalten die Stammfunktion

$$\int_{x=0}^{x=d} d\Big(c \cdot e^Y\Big) = \Big[c \cdot e^Y\Big]_{x=0}^{x=d}.$$

Allerdings sind die Nebenbedingungen zu beachten, und wir setzen das Potential auf der äußeren Seite der Membran bei $x=0$ ebenfalls null: $\varphi(0)=0$. Für das Membranpotential auf der inneren Seite der Membran ergibt sich dann $\varphi(d)=\varphi_m$. Da $Y = \frac{e \cdot z \cdot \varphi(x)}{k_B T}$, definieren wir $Y_{innen} := \frac{e \cdot z \cdot \varphi_m}{k_B T}$. Die Konzentrationen innerhalb und außerhalb der Membran bezeichnen wir mit c^i und c^a. Damit gilt:

$$-\frac{j}{D}\int_{x=0}^{x=d} e^y dx = e^{Y_{innen}} \cdot c^i - c^a \Leftrightarrow j = \frac{-D\Big(e^{Y_{innen}} \cdot c^i - c^a\Big)}{\int\limits_{x=0}^{x=d} e^Y dx} \qquad (3.65)$$

$$\Leftrightarrow j = \frac{-D\left(c^i \cdot e^{\frac{ez\varphi_m}{kT}} - c^a\right)}{\int\limits_{x=0}^{x=d} e^Y dx}.$$

Laut Nebenbedingung 4 ist die elektrische Feldstärke innerhalb der Membran konstant, d.h. das Membranpotential ist eine lineare Funktion von x:

$$\varphi(x) = \frac{x}{d} \cdot \varphi_m. \qquad (3.66)$$

Einsetzen in Gl. 3.67 ergibt

$$j = \frac{D\left(c^a - c^i \cdot e^{\frac{ez\varphi_m}{k_B T}}\right)}{\int\limits_{x=0}^{x=d} e^{\frac{ez\varphi_m}{k_B T}\frac{x}{d}\cdot\varphi_m} \cdot dx}. \qquad (3.67)$$

Das Integral im Nenner berechnet sich folgendermaßen:

$$\int\limits_{x=0}^{x=d} e^{\frac{ez}{k_BT}\cdot\frac{x}{d}\cdot\varphi_m}\,dx = \left[\frac{kTd}{e\cdot z\varphi_m}\cdot e^{\frac{e\cdot zx\varphi_m}{k_BTd}}\right]_0^d = \frac{kTd}{ez\varphi_m}\left(e^{\frac{ezd\varphi_m}{k_BTd}} - 1\right).$$

Einsetzen in Gl. 3.67 ergibt dann für den Fluss einer Ionensorte

$$j = \frac{ez\varphi_m}{k_BTd}\cdot D\left(\frac{c^a - c^i\cdot e^{\frac{ez\varphi_m}{k_BT}}}{e^{\frac{ez\varphi_m}{k_BT}} - 1}\right). \tag{3.68a}$$

Setzen wir erneut $Y = \frac{e\varphi_m}{k_BT}$ und führen die **Permeabilität** $P = \dfrac{D}{d}$ ein, so erhalten wir

$$j = Y\cdot z\cdot P\left(\frac{c^a - c^i\cdot e^{zY}}{e^{zY} - 1}\right). \tag{3.68b}$$

Betrachten wir nun die drei Ionensorten Na$^+$ ($z = +1$), K$^+$ ($z = +1$) und Cl$^-$ ($z = -1$), so gilt im Gleichgewicht für die Ionenströme $I_{Na^+} + I_{K^+} + I_{Cl^-} = 0$ und damit auch für die Ionenflüsse

$$j_{Na^+} + j_{K^+} - j_{Cl^-} = 0. \tag{3.69}$$

Durch Einsetzen von (3.68b) und Bringen auf einen gemeinsamen Hauptnenner erhalten wir

$$Y\cdot P_{Na}\left(\frac{c_{Na}^a - c_{Na}^i\cdot e^Y}{e^Y - 1}\right) + Y\cdot P_K\left(\frac{c_K^a - c_K^i\cdot e^Y}{e^Y - 1}\right) + Y\cdot P_{Cl}\left(\frac{c_{Cl}^a - c_{Cl}^i\cdot e^{-Y}}{e^{-Y} - 1}\right) = 0.$$

$$\Leftrightarrow Y\cdot P_{Na}\frac{c_{Na}^a - c_{Na}^i\cdot e^Y}{e^Y - 1} + Y\cdot P_K\frac{c_K^a - c_K^i\cdot e^Y}{e^Y - 1} + Y\cdot P_{Cl}\frac{-e^Y}{-e^Y}\left(\frac{c_{Cl}^a - c_{Cl}^i\cdot e^Y}{e^{-Y} - 1}\right) = 0$$

$$\Leftrightarrow Y\cdot P_{Na}\left(\frac{c_{Na}^a - c_{Na}^i\cdot e^Y}{e^Y - 1}\right) + Y\cdot P_K\left(\frac{c_K^a - c_K^i\cdot e^Y}{e^Y - 1}\right) + Y\cdot P_{Cl}\left(\frac{c_{Cl}^i - c_{Cl}^a\cdot e^Y}{e^Y - 1}\right) = 0. \tag{3.70}$$

Multiplikation von Gl. 3.70 mit $\frac{e^Y - 1}{Y}$ ergibt:

$$P_{Na}\left(c_{Na}^a - c_{Na}^i \cdot e^Y\right) + P_K\left(c_K^a - c_K^i \cdot e^Y\right) + P_{Cl}\left(c_{Cl}^i - c_{Cl}^a \cdot e^Y\right) = 0$$

$$\Leftrightarrow P_{Na} \cdot c_{Na}^a - P_{Na} \cdot c_{Na}^i \cdot e^Y + P_K c_K^a - P_K c_K^i \cdot e^Y + P_{Cl} \cdot c_{Cl}^i - P_{Cl} \cdot c_{Cl}^a \cdot e^Y = 0$$

$$\Leftrightarrow P_{Na} \cdot c_{Na}^a + P_K \cdot c_K^a + P_{Cl} \cdot c_{Cl}^i = +P_{Na}c_{Na}^i \cdot e^Y + P_K c_K^i \cdot e^Y + P_{Cl}c_{Cl}^a \cdot e^Y$$

$$\Leftrightarrow \frac{P_{Na} \cdot c_{Na}^a + P_K \cdot c_K^a + P_{Cl} \cdot c_{Cl}^i}{P_{Na.} \cdot c_{Na}^i + P_K \cdot c_K^i + P_{Cl} \cdot c_{Cl}^a} = e^Y. \tag{3.71}$$

Gl. 3.71 wird auf beiden Seiten logarithmiert:

$$\Leftrightarrow ln\left[\frac{P_{Na} \cdot c_{Na}^a + P_K \cdot c_K^a + P_{Cl} \cdot c_{Cl}^i}{P_{Na} \cdot c_{Na}^i + P_K \cdot c_K^i + P_{Cl} \cdot c_{Cl}^a}\right] = Y. \tag{3.72}$$

Wir ersetzen nun wieder Y durch $\frac{e\varphi_m}{k_B T}$:

$$\Leftrightarrow ln\left[\frac{P_{Na} \cdot c_{Na}^a + P_K \cdot c_K^a + P_{Cl} \cdot c_{Cl}^i}{P_{Na} \cdot c_{Na}^i + P_K \cdot c_K^i + P_{Cl} \cdot c_{Cl}^a}\right] = \frac{e\varphi_m}{kT}. \tag{3.73}$$

Auflösen nach dem Membranpotential φ_m und Ausnutzen der Beziehung $\frac{k_B T}{e} = \frac{R}{L} \cdot T \cdot \frac{L}{F} = \frac{RT}{F}$ ergibt die **Goldman-Gleichung**:

$$\varphi_m = \frac{RT}{F} ln \frac{P_{Na}c_{Na}^a + P_K c_K^a + P_{Cl}c_{Cl}^i}{P_{Na}c_{Na}^i + P_K c_K^i + P_{Cl} \cdot c_{Cl}^a}. \tag{3.74}$$

Anhang 3 : Mathematischer Anhang

Die Taylor-Reihe

Die Entwicklung einer Funktion $f(x)$ um die Koordinate x_0 bis zum n'ten Grad ist gegeben durch (Bronstein u. Semendjajew 1991):

$$f(x) = \sum_{v=0}^{n} \frac{f^v(x_0)}{v!}(x - x_0)^v + R_n(x) \qquad (A1)$$

Hierbei ist v eine ganze Zahl ($v=1,2,3,...$) und die Fakultät von v ist definiert als $v!=1\cdot2\cdot3\cdot...\cdot v$. Die v'te Ableitung der Funktion $f(x)$ an der Stelle $x=x_0$ wird als $f^v(x_0)$ bezeichnet. $R_n(x)$ wird als Rest n'ter Ordnung bezeichnet.

Die Lösungen der Schrödinger-Gleichung für das Wasserstoffatom

Die Lösung der Schrödinger-Gleichung für ein Wasserstoffatom (Gl. 4.33) ergibt sich als

$$\psi_{n,l,m_l}(\vec{r}) = \psi_{n,l,m_l}(r,\theta,\phi) = R_{n,l}(r) \cdot Y_{l,m_l}(\theta,\phi) \qquad (4.33)$$

Die radialen Wellenfunktionen $R_{n,l}(r)$ sind in Tabelle A1 für n=1,2,3 aufgeführt. Die Tabelle A2 zeigt die Winkelwellenfunktionen $Y_{l,m_l}(\theta,\phi)$ (s. a. Alonso u. Finn 1986).

Anwendungen von Fourier-Reihen und Fourier-Tranformationen

Fourier-Reihen und Fourier-Transformationen spielen nicht nur in der Kristallographie, sondern auch in vielen anderen physikalischen Methoden zur Strukturuntersuchung von Biomolekülen wie zeitlich gepulsten spektroskopischen Techniken (z.B. in der gepulsten NMR-Spektroskopie, der Fourier-Transform-Infrarot-Spektroskopie sowie in der EXAFS-Spektroskopie) eine wichtige Rolle. Im Folgenden wollen wir die Begriffe Fourier-Synthese und Fourier-Analyse anhand der Analyse von Klängen näher erläutern. Danach beschäftigen wir uns mit den mathematischen Grundlagen der Entwicklung von Funktionen mit Fourier-Reihen; die Erweiterung auf unendliche Reihen ergibt dann die Fourier-Transformation.

Tabelle A1. Radialanteile $R_{n,l}(r)$ der Wellenfunktionen eines Wasserstoffatoms für n=1,2 und 3. Zur Vereinfachung wurde $\rho=2r/(na_0)$ benutzt, wobei a_0 den Bohrschen Wasserstoffradius bezeichnet (a_0=0,053 nm)

n	l	$R_{n,l}(r)$
1	0	$R_{1,0}(r)=2\left(\frac{1}{a_0}\right)^{\frac{3}{2}}e^{-\frac{\rho}{2}}$
2	0	$R_{2,0}(r)=\frac{1}{2\sqrt{2}}\left(\frac{1}{a_0}\right)^{\frac{3}{2}}(2-\rho)e^{-\frac{\rho}{2}}$
	1	$R_{2,1}(r)=\frac{1}{2\sqrt{6}}\left(\frac{1}{a_0}\right)^{\frac{3}{2}}\rho e^{-\frac{\rho}{2}}$
3	0	$R_{3,0}(r)=\frac{1}{9\sqrt{3}}\left(\frac{1}{a_0}\right)^{\frac{3}{2}}(6-6\rho+\rho^2)e^{-\frac{\rho}{2}}$
	1	$R_{3,1}(r)=\frac{1}{9\sqrt{6}}\left(\frac{1}{a_0}\right)^{\frac{3}{2}}\rho(4-\rho)e^{-\frac{\rho}{2}}$
	2	$R_{3,2}(r)=\frac{1}{9\sqrt{30}}\left(\frac{1}{a_0}\right)^{\frac{3}{2}}\rho^2 e^{-\frac{\rho}{2}}$

Tabelle A2. Winkelanteile $Y_{l,m_l}(\theta,\phi)$ der Wellenfunktionen eines Wasserstoffatoms für l=0,1 und 2

l	m_l	Winkelwellenfunktion
0	0	$Y_{0,0}(\theta,\phi)=1/\sqrt{4\pi}$
1	0	$Y_{1,0}(\theta,\phi)=\sqrt{3/4\pi}\cos\theta$
	±1	$Y_{1,\pm1}(\theta,\phi)=\mp\sqrt{3/8\pi}\sin\theta e^{\pm i\phi}$
2	0	$Y_{2,0}(\theta,\phi)=\frac{1}{2}\sqrt{5/4\pi}\left(3\cos^2\theta-1\right)$
	±1	$Y_{2,\pm1}(\theta,\phi)=\mp\sqrt{15/8\pi}\sin\theta\cos\theta e^{\pm i\phi}$
	±2	$Y_{2,\pm2}(\theta,\phi)=\frac{1}{4}\sqrt{15/2\pi}\sin^2\theta e^{\pm i2\phi}$

Ein Beispiel für eine **Fourier-Synthese** in der Musik ist der Synthesizer. Er erzeugt beliebige Signale durch eine geeignete Überlagerung von harmonischen Schwingungen. Umgekehrt kann man ein beliebiges periodisches Signal in seine harmonischen Komponenten zerlegen. Diesen Prozess nennt man **Fourier-Analyse**. Eine Stimmgabel erzeugt einen reinen Ton, die Fourier-Analyse des Tones einer Stimmgabel ergibt also genau eine harmonische Grundschwingung. Musikinstrumente wie z.B. Klarinette oder Horn erzeugen Töne, die ein ganzes Spektrum von harmonischen Schwingungen aufweisen (s. Tipler 2000).

Periodische Funktionen können als Fourier-Reihen dargestellt werden

Gegeben sei eine periodische Funktion $f(t)$. Die Periode sei T. Es gilt also $f(t+T)=f(t)$. Die Funktion $f(t)$ genüge den Dirichlet-Bedingungen (Daune 1997):
1. $f(t)$ besitzt im Intervall $(0,T)$ nur eine endliche Anzahl von diskontinuierlichen Stellen

2. Die Anzahl der Maxima und Minima von $f(t)$ im Intervall $(0,T)$ sei endlich. Dann gilt

$$f(t) = a_0 + \sum_{n=1}^{\infty} \left(a_n \cos\left(\frac{2\pi}{T} \cdot n \cdot T \right) + b_n \sin\left(\frac{2\pi}{T} \cdot n \cdot T \right) \right) \tag{A2}$$

mit

$$a_0 = \frac{1}{T} \int_0^T f(t') dt' \tag{A3}$$

$$a_n = \frac{2}{T} \int_0^T f(t') \cos\left(\frac{2\pi}{T} \cdot n \cdot t' \right) dt'$$

$$a_n = \frac{2}{T} \int_0^T f(t') \sin\left(\frac{2\pi}{T} \cdot n \cdot t' \right) dt'.$$

Erweiterung der Fourier-Reihe auf nichtperiodische Funktionen und Fourier-Transformation

Wir schreiben Gl. A2 nun um, indem die Variable t durch die Variable x aus dem Intervall $(-a,a)$ ersetzt wird. Wir setzen ebenfalls $T=2a$, dann ergibt sich:

$$f(x) = a_0 + \sum_{n=1}^{\infty} \left(a_n \cos\left(\frac{\pi}{a} \cdot n \cdot x \right) + b_n \sin\left(\frac{\pi}{a} \cdot n \cdot x \right) \right) \tag{A4}$$

mit

$$a_0 = \frac{1}{2} a \int_{-a}^a f(x') dx' \tag{A5}$$

$$a_n = \frac{1}{a} \int_{-a}^a f(x') \cos\left(\frac{\pi}{a} \cdot n \cdot x' \right) dx'$$

$$b_n = \frac{1}{a} \int_{-a}^a f(x') \sin\left(\frac{\pi}{a} \cdot n \cdot x' \right) dx'.$$

Mit Hilfe der Darstellung der Sinus- und Cosinus-Funktionen durch die komplexe Funktion $e^{ix} = \cos x + i \sin x$,

$$\sin x = \frac{1}{2i}\left(e^{ix} - e^{-ix}\right) \qquad \cos x = \frac{1}{2}\left(e^{ix} - e^{-ix}\right) \tag{A6}$$

erhalten wir:

$$C_n = \frac{1}{2a} \int_{-a}^{a} f(x') e^{\frac{\pi}{a} \cdot n \cdot x'} \, dx' \qquad C_0 = a_0 \qquad (A7)$$

$$C_n = \frac{1}{2}(a_n - ib_n).$$

C_n ist eine komplexe Zahl und kann durch ihren Betrag (oder der Amplitude) $\rho_n \in R$ und ihrer Phase φ_n als $C_n = \rho_n e^{-i\varphi_n}$ geschrieben werden. Weiterhin setzen wir $\omega_n = \frac{n}{a} = \frac{2\pi}{T}$. Durch Einsetzen in Gl. A4 erhalten wir

$$f(x) = \sum_{-\infty}^{\infty} \rho_n e^{i(\omega_n x - \varphi_n)}. \qquad (A8)$$

Tragen wir nun ρ_n als Funktion von ω_n auf, so erhalten wir ein **Amplitudenspektrum**. Die Darstellung von φ_n in Abhängigkeit von ωn wird **Phasenspektrum** genannt. Erweitert man die Fourier-Reihe auf alle $x \in R$, so wandelt sich Gl. A8 in ein Integral um:

$$f(x) = \frac{1}{\sqrt{2\pi}} \int_{-\infty}^{+\infty} g(\omega) e^{i\omega x} \, d\omega \qquad (A9)$$

Dieses Integral wird als **Fourier-Integral** bezeichnet. Die Amplituden ρ_n in Gl. A8 entsprechen im Fourierintegral A9 der Funktion $g(\omega)$. Diese Funktion ist die **Fourier-Transformierte** von $f(x)$ und kann aus $f(x)$ folgendermaßen berechnet werden:

$$g(\omega) = \frac{1}{\sqrt{2\pi}} \int_{-\infty}^{+\infty} f(x) e^{-i\omega x} \, dx \qquad (A10)$$

Literatur

Alonso M, Finn EJ (1986) Quantenphysik. Addison-Wesley, Bonn
Bronstein I, Semendjajew KA (1991) Taschenbuch der Mathematik. Teubner, Leipzig
Daune M (1997) Molekulare Biophysik. Friedr. Vieweg & Sohn, Braunschweig Wiesbaden
Tipler PA (2000) Physik. Spektrum, Heidelberg Berlin Oxford

Sachverzeichnis

Druck und Bindung: Strauss GmbH, Mörlenbach